이 책을 만나야 하는 이유!

수학은 참 아름다운 학문입니다. 깊이 들어가면 철학과 만나고, 옆으로 가지를 뻗으면 과학과도 만납니다. 더 나아가 수학의 논리는 글쓰기와 법학과도 조우하게 됩니다. 지금 우리 교실에서는 난이도 높은 예제 풀이 중심의 수학 교육이 학생들에게 수학 공포심을 심어주고 있습니다. 안타까운 일이지요. 하지만 이진경 철학자의 이렇게 재미있는 책을 교재 삼아 수학을 탐구한다면 수포자가 생기지 않을 겁니다. 오히려 수학에 도전하고 싶다는 학생이 늘어나지 않을까요? 교과서의 자유발행제가 도입된다면 이 책을 수학 교과서로 추천하고 싶다는 마음이 계속 들더군요. 진정, 수학을 만나는 시간이었습니다.

최교진 전국시도교육감협의회 회장, 세종시교육감

수학과 관련하여 우리 교육의 문제를 입시 제도라고 꼽는 사람이 많다. 왜냐하면 우리나라 수험생들은 많은 시간을 수학 이론을 익히고, 잘 풀어진 풀이를 배우는 데 소진하기 때문이다. 그 과정에서 대량의 수포자가 양산되고, 이를 구제하기 위해 막대한 시간과 노력이 들어간다. 이 과정을 잘 견뎌낸 소수의 수험생들은 대학 입시 성공이라는 문턱을 넘고, 그러고 나면 전공과 무관한 경우 수학 공부를 다시 하지 않아도 되는 영광(!)을 누릴 수 있게 된다. 이러한 수학은 성적표로 박제화된 진열장 안의 고물과 같다.

놀랍게도 수학의 역사는 습관과 맹신으로 굳어진 것들에 대해 의심하고, 질문하고, 비판하면서 발전해왔다. 그리고 궁극적으로 수학 교육의 목적은 수학으로 사유하는 사람을 길러내는 것이다. 저자는 다양한 스타일과 즐거움을 무기로 삶의 방식이자 사고방식으로써의 수학을 설명하고 있다. 이 책은 중·고등학교 학생들에게는 딱딱한 수학의 편견을 깨는 망치질이 될 것이며, 예비교사와 교사들에게는 능동적인 혁신이 될 것이며, 모든 자녀의 첫 번째 스승인 학부모님들께는 뜨거운 사유가 되리라 믿어 의심치 않는다.

임영희 서울특별시 중부교육지원청 장학사

뭣이? 철학자가 수학을? 당황스러운 시도에 당신이 '감히'라고 전해줄 요량으로 읽기 시작했다가 경계를 넘나드는가 싶으면 본질에 집중하고, 단면에 천착하다가는 맥락에 진동하고, 구체와 추상이 어울려 춤추는 통찰을 보았다. 이 책은 감히 수학적 자유를 정의하려 시도했다고 할 수 있겠다. 유쾌하고 용감한 시도에 공진하고 싶을 뿐이다.

한석원 대성마이맥 수학과 대표강사

요즘 딸아이가 공부하는 삼각형의 특성 중 피타고라스의 정리가 있다. 피타고라스가 2 더하기 2, 2 곱하기 2가 모두 4가 되는 것을 보면서 그것이 정의라 이야기한 것처럼, 정의란 더함도 모자람도 없는 것을 추구한다는 것을 수학을 통해 알 수 있게 되었다. 수학이 가지는 가치를 읽은 이가 느낄 수 있도록 이 책은 수학에 대한 통찰과 함께 필요한 지식을 전달해주는 정의의 실천이라고도 할 수 있을 듯하다. 한국의 학생들이 인생의 더없이 소중한 시기에 많은 시간과 땀을 헌신하는 수학이 경쟁의 수단이 아니라, 수학은 가장 정직한 학문 중 하나이며, 사회와 과학을 정확히 이해하는 언어이자 수단임을 다시 한번 느끼게 해주는 책이다.

원종현 서울아산병원 융합의학과, 서울의대 의학박사, 하버드대 피부과 post doc

자동차는 수학과 같이 완전함을 추구하지만 수학과 달리 인간의 역사와 아름다움이 있다고 생각했었다. 하지만 『수학의 모험』을 통해 수학도 인간의 역사와 아름다움이 있다는 걸 알았다. 수학이 지닌 매력을 함께 느껴보기를….

최준우 현대모비스 준법·지식재산실장 상무, 변호사

수학의 모험

철학자 이진경이 만난 천년의 수학 # 수학의 모험

이진경 지음

생각을 말하다

프롤로그

상상력이 만드는 경이로운 수학의 세계

수학에 왕도는 있다

수학은 가장 자명해 보이는 것에 대해서도 이유를 묻고 적절한가 여부를 따진다. 이것이 수학의, 혹은 수학에 기초한 서구 사상의 가장 중요한 장점이라고 여겨져왔다. 그러나 우리는 수학을 배우면서 왜 그런 식의 발상을 하게 되었고, 왜 그런 것이 문제가 되었으며, 왜 그런 것을 연구하게 되었는지, 왜 그런 정의를 사용하게 되었는지를 묻지 않는다. 반대로 수학은 확실하고 엄밀한 지식이라고 배울 뿐이다. 따라서 우리는 영문도 모른 채 정의와 공식을 배우고 익히며, 그 공식을 이용한 계산 기술을 훈련한다. 이 경우 수학은 그저 수학을 위한 수학일 뿐인 끔찍한(!) 과정이 된다.

  여기에는 수학이란, 논쟁의 여지없이 확립된 참된 지식이라는 생각, 따라서 수학을 공부한다는 것은 그런 지식의 수용일 뿐이며, 비판이란 생각할 수도 없는 것이라는 생각이 깔려 있다. 그러나 수학의 역사를 대략이라도 안다면, 수학의 발전은 올바르다고 으레 당연히 여기던 것들을 의심하고 질문하고 비판했던 사람들에 의해 이루어져왔다는 것을 쉽게 알 수 있다. 심지어 누구나 자연스럽게 여기는 수(數)의 개념조차 비판과 의심에서 자유롭지 않았다. 그렇다면 수학이란 확립된 지식의 체계이고 따라서 그저 따라 배우고 암송하는 식의 태도처럼 수학 정신에 반대되는 것은 없다고 해야 한다. 바로 이것이 우리로 하여금 수학을 끔찍하고도 지겨운 것으로 여기게 하지 않았을까?

이런 점에서 나는 "수학에는 왕도가 없다"라는 저 유명한 말을 가장 싫어한다. 그것은 왕도가 없으니 끔찍하고 어려운 것을 묵묵히 참고 고지식하게 배우라는 권위적 명령을 담고 있기 때문이다. 그러나 그것은 내가 보기엔 제대로 가르칠 능력이 없다는 사실을, 수학의 권위를 빌려 감추려는 치사한 고백일 뿐이다. 다른 어디에도 그렇지만 수학에 '왕도'는 있다. 그것은 수학을 즐기게 만드는 것이다. 수학을 즐기는 것, 그것은 수학의 발상법을 배우고 그것을 갖고 노는 것이며, 그것을 여기저기 넘나들면서 사용해보고 변형시켜보는 것이다. 더구나 사람들이 전혀 생각지 못한 것을 생각해내고 막힌 곳을 뚫고 나가는 데 수학을 이용할 수 있다면, 이 얼마나 즐겁고 유쾌한 일일 것인지!

철학으로 수학을 사유하다

근대 과학에서 수학의 중요성은 두말할 나위가 없다. 근대 문명 전체에서도 마찬가지다. 수학은 생각보다 우리 가까이 있고, 우리의 삶을 항상, 이미 둘러싸고 있다. 계산하는 생활, 모든 것을 계산하려는 문명, 그것이 근대 문명의 특징이기 때문이다. 그렇게 가까이 있기에 우리는 이미 무의식적으로도 충분히 수학적으로 사고하고 수학적으로 판단한다. 이런 의미에서 수학은 하나의 사고방식이고 삶의 방식이다. 수학은 이미 수식이나 이상한 기호를 사용하는 계산 기술만도, 혹은 난해한 공식과 정리의 집합만도 아닌 것이다. 이는 근대 초기의 중요한 수학자 모두가 과학자인 동시에 철학자이기도 했다는 사실을 떠올려보면 쉽게 이해할 수 있다. 역으로 대부분의 철학자들이 수학을 통해 자신의 새로운 사유를 발전시켰다는 것 역시 수많은 사례로 입증된다.

이런 의미에서 수학은 이미 하나의 철학이다. 그것은 당연시된 모든 것에 대해 다시 의문의 화살을 쏠 수 있는 용기와 전혀 생각지 못했던 것 사이에서 어떤 연관을 찾아내는 시적 상상력까지 포함하는, 그런 만큼 종종 뿌리까지 뒤집어버리는 전복적이고 혁명적인 사유의 양상들을 담고 있다. 물론 그와 반대로 새로운 가지를 쳐나가려는 창조적 사유를 기존의 안정적이고 확고한 틀에 다시 집어넣는 작업 또한 수학의 중요한 한 부분이다. 이 경우에도 우리는 수학이 사고방식이요 삶의 방식이라는 것을 다시 확인할 수 있다.

우리가 생각하는 것과 달리 수학은 이처럼 근본적으로 이질적인, 어느 하나로 환원할 수 없는 다양한 사유의 흐름들이 모이고 갈라지며 흩어졌다가 또다시 모이고 흩어지는 사유의 선들로 가득 차 있다. 이런 점에서 수학은 그러한 사유의 선들, 그 궤적들을 탐색하고 추적하며, 그 집중과 분산의 양상을 포착하려는 철학적 사유의 대상이기도 하다. 그렇다면 수학을 통해 철학을 사유하는 것만큼이나, 철학을 통해 수학을 다시 사유하는 것 역시 중요한 작업이다. 이 책에서 수학의 역사를 따라가면서 내가 하고 싶었던 것은 바로 이런 작업이다.

권위를 내버린 유쾌한 수학 속으로

하지만 나의 말에서 무겁고 어려운 과정을 염려할 필요는 없다. 수학은 철학인 만큼 또한 기발한 상상력에 가득 찬 시요 문학이며 동화적 세계이기도 하기 때문이다. 그러고 보면 수학은 오직 이상한 기호를 다루고 계산하는 직업적 수학자나 과학자들의 독점물이라는 생각처럼 잘못된 것도 없다. 18세기 이전까지 대부분의 수학자가 아마추어, 즉 재미 삼아 수학을 하거나 부업으로 수학을 했던 사람이었다는 것을 굳이 상기할 필요도 없다. 그것은 창조적 사유, 새로운 발상이 주는 기쁨과 즐거움의 가장 풍부한 원천 가운데 하나였다. 수학이 제공하는 새로운 상상력의 경이로운 기쁨과 아름다움은 시적 상상력에 결코 뒤지지 않는다. 그렇다면 수학을 가볍고 즐거우며 유쾌한 방식으로 접근할 수는 없는 걸까? 이것이 난해한 단어와 문장, 딱딱하고 지루한 문체, 무겁고 엄격한 문투 대신 동화나 소설, 희

곡이나 시나리오, 논문 등과 같은 여러 스타일을 넘나들면서 수학사에는 등장하지 않는 인물이나 심지어 허구적인 전설까지 만들어 쓰게 된 이유다. 진지함을 잃지 않는다면 가벼움과 즐거움은 오히려 장점이라는 생각을 독자 여러분이 함께할 수 있다면 좋겠다.

여기서 다루는 것은 고등학교 수학책에 나오는 것도 있고, 거기서 다루지 않는 것도 있다. 그러나 어떤 것도 중학교 정도를 마친 사람이라면 예비지식 없이도 읽을 수 있도록 하려고 애를 썼다. 아마도 수학사를 나름대로 요약하는 짧은 두 장(6장, 11장)은, 그런 유의 글에 익숙지 않은 사람이라면 약간 어려울지 모르겠다. 앞의 내용을 이해했다면 충분히 이해할 수 있으리라고 생각하지만, 어렵다면 건너뛰는 것도 책을 읽는 한 방법이다. 쉽게 써야 한다는 이유로 충분히 서술하지 못하고 빠진 것이 적지 않다는 점이 가장 큰 아쉬움으로 남는다. 수식 없는 수학이란 불가능하다고 생각하면서도 수식의 대부분을 지워버려야 했던 것도 그렇다. 하지만 무겁고 어두운 저 권위주의적 수학의 얼굴을 내버리고 즐겁고 유쾌한 수학의 얼굴을 함께 마주할 수 있다면, 이런 아쉬움은 아주 부차적인 것이리라.

차례

프롤로그   005

상상력이 만드는 경이로운 수학의 세계

수학에 왕도는 있다 005 | 철학으로 수학을 사유하다 007 | 권위를
내버린 유쾌한 수학 속으로 008

제1장   015

수학의 초상화들
_진리 게임을 넘어서

진리 게임 017 | 수학자와 봉숭아 학당 020 | 모든 수학 이론이 수학적 진
리와 무관하다는 것의 수학적 증명 023 | 수학의 본질은 자유다 026 | 수
학의 초상화들 029

제2장   041

근대 과학혁명과 수학
_자연을 수학화하라!

마술과 과학 043 | 갈릴레오, 혹은 과학의 탄생 신화 046 | 자연의
수학화 050 | 우주의 수학과 수학적 우주 054 | 과학의 힘, 수학의
힘 058 | 분석적 이성의 바깥 060

제3장   063

계산공간의 탄생
_수학화된 세계를 향한 첫걸음

코끼리-기계와 뭉개진 탑 066 | 예술의 가치를 계산하다 068 | 계산할
수 있는 수와 계산할 수 없는 수 071 | 화폐, 계산하는 세계의 문 074 | 두
눈 속의 계산공간 076 | 기하학의 대수화 078 | -2와 $\sqrt{2}$의 근본적 차
이 080 | 기하학적인 수와 대수적인 수 082 | 기하학의 흔적을 지우
자! 085 | 해석기하학의 초대장 087 | 수학적 계산공간의 탄생 090

제4장

수학의 마술, 혹은 마술사의 수학
_미적분학의 '비밀'

악마의 수학, 수학의 악마 097 | 캘큘러스 박사의 운동화(運動畵) 099 | 운동화의 물리학 103 | 캘큘러스 박사의 비밀 106 | 무한소와 미분비 110 | 운동의 물리학에서 접선의 수학으로 112 | 미분법을 뒤집어 원시함수로! 118 | 곡선의 면적, 혹은 □으로 ○ 만들기 120 | 적분, 무한히 얇게 쪼개 합치는 기술 123 | 무한소의 융통성 126 | 적분을 하면 모든 면적이 같아진다고? 129 | 오, 미분법의 영광이여! 133

제5장

세계를 수학화하려는 꿈
_17~18세기 수학의 풍경

캘큘러스, 해석학의 시대 139 | 계산 가능한 세계를 향하여 142 | 보편수학, 혹은 수학의 이념 145 | 17~18세기 수학의 네 가지 축 149 | 17~18세기의 수학적 공간 155

제6장

해석학의 위기, 기하학의 모험
_엄밀성의 강박과 위험한 창안 사이

스페이드 나라의 앨리스 161 | 마침내 수학의 위기가 도래하리니 162 | -2-2-2-2-2-2……=0? 165 | 마녀의 역설 168 | 온 세상이 다 들어가는 구슬 169 | 새로운 기하학의 공적을 빼앗기다 173 | 구슬공간의 기하학 175 | 구슬공간과 유클리드공간 180 | 근대 수학, 위기와 모험 182 | 해석학의 위기 185 | 비유클리드기하학과 새로운 대수학 187

제7장

산수와 대수의 힘
수학의 천국으로 가는 길

'끄달려선 안 된다'는 생각에 끄달리다 193 | 칼리가리의 세 예언 194 | '존재한다'는 것만으로도 충분한가? 196 | 수학적 수수께끼의 단서들 199 | 가우스가 준 뜻밖의 선물 200 | 기하학의 기초, 기하학의 분열 204 | 마술사 칼리하리를 만나다 208 | 메피스토 왈츠 212 | 해석학의 산수화 216 | 변환의 불변성과 기하학 219 | 모든 점에서 연속인데 모든 점에서 미분 불가능한 함수 221 | 수학과 도(道) 223

제8장

집합론, 무한을 셈하다
무한집합의 역설들

19세기의 수학 정신 229 | 표준해석학과 범기하학 231 | 칸토어 박사, 판도라의 상자를 열다 234 | 자연수만이 실재한다? 236 | 수란 무엇이며 무엇이어야 하는가? 238 | 무한을 세는 방법 239 | 셀 수 있는 무한, 셀 수 없는 무한 242 | 대각선을 공략하라! 245 | 길고 짧은 건 재보면 똑같다 247 | 연속체의 농도 250 | 우주공간의 모든 점들을 바구니 안에 담는 방법 252 | 초한수, 무로부터 나온 무한들 254 | 집합론의 역설 257

제9장

역설 없는 수학을 찾아서
수학기초론의 세 가지 길

무한소의 역설에서 무한대의 역설로 263 | 자연수와 실수 사이의 심연 264 | 역설의 시대 268 | 이발사의 역설, 거짓말쟁이의 역설 269 | 자기에 대해 말하지 말라 273 | 내용 없는 형식으로서의 수학 276 | 형식체계의 무모순성은 해석에 의존한다 278 | 형식주의, 논리주의, 직관주의 281 | 배중률과 귀류법을 포기하자! 283 | 공리계의 완전성과 무모순성 286 | 수학적 엄밀성의 진혼곡 287

제10장

불완전성의 정리
_수학의 심연, 혹은 열린 경계

289

수학과 원초적 본능 291 | 서로 그리는 손의 역설 295 | 내재하는 외부 297 | CAP(Computer Aided Prison), 완전한 감옥 302 | 아킬레스와 괴델 304 | '이 명제는 증명할 수 없다'를 증명할 수 있다면 306 | 문장을 수로 바꾸는 방법 309 | 괴델수와 괴델의 정리 312 | 자연수, 너머저도! 315 | 연속체 가설로 아킬레스를…… 318 | 감금의 연속체, 탈출의 연속체 321 | 결정 불가능한 명제와 열린 경계 326

제11장

두 개의 수학 삼각형
_19세기 수학의 풍경

329

'계산'의 시대에서 '기초'의 시대로 331 | 두 개의 수학 삼각형 334 | 19세기 수학적 기획의 선들 338 | 기초 없는 수학을 위하여 343

에필로그

수학의 외부를 상상하는 즐거움

346

추상과 횡단 346 | 수학의 외부 351

찾아보기

358

제1장

수학의 초상화들

진리 게임을 넘어서

진리 게임

수학자들은 모든 것을 계산하려고 한다. 모든 걸 계산하고 참과 거짓을 명확하게 구분할 수 있는 세계, 그것이 바로 수학자들의 유토피아다. 이 유토피아의 입구에는 이런 팻말이 붙어 있다.

"모든 것을 버려라. 숫자와 문자만 빼놓고."

수학자들은 또 우리가 하는 말이 참인지 거짓인지를 계산해서 알아낸다. 기호논리학이 그것이다. 좀 지루하고 재미없지만 대신 아주 간단해서 기계라도 할 수 있을 정도다. 예전에는 고등학교 수학책 앞부분에 나오던 것인데, 자기들만의 비밀로 하려고 그러는지, 혹은 자기들이 봐도 너무 재미없어선지 요즘에는 빼버렸다. 내 짐작으로는 너무 초라해서 가르치기 남사스러워서 그런 건 아닐까 싶은데, 모를 일이다.

그러나 한때 대부분의 수학자들은 기호논리학이 수학적 진리의 세계를 만들어주리라고 믿어 의심치 않았다. 그리고 꽤 오랫동안 인공지능은 그것을 이용해서 '사고'했다. 한때는 독창적인 증명도 한 적이 있어서 너무 빨리 도래한 성공에 환호를 지르기도 했다. 시작은 창대하였으나 그 뒤는 그렇지 못했다. 그거 말고는 별로 잘하는 게 없었다. 결국 '전문가'들이 중요한 데이터를 미리 입력하고 거기서 적절한 걸 검색해내는 길을 찾았다. IBM의 왓슨이 퀴즈쇼에서 승리한 건 이 덕분이다. 그러나 이렇게 입력해준 걸 검색해 찾아내는 것이 정말 지능의 본질에 부합할까? 딥 러닝으로 요약되는 인공지능의 본격적인 발전은 이와는 아주 다른 길에서 시작되었다.

기계도 추론을 할 수 있다는 길을 열었다는 점은 놀랍지만 그것밖에 못한다면 인간의 사고가 그걸 따라가야 할까? 꼭 이 때문만은 아니지만, 나는 이 기호논리학을 이용해 수학의 모든 이론이 수학적 진리와 아무런 상관이 없다는 걸 감히 증명할 것이다. 수학과 '원수진'(!) 모든 사람들의 지지와 성원을 부탁한다. 그러나 알아야 지지도 하고 성원도 하는 법. 그래서 간단한 표 하나만 익혀두길 부탁한다.

우리가 사용하는 많은 문장은 조건문의 형식을 취하고 있다. "자두를 보면 군침이 돈다", "비가 오면 습도가 올라간다", "내 말이 거짓이면 내 손에 장을 지져라" 등등. "~이면 ~이다"와 같은 형식의 문장이 조건문이다. "~이면"은 전제이고 "~이다"는 결론이다. 수학자들은 이런 걸 문자로 바꾸기를 좋아한다. 그래야 간결하고 계산하기 좋기 때문이다. 보통 전제가 되는 문장을 p로 표시하고, 결론이 되는 문장을 q로 표시한다. 그리고 '이

	p	q	$p \to q$
(1)	T	T	T
(2)	T	F	F
(3)	F	T	T
(4)	F	F	T

면'이라는 말은 화살표→로 나타낸다. 그럼 "~이면 ~이다"라는 문장은 "p이면 q이다"($p→q$)라고 표시할 수 있다.

수학에서도 이런 조건문이 사용된다. 그런데 사용되는 방식이 조금 다르다. 예를 들면 "7이 홀수라면 $π$는 무리수다"라는 문장이 그렇다. 이제 참인지 거짓인지를 계산하는 방법을 보자. 먼저 참은 영어로 'Truth'니까 'T'라고 표시하고, 거짓은 'False'니까 'F'라고 표시하자. 예를 들어 (1) "7이 홀수라면(p) $π$는 무리수다(q)"는 참인가 거짓인가? 참이다. 왜냐? 전제(p)가 참이니 결론(q)도 참인 것이다. 즉 참에서 참을 끄집어냈으니 참이다. (2) 만약 참에서 거짓을 끄집어내면 어떻게 될까? 그건 당연히 거짓이다. 즉 "7이 홀수라면(p) $π$는 유리수다(q)"는 거짓이다. $p→q$라는 문장에서 중요한 건 p나 q가 어떤가가 아니라, p와 q가 어떤 관계인가다. 즉 참인 명제에서 참을 끌어내는 것은 좋다(참이다). 그러나 참에서 거짓을 끌어내면 안 된다(거짓이다).

그런데 (4) 전제(p)가 거짓인데, 결론(q) 또한 거짓이라면 어떨까?[18p 도표 (4)] 거짓(F)에서 거짓(F)을 끌어내는 건 당연하다. 다시 말해 그건 참(T)이다. 범인의 거짓말에 속아 넘어가는 경찰들이 안타깝지만 그거야 어쩌면 당연한 일이다. 거짓말은 속으라고 하는 거니까. (3) 반면 거짓(F)에서 참(T)을 끌어내는 것은 어떨까? 유명한 명탐정 홈즈는 범인의 거짓말에서 놀랍게도 참을 찾아낸다. 이건 힘이 좀 들어서 그렇지, 할 수만 있다면 좋은 일이다. 따라서 거짓에서 참을 찾아내는 것은 참(T)이다. 이 네 가지 경우를 표로 나타내면 18p 도표와 같다.

참(T)과 거짓(F)으로 표시하는 이런 표를 '진리표'라고 한다. 어떤 경우에 참이고 어떤 경우에 거짓인지를 알아보는 표라는 뜻이다. 이렇게 하면

p, q가 참인지 거짓인지만 알면 $p{\to}q$가 어떤지는 금방 계산할 수 있다. 이건 일종의 게임이다. 진리 게임. 게임은 재미있어야 하는데 별로라고? 그러나 때로 재미있는 게임이 될 수도 있다. 정말 그런지 한번 보자.

수학자와 봉숭아 학당

자, 진리표를 이용해 게임을 시작하자.

문제 다음 문장에서 참인 명제는?

① 한국에 공룡이 있다면 π는 무리수다.
② 한국에 공룡이 있다면 7은 짝수다.
③ 한국에 공룡이 있다면 내 손에 장을 지지겠다.

위 문장은 모두 조건문이다. 즉 "p이면 q이다"($p{\to}q$) 형식의 명제다. 앞서 보았듯이 참(T)에서 거짓(F)을 끄집어내는 경우만 거짓이고 나머지는 모두 참이다. 그러니 답을 찾기가 쉽다. 모두 알다시피 한국에는 공룡이 없다. 따라서 위 문장 모두 전제가 거짓이다. 전제가 모두 거짓이기 때문에 모두 다 참이다. 그러나 이렇게 게임이 싱거우면 무슨 재미랴!

①은 전제가 F이고 결론이 T이므로 진리표 (3)에 해당한다. 즉 참이다. ②는 전제가 F이고 결론 또한 F이다. 진리표 (4)에 해당한다. 역시 참이다. 그런데 문제는 ③이다. 이는 우리가 흔히 쓰는 말이다. 만약 장을 지지겠다

는 말이 진심이라면 참이겠지만 공연히 뻐기는 말이라면 거짓이다. 다시 말해 ③은 말하는 사람의 마음에 따라 참/거짓이 달라진다. 그러니 수학자들이 진릿값을 계산할 수가 없다. 대체 이런 문장을 어떻게 처리하면 좋을까?

방법은 있다. 즉 이런 문장은 논리학이나 수학에 들어올 수 있는 자격을 박탈하면 된다. 그럼 이런 골치 아픈 문장으로 속 썩을 일은 없을 테니까. ③번 문장의 경우 q에 해당하는 "내 손에 장을 지지겠다"는 참/거짓을 정할 수 없다. 이런 문장을 수리논리학을 신봉하는 분들은 '무의미하다(nonsense)'고 말한다. 따라서 이런 문장이 들어 있는 ③번 문장 전체가 '무의미하다'. 이 따위 무의미한 문장은 수학이나 논리학에 들어오면 안 되며, 있다면 찾아서 내쫓아야 한다.

한때 '논리실증주의'로 불리던 이들은 이처럼 '무의미한' 문장을 과학과 철학에서 몰아내기 위해 격렬한 캠페인을 벌인 바 있다. 그러나 우리는 이들과 생각이 크게 다른 것이 분명하다. 왜냐하면 "한국에 공룡이 있다면 내 손에 장을 지지겠다"라든지 "한국에 공룡이 있다면 내 성을 갈겠다"라는 말은 어떤 확신을 가진 사실을 주장할 때 우리가 흔히 사용하는 문장이고, 말하는 사람이나 듣는 사람 모두 그것을 무의미하다고 생각지 않으며, 그 의미를 충분히 이해하고 이해시킬 수 있기 때문이다. 그것은 무의미한 말이 아니라 매우 중요한 의미를 가진 말이다.

반면 "한국에 공룡이 있다면 π는 무리수다"라는 문장은 어떤가? 참이라고? 도대체 한국에 공룡이 있는 것과 π가 무리수라는 것이 무슨 상관이란 말인가! 이런 종류의 문장을 쉽게 발견할 수 있는 곳을 우리는 두 군데 알고 있다. 하나는 알아보기 힘든 기호로 가득 찬 수리논리학 교과서이고,

다른 하나는 오래되었지만 고전이 된 '봉숭아 학당'이다. 이런 문장을 우리는 '횡설수설(nonsense)'이라고 부른다.

왜 수학에서는 이런 무의미한 말이 진릿값을 갖는 진지한 '명제'가 되고, 반대로 우리의 언어생활에서 중요한 의미를 갖는 문장은 '무의미한' 말이 될까? '무의미한' 말에 대해 왜 이리 다른 생각을 갖고 있을까? 그건 수학자들이 오직 참인가 거짓인가만을, 적어도 누가 보아도 참/거짓을 명확하게 판단할 수 있는가 아닌가만을 '의미 있는' 문장의 자격 조건으로 여기기 때문이다. 그러나 우리가 사용하는 말 가운데 그렇지 않은 것이 얼마나 많은가!

이런 자격 조건을 수학에서만 사용한다면 사실 큰 문제가 안 될 수도 있다. 그러나 논리학자나 수학자, 논리실증주의자들은 그 '무의미한' 문장을 모든 곳에서 몰아내려고 했다. 그것이 수학적 진리, 수학적 유토피아를 이루는 것이라고 생각했다. 예컨대 그중 어떤 이는 하이데거의 『존재와 시간』에서 단 하나의 '유의미한' 문장도 발견하지 못했다며 학생들 앞에서 비난을 퍼부었다고 한다. 따라서 모든 진지한 책에서 저 '자격 없는' 문장들을 몰아내려고 했던 논리실증주의자들이 동시대인들로부터 또라이로 취급받았던 것도 충분히 이해할 수 있는 일이다.

여기서 논리학은 우리에게 중요한 교훈을 준다. 첫째, 참/거짓만으로 모든 것을 판단하려는 것은 자칫하면 또라이 짓이 될 수 있다는 사실이다. 참/거짓이 분명한 것만이 '유의미하다'고 생각하는 것도 마찬가지다. 둘째, 논리학은 참/거짓을 다루지만 그것은 어떤 문장에 T 혹은 F를 써넣는 일종의 게임이라는 것이다. 따라서 T에서 '진실'이나 '진리'라는 말의 통상적인 의미를 찾으려 한다면 봉숭아 학당의 맹구가 될 수 있다. 게임을 할 때, 예로 수업을 하거나 시험 볼 때는 게임의 규칙을 따라야 하지만, 게임이 게임이라는 걸 잊으면 또라이가 될 위험이 있다는 것을 명심해두는 게 좋다. 우주를 비례와 숫자로 바꾸려다가 거기(그 게임)에서 벗어나는 수(무리수)가 나타나자, 이를 비밀에 부쳤던, 그리고 그 비밀을 누설했다고 하여 동료를 죽였던 수학자들이 있었다는 걸 혹시 알고 있는지?

모든 수학 이론이 수학적 진리와 무관하다는 것의 수학적 증명

그렇다고 수학이나 논리학이 쓸모없다거나 무력하다고 생각하면 큰 오산이다. 반대로 그것은 강력한 힘과 유용성이 있다는 것을 근대 과학의 역사는 보여준다. 따라서 우리는 좀 더 게임에 진지해질 필요가 있다. 일단 수학자들이 말하는 의미/무의미 개념을 받아들이고 다시 시작하자. 다시 조건문 두 개를 비교해보자.

① 한국에 공룡이 있다면 π는 유리수다.
② 한국에 공룡이 있다면 π는 무리수다.

두 문장 모두 참이다. ①에서 'π는 유리수'라는 명제는 거짓이고, ②에서 'π는 무리수'라는 명제는 참이다. 그러나 둘 다 전제가 거짓이기 때문에 뒤에 오는 결론이 참이든[진리표에서 (3)] 거짓이든[진리표에서 (4)] 전체 문장은 참이다. 여기서 우리는 기묘한 기술을 배울 수 있다. 어떤 명제가 참인지 거짓인지 누군가가 물어보았다고 하자. 답을 잘 모른다면 거짓인 문장을 아무거나 전제로 끌어다 붙이기만 하면 참인 답을 만들어낼 수 있다. 10429가 소수(素數)냐고? "π가 유리수라면 10429는 소수다."

그러나 약속대로 우리는 이 게임에 좀 더 진지해질 필요가 있다. 다음의 두 문장으로 다시 한번 게임을 해보자.

① 기호논리학이 참이라면 π는 무리수다.
② 기호논리학이 거짓이라면 π는 무리수다.

알기 쉽게 쓰느라고 수학적 어법에서 약간 벗어났다. 수학적으로 '있어 보이게' 쓰자면 ①은 "기호논리학의 공준집합이 무모순이라면 π는 무리수다"라고 쓰면 된다. 역으로 어디서 저런 문장을 보아도 쫄 거 없다. 언어 게임이 좀 다른 것뿐이니. 다시 앞의 진리표를 보면 알겠지만 두 문장 역시 모두 참이다. 결론이 참인 조건문은 모두 참인 것이다[진리표의 (1), (3)]. 여기서 알 수 있는 건, 기호논리학이 참인가 거짓인가는 'π는 무리수'라는 (참인) 명제와 아무런 상관이 없다는 것이다.

이제 ①와 ②에서 결론인 'π는 무리수'라는 명제를 '7은 소수다'라는 명제로 바꾸자. 그리고 새로 얻은 조건문을 각각 ①', ②'라고 하자. 이 두 문장 역시 모두 참이다. 즉 기호논리학이 참인가 아닌가는 '7은 소수다'라는 (참인) 명제와 아무런 상관이 없다.

이런 식으로 결론(p)을 수학적으로 참인 모든 명제로 바꿀 수 있다. 즉 기호논리학이 참이든 거짓이든, q의 자리에 수학적으로 참인 명제가 오면, 새로 만들어지는 모든 조건문은 참이다. 수학적으로 참인 모든 명제의 집합을 '수학적 진리'라고 부르자(정의하자). 그러면 우리는 다음과 같은 결론을 얻을 수 있다. "기호논리학이 참인가 거짓인가는 수학적 진리와 아무런 상관이 없다." 그런데 엄밀하게 말하면, 이런 결론은 기호논리학의 논리에서 나온 것이다. 따라서 우리는 약간의 조건을 덧붙여 다음과 같이 쓸 수 있다.

"기호논리학에 따르면, 기호논리학이 참인가 거짓인가는 수학적 진리와 아무런 상관이 없다."

좀 더 심각하게 게임을 하려면 기호논리학 대신에 모든 수학 이론을 써 넣으면 된다.

[1] 모든 수학 이론이 참이라면 π는 무리수다.
[2] 모든 수학 이론이 거짓이라면 π는 무리수다.

앞에서 말했듯 결론에 나오는 'π는 무리수'라는 문장을 '7은 소수'라든지, '판별식의 값이 0인 이차방정식은 중근을 갖는다'와 같은 참인 명제로 얼마든지 바꿔 쓸 수 있다. 그러면 수학적으로 참인 모든 명제에 대해 모든 수학 이론이 참인지 거짓인지는 아무런 상관이 없다는 것을 보여줄 수 있다. 이로써 우리는 "수학의 모든 이론이 참인지 거짓인지는 수학적 진리와 아무런 상관이 없다"라는 결론을 어렵지 않게 이끌어낼 수 있다. 이는 수학의 모든 이론이 수학적 진리와 무관하다는 것의 수학적 증명이다!

수학의 본질은 자유다

다시 비슷한 질문으로 시작하자. 수학은 진리인가?

서구에서는 오랫동안 수학이 거의 절대적인 의미에서 진리로 여겨졌다. 예를 들어 유클리드기하학은 절대적인 진리의 자리를 차지하고 있었다. 그러나 나중에 다시 말하겠지만, 19세기 중반을 거치면서 유클리드기하학과 전혀 다른 종류의 기하학이 나타났다. 그 기하학에서는 평행선이 없거나 무수히 많다. 이처럼 상반되는 여러 가지 기하학이 공존하는데, 그 모두가 다 진리라고 할 수 있을까? 보통 진리란 하나다. 진리가 하나뿐이라면, 대체 이토록 다른 것 가운데 어느 것이 진리일까? 여기서 유클리드기하학만이 진리라고 말하는 건 불가능하다. 그렇다면 진리는 많거나, 그게 아니면 없다고 해야 하지 않을까?

보통 서양 철학에서 진리를 정의하는 방식은 크게 두 가지다. 하나는 보통 '대응설'이라고 부르는데, 실재와 일치하는 지식만이 진리라는 입장이다. 예를 들어 "추락하는 물체의 낙하 거리는 시간의 제곱에 비례한다"라는 명제는 실제로 돌멩이가 떨어진 거리와 일치할 때만(대응할 때만) 참이다.

다른 하나는 '정합설'이라고 부르는데, 제시된 명제들 간에 모순 없이 들어맞을(정합) 때만 참이라는 입장이다. 수학은 이런 지식의 최고 모델이었다. 또 역으로 수학적인 명제 사이에 이처럼 모순이 없고 서로 정합적일 때만 진리라고 말한다. 유클리드기하학과 비유클리드기하학처럼 상반되는 지식이 공존하게 되었을 때, 수학자들은 수학을 경험 세계에서 떼어냄으로써 구해내려 했다. 즉 수학적 진리는 경험적 세계에서 평행선이 있든

없든, 애초에 설정된 공리들의 체계(공리계) 안에서 모순이 나타나지 않으면 어느 것이나 다 참이라는 것이다.

그러나 이 책 10장에서 보겠지만, 괴델(Kurt Gödel)은 모든 공리계가 (혹은 같은 말인 공준집합이) 공리만으로는 참인지 거짓인지 증명이 불가능한 명제를 포함하고 있음을 증명했다. 다시 말해 어떠한 공리계도 불완전하다는 것이다. 또한 어떤 공리계도 무모순성(정합성)을 증명할 수 없음을 증명했다. 이를 보통 '괴델의 정리' 혹은 괴델의 '불완전성의 정리'라고 말한다.

따라서 수학자들이 좋아하는 '엄격한' 의미에서의 진리란 수학에는 없다. 다시 말해 수학은 진리가 아니다. 또 수학은 진리를 다루는 것도 아니다. 진리라는 말로는 결코 담을 수 없는, 수없이 다양한 이론과 명제 들이 수학에는 넘쳐나고 있기 때문이다. 그렇다면 수학은 대체 무엇인가? 진리가 아니라면 수학을 공부하는 이유는 무엇인가? 수학은 수많은 영역에서 유용하게 이용되고 있지 않은가?

예를 들어 수학은 집이나 건물을 짓는 데, 혹은 자동차를 만드는 데 매우 중요하게 이용된다. 거기에는 수학 못지않게, 아니 그보다 훨씬 더 중요하게 미술이나 디자인도 이용된다. 디자인이 이용되는 것은 그것이 '진리'를 다루기 때문은 결코 아니다. 언어나 문학을 배우는 것도 그것이 진리여서가 아니다. 유용한 것이 진리가 아님은 확실하다. 반대로 진리만이 유용하게 이용되리라는 말도 진실이 아니다. 심지어 반대의 경우도 있다. 진리를 자처하는 경제학 이론이 실제 경제에 별로 유용하지 않다는 것은 잘 알려진 이야기다.

더구나 현실에 적절하게 적용되는가 여부가 수학적 진리와는 무관하다는 건 앞서 말한 바 있다. 그렇다면 수학이란 무엇인가? 그것은 공리 내지 공준과 같은 몇 가지 규칙을 정해두고, 그것을 이용해서 어떤 명제를 끌어내거나 반박하며, 필요한 계산을 하기도 하고, 계산하는 데 필요한 어떤 모델을 만들기도 하는 게임이다. 상대방의 부적절한 추론을 철저하게 비판할 권리가 주어지고, 반대로 상대방의 비판에 적절히 방어하지 못하면 패하게 되는 게임. 혹은 어떤 사람이 당연하다고 생각하고 있는 개념이나 심지어 규칙조차 의심하고 부정할 수 있으며, 그것을 새로운 규칙으로 바꾸어 새로운 이론을 창안하고 구성할 권리가 주어지는 게임.

반면 학교에서 배우는 수학은 어떤가? 그것은 이해가 가든 말든 외우고 익혀 주어진 문제를 푸는 게임이다. 비판적 사고로 치고 나가는 길이 봉쇄된 게임이고, 무조건 받아들여야 하는 권위주의적 게임이다. 게임은 대부분 재미있지만, 사태가 이렇게 되면 더없이 어렵고 재미없는 게임이 된다. 따라서 수학은 피하고 싶은 끔찍한 괴물일 뿐 정이 가고 즐기고 싶은 게임이 아니다. 수학이 게임이란 생각을 못 하는 건 바로 그래서가 아닐까? 또한 그것은 익숙해질수록, 잘하게 될수록 수학적 사고 능력에서 멀어지게 만드는 훈련일 뿐이다. 거기서 무슨 비판적 사고를 훈련하고, 무슨 창의적인 사유의 자극을 찾을 수 있을 것인가.

수학과 진리라는 말 사이에는 커다란 틈이 있다. 즉 수학이란 비판의 여지가 없는, 그래서 그저 옳으려니 하고 무조건 받아들여야만 하는 지식이 아니다. 반대로 수학은 철저한 비판과 질문이 허용되며, 이를 통해 전혀 다른 종류의 지식을 창안할 권리가 주어져 있는 자유로운 세계다. 비판과 자유라는 수학의 본질이 필요로 하는 것, 그것은 무거움이 아니라 가벼움이다. 집합론의 창시자 칸토어(Georg Cantor)의 유명한 말을 적어두자.

"수학의 본질은 자유다."

수학적 비판은 단지 계산이 맞는가 확인하는 식의 편협한 것이 아니다. 논리적 타당성을 따지는 것만도 아니다. 종종 그것은 공리나 전제, 혹은 출발점 자체를 의심해도 좋을 만큼 근본적인 것이다. 이런 점에서 수학은 비판적 사유의 가장 근본적이고 철저한 사례를 제공한다. 또한 수학은 새로운 사유를 자극하고 촉발한다. 철학자들이 수학에서 배우려 하는 것은 이런 점들인지도 모른다.

새로운 수학 모델이 현실과 부합하는지 전혀 고려하지 않아도 된다는 점에서, 반대로 비현실적 상상력을 필요로 한다는 점에서 수학적 창안은 예술에 가깝다. 하지만 앞서 보았듯 어떤 이론도 비판에서 자유롭지 않으며, 그 비판적 검토가 매우 결정적인 중요성을 갖는다는 점에서 수학은 예술과 다르다. 그것은 개념을 창안하지만 상대방의 모든 비판적 검토에 맡겨야 하는 철학에 가깝다. 혹은 자연이나 현실적 대상의 운동 양상을 적절하게 계산하려 한다는 점에서는 과학과도 가깝다.

이처럼 수학은 다양한 모습을 갖고 있다. 그중 몇 가지 초상화를 감상해보자.

수학의 초상화들

(1) 가장 잘 알려진 초상화는 정확하고 치밀한 계산을 하는 분석가의 얼굴을 담고 있다. 힘이나 운동량을 계산하고, 서로 마주 달리는 기차의 속도를 계산하는 과학사, 혹은 쏘아 올릴 인공위성의 적절한 궤도를 계산하

$$-\frac{\hbar^2}{2m}\frac{\partial^2 \Psi}{\partial x^2}+V(x)\Psi=i\hbar\frac{\partial \Psi}{\partial t}$$

$$-\frac{\hbar^2}{2m}\left(\frac{\partial^2 \Psi}{\partial x^2}+\frac{\partial^2 \Psi}{\partial y^2}+\frac{\partial^2 \Psi}{\partial z^2}\right)+V(x,y,z,t)\Psi=i\hbar\frac{\partial \Psi}{\partial t}$$

$$-\frac{\hbar^2}{2m}\left(\frac{\partial^2 \Psi}{\partial x^2}+\frac{\partial^2 \Psi}{\partial y^2}+\frac{\partial^2 \Psi}{\partial z^2}\right)+V(x,y,z,t)\Psi=E\Psi$$

[그림 1.1] 슈뢰딩거 방정식

거나 적절한 비행 항로를 계산하는 과학자, 무너진 건물의 압력이나 철교가 받는 압력을 계산해 그것이 버틸 능력과 비교하는 기사. 이들의 얼굴은 가장 흔하고 평범한 수학의 초상이다.

아마도 여러분은 이런 얼굴들에 두려움과 경외감을 느낄지도 모른다. "내가 싫어하면서도 두려워하는 수학을 저토록 자유롭게 사용할 수 있다니……." 그러나 정말로 끔찍하고 두려운 얼굴도 있다. 결코 '인간'의 얼굴이라고는 생각하기 힘든.

(2) 다음 초상은 흔들리는 수학의 기초를 논리학을 통해 다시 확고히 세우고자 엄밀하고 치밀한 방식으로 '1+1=2'와 같은 가장 기본적인 수학 명제를 증명하고 있는 '그림'이다. 엄밀하고 정확한 것인지는 알 수 없지만, 기묘한 기호로 가득 차 있음에도 불구하고 어떤 신비감도 불러일으키지 않는, 그저 단조롭고 끔찍해 보이는 초상이다. 하지만 20세기에 수학을 하는 사람은 이런 그림에 익숙해야 하고, 또 이런 그림을 좋아해야 한다는 '전설'을 전문가들은 즐겨 말한다. 그러나 이런 전설에 기 죽을 필요

*54·42. ⊢::α∈2.⊃:β⊂α.∃!β.β≠α.≡.β∈ι"α

　Dem.

⊢.*54·4. ⊃ ⊢::α=ι'x∪ι'y.⊃:.

　　　　　β⊂α.∃!β.≡:β=Λ.v.β=ι'x.v.β=ι'y.v.β=α: ∃!β:

[*24·53·56.*51·161]　≡:β=ι'x.v.β=ι'y.v.β=α　　　　　　(1)

⊢.*54·25. Transp.*52·22.⊃ ⊢:x≠y⊃.ι'x.∪ι'y≠ι'x.ι'x∪ι'y≠ι'y:

[*13·12] ⊃ ⊢:α=ι'x.∪ι'y.x≠y.⊃.α≠ι'x.α≠ι'y　　　　　(2)

⊢.(1).(2).⊃ ⊢::α=ι'x∪ι'y.x≠y.⊃ :.

　　　　　β⊂α.∃!β.β≠α≡:β=ι'x.v.β=ι'y:

[*51·253]　　　　　　≡:(∃z).z∈α.β=ι'z:

[*37·6]　　　　　　　≡:β∈ι"α　　　　　　　　　　　(3)

⊢.(3).*11·11·35.*54·101.⊃ ⊢.Prop

*54·43. ⊢:.α.β∈1.⊃α∩β=Λ.≡.α∪β∈2

　Dem.

　　⊢.*54·26,⊃ ⊢:.α=ι'xβ=ι'y.⊃:α∪β∈2.≡.x≠y.

　　[*51·231]　　　　　　　　　≡ι'x∩ι'y=Λ

　　[*13·12]　　　　　　　　　≡α∩β=Λ　　　　　　(1)

　　⊢.(1).*11·11·35.⊃

　　　⊢:.(∃x.y).α=ι'x.β=ι'y.⊃:α∪β∈2.≡.α∩β=Λ　　(2)

　　⊢.(2).*11·54.*52·1.⊃ ⊢.Prop

From this proposition it will follow. when arithmetical addition has been defined. that 1+1=2

[그림 1.2] 러셀과 화이트헤드, 『수학 원리』 중 일부

이 '그림'은 러셀과 화이트헤드가 쓴 유명한 책 『수학 원리』의 일부다. 다 읽은 사람은 아마도 저자 둘과 괴델 세 사람뿐일 거라는 얘기가 공공연한 비밀이다. 자, 눈에서 적당한 거리를 두고 떼어서 초점을 잘 맞추고, 호흡을 길게 가다듬고 열심히 들여다보라. 그러면 '1+1=2'라는 것이 '명료하고 뚜렷하게' 보일 것이다.

[그림 1.3] 사람=사과=책=개

이 얼마나 혁명적인 등식인가! 하지만 우리는 사람이나 개나 사과나 책이 모두 같다고 하는 이 '자명한' 수학적 진실을 얼마나 자주 잊고 있는지.

는 없다. 어딜 가나 '전문가'들은 무언가 끔찍하고 어려운 조건을 내걸고는 그것을 "여기는 내 땅, 함부로 들어오지 마시오"라는 팻말처럼 사용하기 마련이니까. 아마도 종교와 수학에 공통점이 있다면 무겁고 끔찍한 그림을 좋아하는 엄숙주의자들이 많다는 것이다. 그래도 이런 그림을 피할 수 없게 되거든 그저 고개를 약간 끄덕이면서 알 듯 말 듯한 미소를 지으면 된다. 그러면 그림 앞에서 웃는 사람들의 심정을 쉽게 이해할 수도 있게 될 것이다.

(3) 또한 수학은 전혀 다른 종류의 얼굴을 갖고 있기도 하다.

사람도 저마다 다른데 사람과 사과와 책과 개가 어떻게 같을 수 있을까? 상상도 하기 힘든 일이다. 여러분은 이런 등가관계를 상상해본 적이 있는가? 그것이 등가라는 것을 확신하는가?

사실 아리스토텔레스는 '자유인=노예'라는 등가관계를 생각할 수 없었다. 노예는 인간이 아니라 말하는 도구였기 때문이다. 마찬가지 이유로 지난 세기 미국인들은 '백인=흑인'이라는 등식을 생각하지 못했다. 이 사실을 염두에 둔다면 모든 사람은 다 똑같다는 등식을 이해하는 것이 결코 쉬운 일은 아니다. 홉스(Thomas Hobbes)는 서구 사상가로서는 처음으로 모든 사람이 등가적이라는 것을 받아들였다. 그러나 그는 사람과 개가 등가적일 수 있으리라고는 상상도 할 수 없었다.

보신탕에 흥분하는 서양 연예인들과 반려동물협회 회원들은 사람과 개가 등가라고 생각한다. 그러나 '개는 인간의 친구이고 소, 돼지는 고기'라고 믿는 그들은 개와 소, 개와 돼지가 등가라는 것을 이해하지 못하고 있다. 채식주의자는 개와 소, 개와 닭 등 모든 동물이 등가라는 것을 안다. 그러나 그들은 개와 사과, 개와 양파가 등가일 수 있다는 것을 모른다. 생태주의자들은 모든 동물이나 식물이 등가라는 것을 안다. 그러나 그들은 개와 책, 코끼리와 자동차가 등가일 수 있다는 것을 모른다. 등가성을 이렇게 확장해 가면 우리는 놀라운 결론에 이르게 된다. 모든 존재자는 평등하다!

수학은 이런 등가관계를 가장 철저하게 이해한다. 수학에서는 사람과 개, 사과, 책, 자동차와 코끼리가 모두 등가적이다. 수로 추상을 한다는 것은 이처럼 철학자나 사상가, 운동가 들이 상상도 못 했던 등가관계를 보게 해준다. 인간이나 동물, 생물이나 무생물, 그것이 어떤 모양을 했든 간에 각각의 개체는 하나라는 점에서 등가적이다. 이 얼마나 혁명적인가! 근대혁명은 모든 인간이 동등하다고 선언한 바 있지만, 수학적 추상은 이보다 더 근본적이고 급진적이다. 이것은 수학의 문을 열면 배우기 시작하는 것이다. 초등학교 수학책 맨 앞에 있는 것이니까. 가장 근본적인 평등주의자의 얼굴. 수학은 이처럼 혁명가의 모습을 하고 있다.

(4) [그림 1.4]에서도 수학은 또다시 등가관계를 보여준다. 그러나 [그림 1.3]과는 다르다. 가령 축구공이 등가관계에서 배제되고 있는 것이 그렇다. 즉 이 그림의 등가관계는 단순히 숫자가 같다는 것을 뜻하지 않는다. 그렇다면 여기서 등가관계는 어떻게 성립하는 것일까?

답은 '모양의 추상'을 통해 성립했다는 것이다. 물론 상식적으로는 모양이 같다는 말로 납득이 되지 않는다. 그러나 수학은 상식을 깨는 상상을 촉발한다. 비상삼각대의 변 하나를 구부려 각을 하나 더 만들면 창틀과 같은 모양이 된다. 삼각대나 창틀의 변을 부드럽게 구부리고, 각진 부분을 밀어 넣어 부드럽게 곡선으로 이으면 원형이 된다. 창틀이나 삼각대에 튜브처럼 바람을 불어넣으면 도넛 모양이 된다. 그럼 이제 커피잔도 그렇게 변형시킬 수 있다. 튜브처럼 바람을 넣어서 안으로 꺼진 부분을 끌어낸 다음, 손잡이 부분은 더 두껍게 늘이고, 잔이 있던 부분은 얇게 만들어 부드럽게 이으면 도넛 모양이 된다.

이 모두는 이런 변형을 통해 같은 모양이 된다. 단 이때의 변형은 어딘

[그림 1.4] 도넛=커피잔=비상삼각대=창틀≠축구공
이 얼마나 기발하고 재미있는 등식인가!

가를 끊어버리거나 구멍을 뚫는 식의 절단을 하지 않는다는 조건이 있다. 사실 절단을 허용하면 어떤 것도 될 수 있기 때문에 비교하는 게 의미가 없다. 이런 절단이 없다면 축구공은 아무리 변형을 가해도 도넛이 되지 않는다. 도넛에 바람을 넣어 아무리 불룩하게 해도 축구공이 되지 않는다. 여기서 우리는 기발하고 재기발랄한 장난꾼의 얼굴을 본다.

(5) [그림 1.5]는 수학에서 가장 유명한 초상화 가운데 하나다. 뭐 하고 있냐고? 보다시피 짝짓기 게임을 하고 있다. 미팅을 해본 사람은 잘 알겠지만 남녀 숫자가 같은지 아닌지는 한 사람씩, 물론 중간에 빠지는 사람이 없도록 짝을 지어보면 안다. 어떤 식으로든 하나씩 짝을 짓는 방법이 있다면 숫자가 같은 것이다. 이 방법을 (두 집합의 원소의) 개수를 비교하는 데 사용하면 어떨까?

[그림 1.5]의 문제를 따져보자. 먼저 자연수와 짝수는 어떤 게 더 많을까? 자연수는 홀수와 짝수로 반분되니까 당연히 자연수가 2배 더 많을 것

```
(a) 자연수와 짝수는 어떤 게 더 많을까?
  1,  2,  3,  4,  ……n,   n+1,  ……
  ↓   ↓   ↓   ↓       ↓     ↓
  2,  4,  6,  8,  ……2n,  2(n+1), ……

(b) 자연수와 정수는 어떤 게 더 많을까?
  1,  2,  3,  4,  5,  ……
  ↓   ↓   ↓   ↓   ↓
  0,  1,  -1, 2,  -2,  ……
```

[그림 1.5]

이다. 그러나 짐작하겠지만 이럴 것 같으면 문제를 내지 않았을 것이다. 그렇다. 이런 식의 비교가 맞으려면 원소가 유한할 때다. 원소가 무한하다면 사태는 전혀 달라진다. '무한히 많음〉무한히 많음'이라고 쓰는 건 말이 안 되기 때문이다. 그렇다고 '무한히 많음=무한히 많음'이라고 쓴다면 비교를 포기하는 것이다. 그럼 자연수나 정수의 개수 같은 무한의 크기를 어떻게 비교할 수 있을까?

여기서 사용하는 방법이 짝짓기다. 이를 수학자들은 '일대일 대응'이라고 부른다. 잘 알다시피 두 집합의 원소 사이에 하나도 빼지 않고 일대일로 짝짓는 방법이 있다면, 그 개수는 같다고 할 수 있다. 다시 말해 일대일 대응이 성립하면 그 개수는 같다. 그렇다면 원소의 수가 무한히 많은 무한집합에서도 원소들을 일대일로 대응시킬 수 있는 방법이 있다면 개수('농도')가 같다고 말할 수 있을 것이다.

먼저 [그림 1.5]의 (a)처럼 자연수와 짝수를 대응해보자. 1에는 2를, 2에는 4를, 3에는 6을 대응할 수 있고, n번째 항에는 2n을 대응할 수 있으며, 이런 식으로 무한히 대응할 수 있다. 그러면 자연수와 짝수를 일대일로 짝짓는 방법이 있는 셈이다. 즉 일대일 대응 방법을 찾을 수 있다. 자연수와 홀수도 마찬가지고 홀수와 짝수도 마찬가지다. 따라서 자연수의 농도나, 짝수의 농도나, 홀수의 농도는 모두 같다. 그러면 자연수와 정수의 농도는 어떨까? [그림 1.5]의 (b)를 보자. 여기서도 일대일 대응 방법이 있다. 따라서 자연수와 정수의 농도도 같다.

이 방법은 집합론의 창시자인 칸토어가 사용한 것이다. 그는 이 방법으로 유리수의 농도도 자연수의 농도와 같다는 걸 증명했다. 그러나 실수의 농도는 달라서 자연수보다 크다는 것 또한 증명했다. 즉 '무한히 많음'이라고 해서 모두 같은 건 아니란 말이다. 이는 나중에 다시 보기로 하자.

그는 또한 유한한 길이를 갖는 선분과 무한한 길이를 갖는 직선도 같은 수의 점을 갖고 있다는 것도 증명했다. 자연수와 짝수, 자연수와 정수 사이에, 유한한 선분과 무한한 직선 사이에 또다시 새로운 등식이 나타난다. 이러한 등식이 성립하는 것은 둘 다 무한을 포함하고 있기 때문이다. 무한의 신비, 그것은 예부터 신과 관련된 것으로 여겨졌다. 신이야말로 무한을 관장하는 '무한자'라는 생각은 신학자들이 갖고 있던 심오한 사유의 원천이었다. 무한집합론을 창시한 칸토어가 이런 신비주의적인 신학적 관념을 갖고 있었다는 것은 잘 알려져 있다. 수학적 무한으로 신학적 무한(신)을 증명하려고 했던 것일까? 안타깝게도 고등학교에서 접하는 집합론에는 칸토어의 신기하고 기발하며 더없이 매력 있고 아름다운 이 이론이 빠져 있다. 아는 사람이라면 누구도 이 이론이 현대 수학 발전에 매우 결정적인 역할을 했음을 부정하지 않는다. 짝짓기를 무한한 수를 세는 데 연결한 기발한 상상력, 그것이 수학에서 가장 중요한 초상화 하나를 그린 것이다.

(6) 자, 다시 기발한 초상화를 하나 보자. [그림 1.6]의 입체는 '멩거의 스펀지'라고 불리는데, 수학자 카를 멩거(Carl Menger)가 고안했다.

칸토어는 '무한히 반복'하는 방법을 즐겨 사용했다. "일대일 대응을 무한히 반복한다면........." 이처럼 무한 개념을 수학 안으로 끌어들이면 엄격한 수학자들이 싫어하고 두려워하는 신비와 역설들이 나타난다. 그들은 이 역설을 수학의 견고한 기반을 좀먹는 바이러스라고 여겨 제거하려 하지만, 많은 사람은 오히려 그 역설을 통해 이전에 보이지 않았던 새로운 세계를 보려고 한다. 멩거의 스펀지는 '카오스 이론'에 속하는 새로운 기하

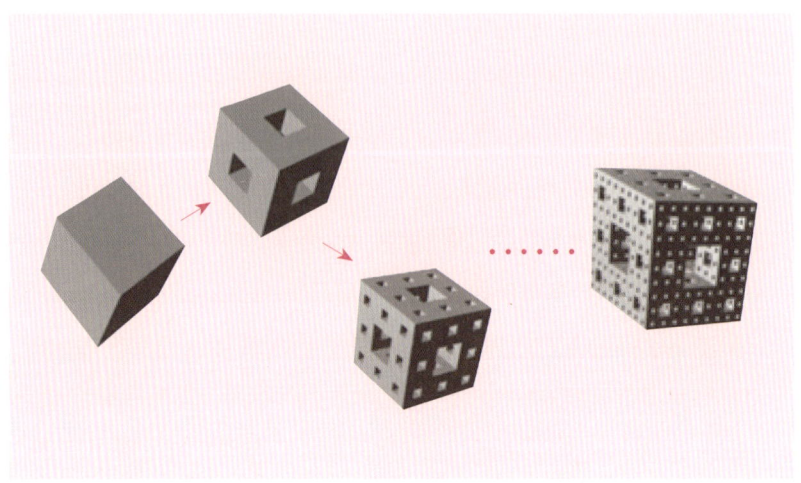

[그림 1.6] 멩거의 스펀지

멩거의 스펀지를 만드는 방법: 정육면체의 각 변을 3등분하여 가운데 끼어 있는 정육면체를 제거하면 20개의 똑같은 정육면체가 남는다. 남은 각각의 정육면체를 또다시 같은 방법으로 제거하고, 그렇게 만들어진 정육면체를 또다시 같은 방법으로 제거하는 과정을 무한히 반복한다.

학('프랙털 기하학'이라고 한다)과 관련되어 있다. 아니나 다를까! 여기서도 어이없는 역설이 나타난다. 이 재미있는 스펀지의 표면적은 무한대다. 그러나 그 스펀지의 부피는 0이다. 무한한 표면적을 갖지만 부피는 없는 입체! 이를 과연 입체라고 해도 좋을까?

이처럼 극한적인 상상력으로 새로운 형태와 관계를 찾아내는 것, 이는 딱딱하고 엄격하며 지겹고 어려운 수학의 초상과 너무도 다른 모습이다. 이는 우리가 갖고 있는 수학보다는 차라리 예술에 더 가까이 있는 듯 보인다. 그런데 정작 수학의 역사에서 비약적이고 결정적인 발전을 이루었던 것은 바로 이러한 상상력, 예술이라고 불러 마땅한 상상력이었다.

지금까지 수학의 몇 가지 초상을 그려보았다. 적은 지면인데도 길게 서술한 이유는 수학의 모습이 우리가 익숙해 있는 지겹고 끔찍한 모습과 매우 다르다는 사실을 보여주고 싶었기 때문이다. 물론 이와는 다른 초상들도 많이 있으며, 여기서 그린 초상이 지배적이라고 말할 수도 없을 것이다. 반대로 엄밀함 내지 엄격함이라는 칼을 들고 모든 종류의 바이러스를 완전히 몰아내려는 편집증적인 위생경찰의 모습을 발견하는 것은 쉬운 일이다. 새로운 수학적 창안을 시도했던 사람들이 제도권을 장악한 엄격하신 주류 수학자들에게 거부되거나 비난받아 좌절한 경우는 매우 많았다. 대표적인 경우가 무한집합론을 창안한 칸토어일 텐데, 그는 인신공격성 비난을 아끼지 않았던 엄격한 위생경찰 수학자 때문에 미쳐서 결국 정신병원에서 죽었다.

 수학이 흥미로운 창조의 세계라기보다 끔찍하고 지겨운 숙련의 세계로 보이는 것은, 제도권을 장악한 수학자들이 대개는 진리의 수호를 자임하는 근엄한 경찰에 가까워서 그럴 것이다. 그러나 실제로 수학의 역사를 풍요롭게 하고, 밑바탕에서 이끌어온 것은 창의적인 상상력과 자유로운 비판 정신이었다. 그것은 많은 경우 엄격함의 그물에 사로잡히곤 하지만, 어느새 그것을 뚫고 나가는 탈주(脫走)의 선을 그린다. 지금부터 우리가 들어가려고 하는 근대 수학의 역사는 이 두 종류의 힘이 서로 교차하고 충돌하면서 끊임없이 새로운 것을 창조하는 역동적인 과정을 보여줄 것이다.

제2장

근대 과학혁명과 수학

자연을 수학화하라!

1269년 페레그리누스, 「자석에 대한 편지」
자르거나 깎는 인위적 변형을 통해 자석이 갖는 특이한 힘의 특징을 실험적으로 찾아냄.

1600년 윌리엄 길버트, 『자석, 자성체, 거대한 자석 지구에 관하여』
나침반, 자기력과 정전기에 대한 통설을 실험적으로 확인하고, 지구 자체가 남북의 극성을 갖는 거대한 자석임을 '증명'했다. 달이나 별의 운동이 그런 자기력 때문이라고 주장.

1609년 케플러, 『신천문학』
티코 브라헤의 관측 자료를 근거로 길버트 이론을 자원으로 삼아 태양계 행성들이 태양 주위를 타원형 궤도로 돈다는 것과 그 공전 양상에 대한 수학적 관계를 찾아냄.

1638년 갈릴레오, 『새로운 두 과학』
물체의 자유낙하와 고체의 강도에 대한 '두 과학'의 이런 저런 법칙에 대한 논증. 물체의 자유낙하는 물체의 질량과 무관하다는 주장, 낙하거리는 시간의 제곱에 비례한다는 주장으로 유명하다.

1643년 토리첼리의 실험
진공이란 있을 수 없다는 아리스토텔레스적 통념을 깨고 수은주를 세워서 진공이 존재함을 증명했다.

마술과 과학

질문 다음에서 과학적인 글은 어느 것인가?

(a) 북극과 남극의 어느 쪽이 시작이고 어느 쪽이 끝인지는 그 자체로서는 알 수 없다. 그러나 북극은 그 땅이 분명하여 신인(神人), 성인(聖人)이 일어나는 곳이 되며, 또한 천지의 대세는 북쪽 끝에 앉아 남쪽을 향하는 것이다. 적도 바깥의 저쪽, 북으로 창을 내는 땅은 끝내 이 '세계(世界)'의 주인이 될 수 없다. 이로 볼 때 북극은 열매꼭지요, 남극은 그 배꼽이다. 북신(北辰)이 태극이 되는 것 또한 당연하지 않은가?

(b) 빨간 달팽이를 솥에 넣고 보름 동안 볶은 다음 가루로 빻아서 자란 아이들에게는 죽처럼 만들어 먹이고, 젖 뗀 아이들에게는 수프에 타서 먹였더니 다른 치료가 필요 없이 탈장을 한꺼번에 고칠 수 있었다.…… 또한 빨간 달팽이와 로즈마리를 1대 1로 섞어 곱게 빻은 다음 항아리 속에 밀봉해 보관한다. 그 항아리를 마구간의 두엄자리 밑에 40일 동안 두면 거기서 기름이 나오는데, 이것을 역시 유리병에 넣어 밀봉해둔다. 여자들이 해산을 전후해 걸리는 모든 부인병에 이 기름을 복용하도록 한다.

(c) 황산에서 정기를 추출하려면 세운 증류병 안에 강한 불을 쪼여 정기를 깨끗한 증류기에 몰아넣고, 화로 안에 남겨진 것은 4일 밤낮으로 매우 능숙하게 반사로를 통과시켜야 한다. 그러면 당신은 황산의 정기를 얻은 것이다.…… 그런 다음 알칼리를 잔여물에서 추출해야 하는데, 알칼리

가 네 번이나 다섯 번 용해되면 응고될 것이다. 그리하면 황산 안에 있는 세 가지 것이 추출되고 분리될 것이다.

(d) 가능한 가장 간단한 매듭은 휘감친 매듭 또는 세 잎 매듭인데, 실제 그것은 자신을 적당히 휘감은 원에 지나지 않는다. 가장 알아보기 쉬운 형태에서 이 매듭에는 세 개의 엇갈림이 있다. 거기에는 또 두 가지 종류가 있다. 즉 서로가 대칭상인 왼손형과 오른손형이 그것이다. 세 잎 매듭에 가능한 모든 변형을 가해도 그 엇갈림들을 결코 없앨 수 없으며, 고리를 끊어야만 가능하다.

아마도 여러분은 (c)가 답이라고 생각할 것이다. 내가 시험 삼아 물어본 사람들 대다수가 그렇게 대답했다. 아마도 근대적인 실험과학의 특징을 잘 보여주는 글이라는 점 때문일 것이다. 그러나 눈치챘겠지만 틀렸다. (c)는 16세기 유럽의 가장 유명한 마술사(!) 파라켈수스(Paracelsus, 1493~1541)가 쓴 글이다. 지금의 분류에 따르면 화학 논문처럼 보이지만, 마술사들이 몰두했던 연금술이나 비약을 만드는 방법을 담은 글에서 따왔다. 따라서 마술과 과학이 같을 수 없는 한 이 글은 과학적인 글이 아니다.

바로 이런 점에서 (c)와 (b)는 크게 다르지 않다. (b)는 13세기 독일의 신학자이자 철학자인 알베르투스 마그누스(Albertus Magnus, 1193~1280)가 마술사들 사이에서 비급(秘笈)으로 전해지던 치료법을 모은 『알베르투스 마그누스의 놀라운 비법들』에서 따온 것이다. 그 책에는 어떤 사람이 죽을지 말지를 미리 알아보는 방법이나 흑사병 치료법, 오줌의 장점이나 도마뱀 똥의 효험, 철을 무르게 하는 방법 등이 자세히 적혀 있다.

(a)는 정약용이 우주 창조와 만물 생성을 태극 원리로 설명하는 글에서 따온 것이다. 이는 마술이나 비급과는 무관하며 우주와 세계의 원리를 설명하고는 있지만 과학적이라고 보는 사람은 아마도 없을 것이다. 이 글은 우주에 관한 형이상학일 뿐이다.

남은 것은 (d). 그렇다. (d)가 바로 답이다. 이 글은 위상수학에서 매듭이론을 서술하고 있다. 위상수학에서 이런 주제를 다룬다는 사실을 알았다면 (d)를 선택했을 수도 있을 것이다. 그러나 그랬더라도 (c) 때문에 고심했을 것이다. 과학이란 무엇보다도 실험과학이라고 배웠고, 그렇게 생각하는 사람들은 주저 없이 (c)를 답이라고 했을 것이다. 그런데 만약 (d)

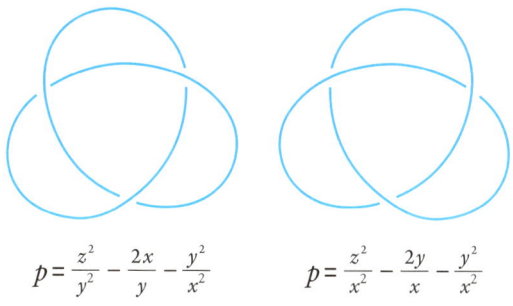

[그림 2.1] 매듭의 방정식

와 함께 있던 그림(그림 2.1)과 설명을 제시했다면 어땠을까?

아마 누구도 주저 않고 (d)를 택했을 것이다. 그림 밑에 있는 수식만으로도 그것이 과학적인 글이라고 답하는 데 충분했을 것이기 때문이다. 물론 실험과학적인 문장인 (c)가 계속 마음에 걸리긴 했을 것이다. 자, 그렇다면 이제 여러분이 생각하는 과학이란 어떤 것이었을까? 과학이란 대체 무엇일까?

갈릴레오, 혹은 과학의 탄생 신화

다시 질문하자. 서구 근대 과학의 가장 주요한 특징은 무엇인가? 대부분은 '실험과학'이라고 대답할 것이다. 이는 프랜시스 베이컨(Francis Bacon) 이래 서양 철학자와 과학자 들이 가장 강조해왔던 것이다. 근대 과학혁명을 대표하는 상징적 사건은 피사(Pisa)의 기울어진 탑에서 했다는 갈릴레오(Galileo Galilei)의 실험이다. 근대 과학혁명의 결정적인 분기점을 이루는 갈릴레오는 실험으로 자유낙하법칙과 물체의 운동법칙을 찾아냈다. 마찬가지로 케플러(Johannes Kepler)는 집요한 관찰로 천체의 운동법칙을 발견했다. 뉴턴(Isaac Newton)은 사과가 떨어지는 걸 보고 만유인력의 법칙을 찾아냈다. 요컨대 근대 과학의 성공은 관찰에 기초한 실험과학의 성공이다.

모두 잘 아는 이야기지만 냉정하게 말하자면 다 새빨간(!) 거짓말이다. 매일 뜨는 해를 보고 지구의 자전을 알 수 없듯이, 떨어지는 사과를 보고 중력의 개념을 발견할 순 없다. 실은 반대다. 공전 개념을 갖고 보면 해가

뜨고 지는 게 이해되고, 중력 개념을 갖고 보면 사과가 떨어지는 게 이해된다. 중력 개념이 먼저인 것이다. 중력 개념은 접촉 없이도 밀거나 당기는 자석을 관찰하여 나온 것이고, 이는 마술사들의 오랜 관심사였다. 뉴턴 또한 연금술을 연구하는 마술사(!)였다. 마술의 세계에서 배운 중력 개념을 사용해 별들의 운동이나 사과의 낙하를 설명한 것이다.

피사의 사탑에서 했다는 갈릴레오의 실험은 더욱더 난감한 거짓말(!)이다. 탑 위에서 무거운 물체와 가벼운 물체를 동시에 떨어뜨리면 둘이 동시에 떨어지지는 않는다. 당연히 무거운 게 빨리 떨어진다. 공기의 저항 때문이다. 동시에 떨어지려면? 진공이어야 한다. 그럼 갈릴레오는 피사의 사탑 주변에 진공 조건을 만들어놓고 실험했을까? 지나가던 개도 웃을 얘기다. 진공을 실제로 만들 수 있음을 증명한 때는 1643년 토리첼리(Evangelista Torricelli)의 실험에서였다. 자유낙하에 대해 서술한 갈릴레오의 『새로운 두 과학』이 출판된 시기는 1638년이었다. 갈릴레오는 천재니까 진공 개념을 그 전에 알았다고 생각할 수도 있겠다. 그러나 그 천재적 지식으로 탑 주변을 진공으로 만들었다면 그는 손에 든 두 물체가 떨어지기도 전에 무너지는 탑과 함께 추락해 죽고 말았을 것이다.

사실 실험과학은 갈릴레오보다 먼저 있었다. 앞에서 본 글처럼 파라켈수스는 누구보다도 실험과학적 태도를 명확하게 보여준다. 그보다 먼저 인위적 변형을 가해 '근대적 실험'을 했던 사람도 있었다. 페트루스 페레그리누스(Petrus Peregrinus)다. 그는 막대자석을 둘로 잘라서 두 자석에 N, S 두 극이 그대로 있는지 실험했고, 자석을 둥글게 깎아도 극성이 유지되는지 실험했다(『자석에 대한 편지』, 1269). 이 두 극이 남과 북을 가리킨다는 것도 발견했는데, 둥글게 깎은 실험은 나중에 지구가 자석이라는 발견에 기여한다. 그러니 실험과학이 근대 과학이라면 그 아버지 자리는 갈릴레오가 아니라 페레그리누스에게 넘겨주어야 한다. 심지어 세심한 관측 자료를 바탕으로 행성들의 운행법칙을 찾아낸 케플러의 책 『신천문학(Astronomia nova)』이 나온 시기도 갈릴레오보다 앞선 1609년이었으나, 그 역시 '근대 과학의 아버지'가 되지 못했다.

정교한 실험에 가장 많은 관심을 갖고 그 방법을 가장 치밀하게 발전시킨 것은 통상 '마술사'라고도 불렸던 중세의 연금술사들이었다. 다만, 그들에게 중요했던 건 어떤 금속이 어떤 성분을 갖고 있는지가 아니라 그것으로 금을 만들 수 있는지 여부였기에 근대 과학과 좀 달랐을 뿐이다. 연금술의 전통은 근대 화학이 탄생하는 19세기 직전까지 계속 이어졌다. 연금술이 근대 화학의 실험 방법에 실질적인 기초를 마련해주었다는 것은 잘 알려진 사실이다.

따라서 실험과학이 과학 내지 근대 과학을 다른 사상이나 학문과 구별해준다는 것은 사실이 아니다. 그것은 갈릴레오가 했다는 실험만큼이나 신화적이다. 대부분의 신화가 그렇듯 이 신화 역시 '허구'라는 점, 놀랍도록 순진한 믿음(신앙!)을 동반하고 있다는 점을 확인할 수 있다. 신앙이 동반된 신화는 '실화'로 둔갑하게 마련이다. 중요한 것을 보지 못하게 하는 난감한 '실화'.

사실 과학실험을 강조했다는 베이컨은 같은 시간, 같은 공간 속에 살던 윌리엄 하비(William Harvey)가 혈액순환을 발견했다는, 과학계에 잘 알려진 사실조차 전혀 모를 만큼 실제적인 실험과학에 별 관심이 없었다. 갈릴레오가 자유낙하를 증명하는 방법은 실험이 아니라 논리적 논증이었다. "가벼운 물체가 무거운 것보다 천천히 떨어진다고 가정하자. 그 두 개를 끈으로 묶으면 가벼운 물체는 무거운 물체가 떨어지는 속도보다 느리니, 애초에 무거운 물체가 떨어지던 것보다 느리게 떨어지게 될 것이다. 그러나 두 물체가 하나로 묶여 있는 셈이니 더 무거워진 셈이고, 따라서 더 빨리 떨어져야 한다. 두 진술은 서로 모순된다. 따라서 가벼운 물체가 천천히 떨어진다는 가정은 잘못된 것이다."

자유낙하법칙으로 유명한 책 『새로운 두 과학』에서 갈릴레오는 실험과학에 대해 적대적인 입장을 보인다. 그 책 3, 4부에서 갈릴레오가 반박하려 했던 타깃은 케플러였다. 케플러는 티코 브라헤(Tycho Brahe)의 관측 자료를 바탕으로, 즉 실험적으로(!) 코페르니쿠스(Nicolaus Copernicus)의 이론과 달리 화성이 태양 주위를 타원 궤도로 공전한다는 사실을 발견했다. 이를 통해 '케플러의 법칙'으로 알려진 행성들의 운행법칙을 완성했다. 그러나 갈릴레오는 '점성술사'인 케플러가 직접적인 접촉 없이 작용하는 힘인 '원격력', 즉 '중력'을 끌어들였다는 점에 반감을 갖고 있었기에 자기 책의 많은 부분을 케플러를 반박하는 데 할애했다. 이는 근대 과학과 실험과학 사이에 존재하는 거리를 더없이 명확하게 보여준다.

페레그리누스, 파라켈수스, 케플러, 대강만 추려도 실험과학의 대가들이 이렇게 있건만, 이들이 아니라 실험에 별 관심도 없었고 케플러처럼 지금도 인정받는 경험과학의 성과를 부정했던 갈릴레오가 근대 과학의 아버지가 된 이유는 무엇일까? 그 비밀은 앞에서 낸 문제의 해답과 관련이 있다. 매듭에 관한 거라면 수를 놓거나 뜨개질하는 사람들 또한 잘 안다. 그러나 그것을 과학이라고 하지는 않는다. 그것은 잘해야 기술 내지 예술일 수 있을 뿐이다. 그런데 앞서 매듭에 관한 글은 누구라도 과학적이라고 인정한다. 특히 [그림 2.1]의 수식을 보면 예외 없이 그렇게 생각한다. 어떤 주제여도 상관없다. 이처럼 수식이나 문자식으로 표현되고, 계산할 수 있는 공식으로 설명되면 그건 과학이라고 보아도 틀리지 않는다.

    마술사가 아니라 과학자가 되게 만든 것, 갈릴레오가 있을 수도 없는 실험을 했다는 허구적 이야기까지 만들며 그가 과학혁명의 아버지가 되게 만든 것, 그것은 바로 운동이나 원리를 수학적인 공식으로 표현하려는 태도였다. 이를 보통 '자연을 수학화'한다고 말한다. 수학화하고 계산할 수 있게 만드는 것, 이것이 근대 과학의 핵심이었다. 이런 점에서 수학은 근대 과학의 중심에 있다고 말해도 좋다. 그렇다면 이제 마술사를 과학자로 만드는 법에 대해서도 말할 수 있다. 그건 마술사가 외는 주문을 수학적인 공식으로 바꾸면 된다. "에프이퀄엠에이 이이퀄엠씨스퀘어, 에프이퀄엠에이 이이퀄엠씨스퀘어……."(아시겠지만 $F=ma$는 뉴턴의 대표적인 방정식이고, $E=mc^2$은 아인슈타인의 방정식이다.)

자연의 수학화

떨어지는 폭포를 보면서 시인 이백(李白)은 이런 생각을 했다.

향로봉에 해 비치니 연기가 자욱하고	日照香爐生紫烟
멀리 폭포수는 앞 냇물 위에 걸렸구나.	遙看瀑布掛前川
수직으로 쏟아지는 물줄기는 삼천 척	飛流直下三千尺
높은 하늘에서 떨어져 내리는 은하수인가.	疑是銀河落九天

제2장. 근대 과학혁명과 수학

폭포수가 아무리 높다 해도 삼천 척이 웬 말이며, 삼천 척이 높다 한들 은하수는 또 무언가? 이는 누가 보아도 과학이 아니다. 떨어지는 물을 보고 느끼는 감정과 풍류를 표현한 것이지, 떨어지는 물의 운동에 대해 말하고 있는 게 아니기 때문이다. 하지만 정작 중요한 건 '어떻게'다. 저 물이 어떻게 떨어지는지, 다시 말해 어떤 속도로, 어떤 힘으로 떨어지는지를 아는 것이다. 그걸 알면 그 밑에서 버틸 수 있는 물건은 어떤 정도로 강해야 하는지 알 수 있고, 떨어지는 물의 힘으로 얼마만한 전기를 일으킬 수 있는지도 알 수 있을 것이다.

갈릴레오가 했던 것이 바로 이런 연구였다. 질량이 1kg인 돌멩이가 어떤 속도로 떨어지는지, 그 속도가 어떻게 변하며, 변하는 속도를 어떻게 하나의 수학적 공식으로 표시할 수 있는지가 그것이었다. 자연을 수학화한다는 것은 자연에서 벌어지는 모든 운동을 간단한 수학 공식으로 바꾸는

GALILEO
1564-1642

$d = \frac{1}{2}gt^2$

것을 뜻한다. 운동의 이유가 신에 의한 것인지, 음양 원리에 따른 것인지 등은 관심사가 아니다.

이런 태도는 갈릴레오가 비판하려 했던 '점성술사' 케플러도 가지고 있었다. 케플러는 비록, 지구가 자석이라면서 별들이 자석처럼 당기는 힘을 갖고 있다고 주장한 윌리엄 길버트(William Gilbert, 『자석에 대하여』, 1600)의 영향을 받아 인력이란 개념을 사용했지만, 주 관심사는 태양계 행성들의 운동법칙을 수학적으로 표현하는 것이었다. 결국 티코 브라헤의 소상한 관찰 자료를 이용해 행성의 운동을 간단한 수학 공식으로 표시하는 데 성공했다. '케플러의 법칙'이라고 불리는 세 개의 공식이 그것이다. 이를 위해 그는 눈이 멀도록 계산을 해야 했다. 더구나 코페르니쿠스의 원형 궤도가 맞지 않기 때문에 타원이라는 다른 종류의 곡선을 다루는 새로운 수학적 계산법을 찾아내기도 했다. 이는 나중에 사영기하학과 적분법의 발전에 기여한다. 우주에 대한 신학적 관념과 점성술적 해석가였음에도 불구하고 케플러가 과학혁명을 이룬 영웅에 드는 것은 이런 수학적 연구와 계산 때문이다.

뉴턴도 마찬가지였다. 그가 했던 것은 운동을 계산하기 위해 자신이 고안한 미적분학이라는 수학적 방법을 이용해, 케플러가 발견한 천상의 운동과 갈릴레오가 발견한 지상의 운동을 하나의 원리 내지 법칙 속에 종합하는 일이었다. 그가 실험을 이용했던 것은 연구 결과를 물리적으로 이해하기 쉽게 만들어 수학에 무지한 사람들도 이해할 수 있도록 하기 위해서였다.

더 거슬러 올라가 코페르니쿠스라면 어떨까? 그가 천문을 관찰해보니 천동설과 맞지 않아서 지동설을 주장했다고 믿는다면 너무 순진한 생각이다. 당시 천동설에 따라서 지구를 우주의 중심에 놓고 행성들의 궤도를 설명하자니 그려야 할 원들이 너무 많고 계산이 복잡했다. 그래서 발견한 것이 태양을 중심에 놓고 그리면 필요한 원의 수가 77개에서 34개로 줄어들고 계산이 간단해진다는 사실이었다. 교회의 강력한 반대에도 지동설이 살아남았던 것은 이런 수학적 간결함과 편리함 때문이었다.

그렇다면 이제 우리는 분명한 것을 하나 알 수 있다. 매듭을 다루든, 미인이 될 수 있는 기준을 다루든, 혹은 우주의 창조와 생성을 다루든, 그것이 과학이 될 수 있으려면 수학화되어야 하고, 수학적 공식으로 표시되어야 한다는 사실이다. 모든 것은 수학의 손을 거치면 과학이 된다. 이게 바로 근대 과학을 지휘하는 수학의 마술이다. 대폭발을 뜻하는 빅뱅 이론은 우주의 창조와 생성을 설명하는 것이지만, 앞서 정약용의 우주론과 달리 과학적이라고 여겨지는 것은 바로 이 수학의 마술 덕분이다. 정약용의 이론도 수학적인 공식으로 표현될 수 있다면 《사이언스》나 《네이처》 같은 학술지에 실릴 자격을 얻게 될 것이다. 경제학은 물론 정치학이나 사회학, 심리학이나 정신분석학처럼 스스로 과학임을 인정받고자 하는 모든 학문이 수학 공식을 글자 사이에 끼워 넣으려 애쓰는 것은 바로 이 때문이다.

"수리수리 마하수리 수수리 사바하(數理數理 摩訶數理 數數理 裟婆河)……. 수(數)의 법칙[理]이여, 수의 법칙이여, 위대한[摩訶] 수의 법칙이여, 이제 이 수많은 수의 법칙들이 저 사바(裟婆) 세계를 넘쳐 흐르리라[河]." 이 주문 하나로 이제 여러분은 모든 것을 과학의 이름으로 부를 수 있으리라. 이 주문을 잊는 자에겐 끔찍한 저주가 있을진저! 수학의 아들인 근대 과학의 저주가.

우주의 수학과 수학적 우주

중세의 서양은 신이 창조한 세계였다. 신은 자신의 모습을 따라 우주와 지구, 이 세계와 인간을 만들었다고 한다. 여러분은 신이 만든 우주의 모습을 본 적이 있는지? 그건 [그림 2.2]와 같이 생겼다.

그림 (a)는 우주를 그린 것이다. 내부의 가장 작은 원은 지구고, 그 지구를 중심으로 우주가 신의 형상을 본뜬 사람의 신체처럼 형성되어 있다. 지구 앞에는 십자가에 달린 신의 아들 예수가 팔을 벌리고 서 있다. 우주의 중심이 지구라는 것을 보여주는 또 하나의 증거였다. 그림 (b)는 지구의 모습을 자세히 그린 지도다. 태양의 궤적을 따라 둥글게 그려진 지구의 꼭대기에는 신을 대신해서 예수가 서 있고, 원형의 지구 중심에는 예루살렘이 있다. 예루살렘 아래 T자 형으로 바다가 놓여 있는데, T자의 위쪽에 있는 것이 아시아이고, 아래의 왼쪽이 유럽, 오른쪽이 아프리카다. 이런 모습은 중세의 세계지도인 엡스토르프 지도(Ebstorf map)에서도 동일하게 확인할 수 있다.

이것이 신, 아니 신학이 지배한 중세적 우주와 중세적 세계의 형상이다. 여기서 우리는 우주와 지구가 신의 주문에 걸려 있음을 쉽게 확인할 수 있다. 이들 우주의 형상은, 지구가 중심에서 벗어나고 행성들은 원 대신 타원형을 그리며 태양의 둘레를 도는 근대의 수학적 우주와 얼마나 멀리 떨어진 것인지! 그러나 수학적인 우주관과 기독교의 신학적 세계관이 처음부터 충돌했다고 생각해선 안 된다. 수학자들이 본다면 그건 수학이나 천문을 모르는 맹목적 기독교도들에게나 해당되는 일이었다. 사실은 신이 우주를, 자연을 창조했다면 그 우주는 틀림없이 어떤 조화와 질서를 가

(a) (b)

[그림 2.2] 신체와 지구와 우주

[그림 2.3] 엡스토르프 지도

지고 있으리라는 것이 천문학자나 과학자 들의 생각이었다. 그 누구도 조화와 질서가 단순하고 아름다운 기하학적 도식과 다르다고 생각지 않았다. 가장 신학적인 우주는 가장 수학적인 우주여야 했다. 프톨레마이오스 천문학과 그리스의 기하학을 끌어들여 우주의 질서를 설명했던 것은 이런 시도의 하나였다.

코페르니쿠스가 천동설 대신 지동설을 고안한 것도 마찬가지였다. 신이 창조한 우주가 아름답고 조화로운 질서를 갖고 있다면, 그 질서는 최대한 단순하고 간결한 것이어야 했다. 르네상스 시대의 모든 과학자들과 마찬가지로 코페르니쿠스는 "자연은 간단한 것에 만족하며, 불필요한 원인들의 과시를 좋아하지 않는다"라고 확신했다. 그로서는 이러한 수학적 단순화를 얻을 수만 있다면 우주의 중심을 지구에서 태양으로 바꾸어보는 것도 충분히 의미 있는 일이었다. 코페르니쿠스를 지지했던 천문학자나 과학자 들도 이런 생각을 했을 것이다.

우주와 조화를 동시에 뜻하는 '코스모스(cosmos)'라는 말은 각각의 사물이 본래 주어진 자리를 찾아간다는 아리스토텔레스식 철학을 담고 있다. 흙이 가장 낮은 곳으로 가라앉고, 물이 그 위를 흐르며, 그 위에 공기가 있고, 불은 더 높은 곳을 향해 상승하는 것은 원래의 자기 자리를 찾아가는 운동이고, 이런 운동이 우주의 조화로운 운행을 만들어낸다는 것이다. 따라서 중심과 주변은 지구본 같은 구(球)를 돌려 언제든 바꿀 수 있는 동질적인 자리가 아니다. 또한 우주는 유한하다고 생각했다. 천구(天球)의 경계가 바로 그것이었다. 이에 비하면 무엇이 중심에 자리 잡고 있는가는 차라리 부차적인 것이었다. 이런 우주관은 신이 만든 세계, 신이 가장 아끼는 세계, 나아가 신의 아들이 살았던 땅이 우주의 중심에 있어야 한다는 관념과 쉽게 잘 어울릴 수 있었다.

코페르니쿠스는 중심의 자리에 태양을 옮겨놓고 그에 따라 새로운 수학적 모델을 그려냈지만, 기존 우주관에서 벗어나지는 못했다. 그 역시 코스모스와 유한한 우주의 관념 안에 머물러 있었다. 반면 르네상스 시대의 과학자이자 철학자였던 브루노(G. Bruno)는 우주가 무한하다는 생각을 지지했다. 무한한 우주에 어떤 하나의 중심이 있다는 것은 옳지 않다고 확신했다. 즉 우주는 어떤 중심도 갖지 않는다는 것이다. 무한한 공간이 중심을 가질 수 있다는 생각은 17세기 이후에야 나타났다. 따라서 그는 지구가 우주의 중심이라는 신학적 교리 또한 옳지 않다고 주장했다. 이 주장은 그를 무신론으로 몰고 갔다. 덕분에 종교재판을 받았는데, 자신의 주장을 철회하지 않았다는 이유로 결국 화형 당했다. 이는 코페르니쿠스와는 다른 차원에서 중세의 우주관과 충돌했던 사건이었다.

케플러도 코페르니쿠스와 마찬가지로 우주는 신의 단순하고 아름다운 수학적 설계에 따라 창조되었다고 믿었던 신비주의자였다. 동시에 어떤 이론도 그것과 연관된 관측 자료와 맞아떨어져야 한다고 믿었다. 1600년에 그는 유럽에서 가장 뛰어난 천문관측자 티코 브라헤의 조수가 되었는데, 이듬해 브라헤가 죽자 보헤미아 왕실수학자 자리와 브라헤의 방대한 천문 관측 자료를 물려받았다. 그는 이 자료를 가지고 코페르니쿠스의 지동설을 증명하려고 했다. 그러나 자료와 코페르니쿠스의 이론이 그다지 잘 맞지 않자 애초의 생각과 달리 또 다른 수학적 모델을 구상해야 한다고 확신했다. 결국 타원을 도입해서 새로운 운행법칙을 찾아낼 수 있었다. 세 개의 법칙으로 이루어진 '케플러의 법칙'은 이제 우주의 운행을 설명하는 수학적 원리로 확고하게 자리 잡았다.

케플러는 제1, 제2법칙을 『신천문학』에 발표했고, 제3법칙은 10년 뒤 『우주의 조화(Harmonice Mundi)』(1619)라는 책에 발표했다. 그러곤 신의 지혜와 신의 영광, 신의 무한한 힘을 찬양하는 노래를 불렀다. 그가 보기에 이 간명하고 아름다운 몇 개의 수학적인 법칙으로 우주의 운행이 설명된다는 사실이야말로 그것을 창조한 신의 탁월한 설계 능력을 보여주는 것이었다. 즉 그는 자신이 밝혀낸 이 수학적인 우주가 신학적인 우주와 다르지 않다고 믿었다. 그의 탁월한 연구는 이후 근대 과학의 발전에 결정적인 영향을 미쳤다. 그것은 수학적인 우주, 수학적인 조화, 수학적인 질서에 대한 과학자들의 확신을 더욱 확고하게 해주었다.

케플러가 우주의 수학적 질서를 통해 신의 영광을 찬미했지만, 그것은 사실상 신의 우주마저 이제는 수학적 주문에 걸려든 것을 뜻했다. 수학적으로 모든 것이 설명된다면, 그래서 수학을 통해 인간이 모든 걸 알 수 있게 된다면 신이 있을 자리란 사실상 사라지는 것을 뜻하기 때문이다. 아니, 신이 창조한 어떤 것도 이제는 수학적 우주, 수학적 공식에 부합하는 한에서만 타당하게 되리라는 것을 뜻하기 때문이다. 이제는 신도 수학에 따라 세상을 움직여야 한다. "수리수리 마하수리 말발타 살발타(數理數理 摩訶數理 末發他 殺發他)……." (末發他 殺發他: 신도 이제는 다른[他] 것을 말하지[發] 말[末]지니, 다른 것을 말하면 죽여[殺] 없앨지도 모를 일이다.)

과학의 힘, 수학의 힘

자연을 수학화한다는 것, 즉 자연에 수학의 주문을 건다는 것은 이전과는 전혀 다른 관점에서 자연과 세계를 보게 되었음을 뜻한다. 이전에 자연이나 세계는 신이 창조한 것이었고, 그 안에서의 운동 역시 신이 창조한 질서를 표현하는 것이었다. 그러나 갈릴레오가 말했듯이 자연과 운동에 대해 그것을 만들어낸 원인 내지 실체를 묻지 않는다는 것은, 그런 원인이나 실체와 무관하게 세계를 보게 되었음을 뜻한다.

이제 자연과 세계는 신의 원리를 구현하는 존재가 아니라 '그저 그렇게 있는' 존재에 지나지 않는다. 세계는 신이라는 주체와 분리된, 그저 그런 식으로 움직이며 존재하는 객관적인 대상이다. 인간은 그 세계가 어떻게 운동하는가를 찾아내고 인식하는 주체가 된다. 그리고 수학이나 과학이 제공하는 그런 인식이 확장될수록 인간은 자연에 대한 지배와 통제를 수월하게 할 수 있게 될 것이다. 다시 말해 과학적 지식은 자연에 대한 인간의 지배를 가능하게 해줄 것이다. '지식이 힘'인 것이다.

교회의 권력과 신학의 권위가 여전히 강력하던 시대에 이런 생각을 전면적으로 드러내는 것은 결코 쉽지 않은 일이었다. 그것은 자연에 대한 서술 속에 숨어서 잠재적으로만 나타나고 있었다. 하지만 교회도 갈릴레오도 알고 있었다. 자연과 세계를 보는 서로의 생각이 정면으로 충돌한다는 것을. 갈릴레오의 재판은 피할 수 없는 것이었다. 하지만 십자가 때문이었을까? 아니면 갈릴레오의 내공이 달렸기 때문일까? 그의 주문은 듣지 않았다. 그 결과 갈릴레오는 재판정에서 굴욕적인 타협을 해야 했다.

자연을 수학화하는 데 갈릴레오 못지않은 결정적 기여를 한 데카르트는 이런 생각을 철학적으로 좀 더 분명하게 밀고 나갔다. 이제 그는 '나의 존재'를 신이 아니라 '나' 자신에게서, 즉 '생각하는 나'에게서 구할 수 있다고 생각한다. "나는 생각한다, 고로 존재한다." 그가 이런 신중한 확신을 가질 수 있었던 것은 수학이라는 막강한 '빽'이 있었기 때문이다. 수리수리 마하수리, 수리수리 마하수리……. 이로써 새로운 사고방식이 탄생하리니, 그것을 후일 '근대 철학'이라고 부르게 될 것이며, 이로써 새로운 세계가 탄생하리니, 그것을 후일 '근대 세계'라고 부르게 되리라. 물론 데카르트 역시 수학적 완전성을 신에게 바치는 것을 잊지 않았지만.

분석적 이성의 바깥

사르토리우스 저 여자는 당신의 아내가 아니야.
크리스 ……. (조용한 눈빛으로 사르토리우스를 돌아본다.)
하리 무슨 말이죠? 나는 분명 크리스의 아내예요.
사르토리우스 당신의 몸은 우리와 달리 중성미자로 이루어져 있어. 당신은 인간이 아니라고!

　대사가 정확한지 모르겠다. 내 기억에 남아 있는 타르콥스키의 영화 〈솔라리스〉에 나오는 한 장면이다. 새로이 발견된 우주의 '바다' 솔라리스를 탐사하는 우주정거장에서 일어나는 일이다. 크리스의 아내는 이미 10년 전에 자살했다. 그런데 솔라리스는 자신의 마음속에 있는 존재를 눈앞에 나타나게 한다. 그렇게 나타난 크리스의 아내. 냉정한 과학적 이성의 대변자 사르토리우스는 그 여자에게 인간이 아니라고 말한다. 몸과 형상은 같지만 그 성분을 '분석'해보면 다르다는 것이다.
　어느 건물이 갑자기 무너져버렸다. 왜 무너졌을까? 과학은 그것을 무너지게 만든 중심적인 요인을 찾아내려 한다. 건물이 서 있거나 무너지게 하는 수많은 요인 가운데서 무너짐을 야기한 요인을 가려낸다. 이처럼 있을 수 있는 여러 요인 중 어떤 핵심적인 요인을 가려내는 것을 '분석(分析)'이라고 한다. 전체를 여러 가지 성질이나 성분, 또는 요인으로 나누고[分] 쪼개어[析] 핵심적인 요인을 찾아내는 방법이다. 다시 나타난 레아의 신체를 '분석'하여 사르토리우스는 그 핵심 성분이 중성미자라는 것을 찾아낸다. 그리고 그러한 성분이나 입자들이 어떻게 '결합'하여 신체를 구성하고 유기체를 만드는지를 연구한다. 이를 분석과 반대로 '종합'이라고 한다.

근대 과학은 이처럼 분석과 종합을 통해 연구하고 생각한다. 특히 중요한 건 분석이다. 종합은 어떤 사고나 행동에도 언제나 함께하기 때문이다. 반면 분석은 근대 과학에만 고유한 것이다. 물리학자나 생물학자처럼 미술품 감식가들도, 국립과학수사연구소의 분석가들도, 교육심리학자도 분석하고 찾아낸다.

분석이라는 사고 방법은 수학의 마술을 이용하는 데 핵심적이다. 예를 들면 물체의 운동을 운동한 물체의 속도와 운동한 거리, 운동한 시간 등의 요인으로 분석하여 이 요인들(흔히 변수라고 불린다) 간의 관계를 수학적으로 표시하는 것이다. 수학적인 공식으로 표시하려면 모든 것을 이런 식으로 분석하여 변수로 만들어야 한다. 그럼으로써 사르토리우스는 비록 레아가 같은 모습, 같은 마음을 가진 사람일지라도 크리스의 아내가 아니란 걸 명확하게 보여준다. 크리스가 레아의 마음을 안쓰럽게 생각하는 것도, 레아가 놀라면서 자신이 아내라고 절규하는 것도, 이 냉정한 분석적 이성 앞에서는 소용이 없다. 그는 정확하게 레아가 인간이 아님을 증명한다. "수리수리 마하수리 수수리 사바하, 수리수리 마하수리 밀발타 살발타…….." 그리고 얼마 후 그 여자는 액체산소를 마시고 자살한다. 근대 과학의 저주!

반면 냉정한 과학자였던 크리스는 이 당혹스러운 사태에 직면하여 인간이 아닌, 10여 년 후에 환생한 이 여인을 자신의 아내로 받아들이려 한다. 그 여인이 무엇으로 만들어졌든, 그 여자가 아내의 신체와 마음과 사랑을 갖고 있다면, 그리고 그것이 자신의 마음속에 있던 존재이기에 나타난 것이라면, 있는 그대로 받아들이려는 것이다. 분석이란 이름의 분별지심(分別之心)이 진심으로 사랑하는 사람들을 적대하게 만든다면, 때론 그것을 과감하게 버리는 것이 지혜로운 삶일 수 있으니. "지극한 도는 어렵지 않으니, 오직 따져서 가림을 꺼릴 뿐이다(至道無難, 唯嫌揀擇)."

제3장

계산공간의 탄생

수학화된 세계를 향한 첫걸음

BC 600년~BC 460년 피타고라스학파

우주를 수의 원천으로 보는 수적 질서에 대한 신앙 속에서 수로써 세상을 보려는 눈을 만들었다고 보인다. 피타고라스 정리, 화음을 비례로 규명한 음악이론 등이 있지만, 무리수를 발견하여 누설한 인물(히파소스)을 죽였다는 전설도 전해진다. 수학과 종교가 생각보다 멀지 않음을, 그 신비화된 탄생기부터 보여준 셈이다.

458년 『로카비바가』(자이나교 문서)

독자적 기호는 없으나 0의 개념, 자릿수 개념이 사용된다.

500년경 아리아바타, 『아리아바티야』

자릿수 표기법이 나타났다(0이란 기호가 사용된 증거는 876년경에 나타났다고 함).

825년 알 콰리즈미, 『인도 숫자에 의한 계산』

776년경 수입된 인도 수학을 아랍 세계에 전파한다.

1202년 피사의 레오나르도 피보나치, 『계산 책』

인도-아랍의 수 체계를 유럽에 소개한다.

1637년 데카르트, 『방법서설』

근대 철학의 시점이 된 이 책 부록 가운데 하나인 「기하학」에 기하학적 궤적을 대수방정식으로 변환하는 방법을 제안. 해석기하학의 탄생. 이는 데카르트 좌표계의 탄생을 함축한다.

1629~1679년 페르마, 『평면 및 입체 궤적 입문』

대수방정식을 기하학적 궤적으로 변환시키는, 데카르트와 대칭적인 작업이 이루어진 이 책은 1629년 씌였지만 출판은 페르마 사후인 1679년에 이루어진다(1636년경 인쇄되지 않은 원고가 유통되었다고도 함).

서구 과학자들은 자신들이 무의식적으로 꿈꾸었던 이상이 무엇이었는지 갈릴레오를 통해 분명히 알게 되었다. 그것은 인간이 살고 있는 이 행성과 저 멀리서 빛나는 태양, 그리고 다른 여러 행성들이 서로 어울려 운행하고 있는 우주의 질서를 수학적으로 포착하는 것이었다. 또한 달리는 말과 날아가는 화살, 매달려 흔들리는 추, 떨어지는 돌 등 모든 사물의 운동을 수학적으로 포착하는 것이었다. 그러고 보면 이러한 꿈과 이상은 우주의 원리를 수라고 보았던 피타고라스학파의 전통을 새로이, 좀 더 전면적으로 계승하는 것처럼 보인다. 혹은 타락한 땅의 저편에 기하학적 질서를 가진 이데아의 세계가 있으리라고 보았던 플라톤의 사상과 잇닿아 있는 것처럼 보인다.

하지만 이런 연속성은 '위대한 기원'과 연결하기 좋아하는 이들의 발명품이다. 프랑크 왕국에서 새로 시작된 '유럽'에서 플라톤의 이름을 알게 된 것은 1439년 피렌체 공의회 때 비잔틴 제국의 철학자 게오르기우스 게미스투스 플레톤이 했던 공개 강연 때였기 때문이다. 유클리드 등 그리스 수학의 영향은 분명하지만 그것은 오랜 단절의 기간 동안 비잔틴 제국과 아랍 지역에서 전승되고 발전된 것을 경유한 것임을 잊어선 안 된다.

어쨌든 '자연의 수학화'라고 불렀던 이러한 이상은 모든 법칙을 계산 가능성의 공간 속으로 끌고 가려는 기획이기도 했다. 여기서 기하학을 대수적(代數的)인 계산의 세계로 끌어들인 '해석기하학(analytical geometry, 직역하면 '분석기하학'이다)'은 또 하나의 중요한 기여를 한다. 이 역시 갈릴레오를 필두로 했던 근대 과학혁명을 이루는 또 하나의 축이었다.

코끼리-기계와 뭉개진 탑

영화 〈고스트 수학〉을 찍던 유리와 진현이가 화랑에서 두 그림을 놓고 설전을 벌이고 있다.

(a) (b)

[그림 3.1] (a) 에른스트, 〈셀레베스의 코끼리〉(1921), (b) 들로네, 〈붉은 탑〉(1911) 어느 것이 더 가치 있는(valuable) 그림인가?

진현 에른스트가 그린 이 그림은 코끼리에 대한 내 생각을 완전히 깨버렸어. 커다란 물탱크와 두툼하고 부드러운 호스만 있으면 코끼리라고 보기에 충분하다는 건 정말 놀라운 생각 아니니?

유리 그거야 장난기 많은 애들 생각이지. 기다란 끈을 '뱀이야!'라고 소리치며 나한테 던진 너나, 거대한 풍차를 보고 거인이라며 돌진했던 돈키호

테나 다 같은 거 아냐? 그게 뭐가 새롭다는 거지?

진현 그래, 바로 그거야. 우리는 어쩌면 그런 식으로 세상을 보지. 나도 그게 애들 장난이라고만 생각했어. 그런데 작가가 그걸 진지하게 그림으로 그렸잖아.

유리 에른스트처럼 다다이즘 운동을 한 사람들은 다 그랬어. 변기에다 '샘'이라고 써서 전시했던 뒤샹은 사람을 기계처럼 그렸다가 또다시 스캔들을 일으켰지.

진현 그래. 나도 들은 적 있어. 그런데 그런 식으로 세상을 보는 게 그저 장난만은 아니란 걸 보여주려던 게 아닐까?

유리 차라리 기계를 사람처럼 그리는 건 어때?

진현 맞아. 그것도 좋은 생각이야. 로봇이나 사이보그는 그런 생각에서 나온 거 아닐까? 그런데 저 그림은 기계를 코끼리처럼 그린 거야, 아니면 코끼리를 기계처럼 그린 거야?

유리 무슨 소릴 하려는 거지?

진현 사람을 기계처럼 그린 것과, 기계를 사람처럼 그린 게 대체 다른 그림일까? 뒤샹이 그렸다는 그 그림은 반대로 기계를 사람처럼 그린 거잖아?

유리 그게 어쨌다는 거야?

진현 그래 맞아, 이제 알 것 같아! 이 그림은 사람과 기계, 코끼리와 기계 사이의 경계를 깨려는 거야. 그게 대체 어떻게 다른 거냐고 묻고 있는 거야.

유리 어쨌거나 난 들로네가 그린 저 그림이 더 훌륭하다고 생각해. 깔끔한 색채도 좋지만 하나의 탑이 이처럼 다양한 모습을 가지고 있다는 걸 보여줄 수 있으니 말이야.

진현 글쎄. 다양한 모습이라기보다는 무너지는 모습처럼 보여. 탑처럼 견고해 보이는 것도 사실은 견고하지 않다는 걸 보여주려는 게 아닐까?

유리 무식한 소리! 이 사람은 순수주의자야. 오르피즘이라고도 하는데, 입체파의 영향을 많이 받았지. 여러 시점에서 보이는 모습을 하나의 시점 앞에 모아놓아 시각적 공간이 단일하다는 생각을 깨려는 거야. 또 다양하고 이질적인 탑의 모습을 통해 동질적인 시각 공간을 해체하고 있는 거지.

진현 잘났어. 그게 무슨 소린지나 알고 외우는 거야?

유리 뭐가 어째? 그런 식으로 무식의 궁지를 모면할 수 있을 것 같아? 하나의 시점, 하나의 시각으로는 오직 하나의 측면만을 볼 수 있고, 또 그렇게 그려야 한다는 서양의 오래된 생각을 해체한 것은, 현대 미술의 시작을 알리는 위대한 혁명이었다고. 저 비틀린 탑 사이마다 비어져 나오는 혁명의 흔적을 보라고······.

예술의 가치를 계산하다

(a)는 다다이즘이라는 흐름에 속했던 화가 에른스트(M. Ernst)가 그린 코끼리 그림이다. 다다이즘은 형상과 미에 대한 기존 관념에 명시적으로 도전하여 그것을 파괴한 것으로 유명하지만, 단지 파괴에 그치지는 않았다. 이 그림이 보여주듯 이들은 유기체까지도 일종의 기계, 혹은 기계들의 결합이 만든 집합적 기계로 간주했다. 즉 모든 것은 기계라는 것이 그들의 생각이었다. 뒤집어 말하면 모든 기계 역시 사람이나 코끼리 같은 생물과 다르지 않다는 걸 뜻하기도 한다. 이로써 생물과 무생물, 생물과 기계 사이의 경계선을 허문다. 이는 분자생물학자인 자크 모노가 "세포란 화학적으로

작동하는 기계다"라고 했던 말과도 상통한다. 이로써 그들은 사물과 세계에 대한 새로운 사유의 길을 개척했다.

(b)는 오르피즘이라고도 불리지만, 크게 보아 입체파에 속한다고 할 수 있는 들로네(R. Delaunay)의 유명한 그림이다. 그려진 탑은 알다시피 에펠탑이다. 여러 각도에서 본 에펠탑을 하나의 눈이 동시에 보도록 함으로써 단일하지 않은 공간, 복합적 공간을 그림으로 보여주었다. 이는 15세기 이래 서양 미술을 지배해온 투시법적인 공간, 즉 하나의 시점에서 본 동질적인 공간 속에 합리적인 형태로 대상을 그리는 방법을 근본적으로 해체한 것이다. 세잔이나 고흐가 이런 혁명의 단서를 마련했지만, 그것을 본격화한 것은 피카소였다.

여기서 통속적인 질문을 하나 하자. 이 두 그림 가운데 어느 것이 더 가치 있을까? 두 작가 모두 미술사에서 매우 중요한 인물이고, 두 그림 모두 알 만한 사람은 아는 그림이니, 어느 하나를 선뜻 위에 놓을 수가 없다. 그림의 크기로 비교한다면? 그림 그리는 데 사용한 물감이나 재료의 양은 어떨까? 웃음거리가 될 게 뻔하다. 그런 만큼 이 두 그림의 가치를 더하거나 뺀다는 건 말도 안 된다. 이를 적절히 '계산'할 방법은 없을까?

하지만 여러분이 그렇게 순진하리라고는 생각하지 않는다. 여러분은 계산하는 방법을 알고 있다. 다만 계산에 필요한 정보가 부족할 뿐이다. 즉 소더비 경매장에서 매기는 그림 값만 옆에 써놓았어도 이미 계산은 끝난 지 오래일 것이며, 어느 게 더 가치 있는 그림인가도 이미 판단이 끝났을 것이다. 게다가 이렇게 하면 두 그림의 가치를 더할 수도 있다. 이 그림을 둘 다 갖고 있는 사람은 그 더한 값만큼의 가치를 갖고 있는 것이다. 또 뺄 수도 있다. 그것은 그림을 맞바꾸어 교환할 때 남는 가치, 혹은 손해 보는 가치를 표시한다.

　음악의 경우엔 어떤가? 가령 바흐의 〈마태 수난곡〉과 방탄소년단의 〈다이너마이트〉 가운데 어느 것이 더 가치 있을까? 이에 대해서도 여러분은 쉽게 대답할 것이다. 〈다이너마이트〉라고. 왜 그럴까? 그 노래가 〈마태 수난곡〉보다 값이 비싸서? 아니란 걸 잘 알 것이다. 아마도 그것은 여러분이 방탄소년단의 노래를 더 좋아하기 때문일 것이다. 그러나 그것도 정확한 계산은 아니다. 음악 선생을 하는 고지식한 내 친구라면 틀렸다고 채점할지도 모른다. 그처럼 여러분과 반대로 대답할 사람도 적지 않을 것이다.

　이는 평가하는 사람에 따라 달라진다는 점에서 자의적인 가치평가일 뿐이다. 이처럼 사람에 따라 제멋대로 달라지는 계산은 계산이 아니다. 계산은 대략적이라고 해도 어느 정도는 일치할 수 있는 일종의 정답을 갖고 있어야 한다. 아마 음반 산업에 종사하는 분들이라면 정확하게 일치하는 답을 알 것이다. 그 노래가 실린 음반 판매량을 비교하면 된다. 그러면 앞서처럼 더하기, 빼기도 할 수 있다.

　이런 계산 방법은 결코 농담이 아니다. 우리가 물건을 하나 살 때나 어떤 걸 유심히 들여다볼 때면 항상 하게 되는 계산이다. 사실 이런 방법이 아니면 대체 오디오와 TV를 놓고, 책과 음반을 놓고 비교하고 계산하는 게 어떻게 가능할까? 그나마 같은 종류의 물건이라면 대강이나마 질을 비교할 수 있다. 그러나 그런 예외적인 경우를 빼고는 물건의 질을 비교한다는 건 불가능하거나 최소한 자의적이다.

　이런 곤란을 넘어서게 해주는 '현자의 돌'이 바로 화폐다. 어떤 물건도 숫자(보통 '가격'이라고 불린다)로 환원되면, 역시 숫자로 표시된 다른 모든 것과 비교하고 계산할 수 있다. 그뿐만 아니라 물건들 간의 등가(等價, 보통

'교환'이라고 불린다)도 가능해지고, 물건들의 가치를 더하거나 빼고 곱하거나 나누는 게 얼마든지 가능해진다. 물건들의 서열이 매겨질 수 있고, 그에 따라 물건들의 질서가 만들어진다. 상품 세계의 질서란 바로 이처럼 숫자와 계산에 의해, 그것을 가능하게 하는 화폐에 의해 만들어지고 유지되는 것이다.

이렇듯 숫자와 계산은 비교할 수 없는 어떤 것들을 비교할 수 있게 하고, 전혀 다른 종류의 것들을 숫자들의 질서, 수학적인 질서(!) 속으로 끌어들인다. 이를 '자연의 수학화'와 비교해서 '사물의 수학화'라고 말할 수 있겠다. 이는 사물이 상품화되는 것이고, 화폐가 상품들에 질서를 부여하는 과정으로 진행되었던 실제 역사적 과정이다. 시장의 역사, 자본주의의 역사가 그것이다. 이는 '자연의 수학화'와 나란히 진행되었던 서구의 근대 세계가 갖는 가장 중요한 특징이다. 어찌 됐든 이로써 사물들은 수학적 계산의 세계 속으로 들어간다. 상품이나 화폐의 질서를 연구하는 경제학이 수학을 좋아하는 이유는 이런 점에서 당연한 것이다.

계산할 수 있는 수와 계산할 수 없는 수

이처럼 계산은 복잡하고 다양한 것들, 이질적인 것들을 쉽고 간단하게 비교하고 질서를 만드는 편리한 방법이다. 그러나 다시 한번 묻지 않을 수 없다. 도대체 어떻게 해서 자연이든 사물이든 계산할 수 있게 되는 것일까?

뭐든 그렇듯 계산에도 조건이 필요하다. 계산할 수 있게 되는 것은 그런 조건이 만들어져야만 가능하다. 좁은 의미에서 계산은 어떤 것을 숫자로 환원할 수 있을 때 가능하다. 물론 $v = \frac{d}{t}$ 처럼 숫자 없는 문자식도 있다. 여기서 문자는 속도(v)나 거리(d), 혹은 시간(t)을 대신하여 쓴 기호이고, 거리나 시간은 임의의 숫자를 대신하는 것이다. 즉 숫자가 들어갈 자리를 표시한다.

숫자라고 모두 같은 건 아니다. 계산하려면 그것이 대체 어떤 수인지를 먼저 알아야 한다. 예를 들어보자. 한국의 국가대표 축구팀 선수 11명에게 1부터 숫자를 줄 수 있다. 각 선수는 1부터 11까지 숫자에 대응할 것이다. 이 숫자를 등에 써 붙이면 우리는 이름을 몰라도 숫자만으로 선수들의 움직임과 경기의 진행을 알 수 있다. 공격이나 수비 전략, 전술 역시 숫자만으로 구상하고 설명할 수 있다. 골을 넣은 선수가 누군지 알고 싶으면 그 숫자에 대응하는 이름표를 보면 된다. 한데 이 숫자들을 가지고 계산한다면 어떻게 될까? 1과 2를 더하면 3이 될까? 10에서 5를 뺀 것과 9에서 4를 뺀 것은 같을까? 아니란 걸 알 것이다. 비슷한 숫자를 군대에서도 볼 수 있다. 8사단, 10사단 1058연대 3중대, 5중대, 2소대, 4분대 등등. 축구 선수의 백넘버가 그렇듯이 이 숫자들은 겹치지만 않는다면 다른 숫자로 얼마든지 바꾸어도 상관없다. 그런 만큼 계산할 수 없는 숫자다. 이런 수를 '명목수(名目數)'라고 한다. 명목상의 수, 이름에 불과한 수라는 뜻이다.

성적표에 매겨지는 숫자는 조금 다르다. 시험이란 학생들에게 성적에 따라 숫자를 하나씩 대응시키는 게임이다. 1등, 2등, 3등…… 50등, 51등. 여기서는 계산이 가능할 것 같다. 예를 들어 20등보다 5등 많다는 것은 25등이란 말이고, 40등보다 16등 작다는 것은 24등이라는 말이다. 즉 더하고 빼는 계산이 가능해 보인다. 그러나 1등과 5등의 차이가 11등과 15등의 차이와 같다고 할 수 있을까? 같은 1등 성적이라도 옆 반의 1등 성적과 다르다. 1등과 2등의 차이도 반마다 다르기는 마찬가지다. 따라서 더하고 빼는 게 무의미하다. 이런 수를 '순서수(順序數)', 또는 '서수(序數)'라고 한다. 운동선수의 백넘버와 달리 여기서는 숫자를 다른 것으로 마음대로 바꿀 수 없다. 숫자들은 순서관계, 즉 앞서고 뒤쳐진 관계를 표시하기 때문이다. 어떤 범위(반, 학교 등) 안에서 숫자 간의 순서관계를 아는 데는 더하고 빼는 것이 유의미하지만, 그걸 넘어서면 계산은 무의미해진다. 따라서 이런 수를 가지고 더하고 빼는 식의 계산은 무의미하다.

일단 계산이 가능하려면 최소한 어떤 대상이 갖는 질적 측면이 추상되어야 한다. '추상(abstraction)'이라는 말은 특정한 속성만을 남기고 다른 것은 제거한다는 뜻이다. 즉 수로 추상한다는 것은 어떤 것을 양적인 속성만 남기고 다른 것은 모두 고려하지 않는 것이다. 사람이든 개든, 남자든 여자든 1이라는 수에 대응하면 모두 같다고 보는 것이다. 이것이 수학의 문을 열 때 가장 먼저 배우는 것이다.

그러나 이런 식으로 수에 대응시키는 것만으로는 계산할 수 없다. 한 사람도 1이고, 개 한 마리도 1이니 한 사람과 개 한 마리를 더해 2라고 말하는 것은 부적절하다. 그런 식으로 11에 맞추어 축구팀을 짠다면 얼마나 우스운 일일지 우리는 잘 안다. 축구팀 하나와 농구팀 하나를 더해서 1+1=2라고 쓰는 것도 우습기는 마찬가지다. 이런 계산은 사람은 사람끼리, 축구팀은 축구팀끼리 해야 한다. 즉 같은 단위, 같은 척도(measure)로 매긴 숫자 간에만 계산이 가능하다. 바꿔 말하면 계산이 가능하려면 척도 내지 단위가 같아야 한다. 가령 2는 1의 두 배이고, 100은 1의 백 배일 때 우리는 숫자들이 하나의 척도를 갖고 있다고 말할 수 있다. 이때 비로소 더하고 곱하는 모든 연산을 자유롭게 할 수 있다.

화폐, 계산하는 세계의 문

이제 계산할 수 있으려면 다음과 같은 조건이 필요하다. 첫째, 비교 대상을 숫자로 바꿀 수 있어야 한다. 둘째, 같은 척도나 단위가 있어야 한다. 셋째, 그 숫자와 척도를 전제로 계산 방법이, 예컨대 덧셈과 곱셈 등이 정의되어야 한다. 이로써 그 안에 들어가는 어떤 것도 숫자로 바꾸어 계산할 수 있게 해주는 공간이 만들어진다. 이를 '계산공간'이라고 부르자.

앞서 보았던 상품 간의 교환은 어떨까? 거기서는 너무도 이질적인 그림과 음반, 오디오와 TV, 집과 자동차 등이 모두 계산에 따라 교환된다. 그러나 누구도 클레의 그림과 한 대의 오디오가 1이라는 이유로 교환될 수 있다고 생각하지 않는다. 각각은 어떤 단위(원, 달러, 엔 등)를 기준으로 숫자로 바뀌고, 그 숫자를 놓고 비교와 계산이 이루어져야 비로소 적절히 교환된다. 상품들은 척도와 숫자를 제공하는 화폐가 있기에 비로소 적절한 교환의 공간 속으로, '계산공간' 속으로 들어가는 것이다. 이런 점에서 사물을 수학화하고 사물들의 계산공간을 만드는 것은 화폐라고 말할 수 있을 것이다.

이 계산공간 안에서는 화폐로 변환될 수 없는 사물은 무의미하고 무가치하다. 예를 들어 공기나 물, 햇빛은 우리 삶에 매우 긴요하지만, 아무도 화폐로 바꾸어주지 않기에 계산공간 속에서는 무가치하다. 아이를 위해 만들어준 작은 책상도, 정성을 다해 그린 연인의 초상화도 화폐와 바꾸려고 만든 게 아니니 계산공간 속에서는 가치가 있다고 할 수 없다. 집에서 밥을 짓고 빨래하는 일도 화폐와 교환될 수 없는 한 이 냉정한 공간 안에서는 무가치하다. 그것이 식당이나 세탁소에서 행해질 때, 그래서 화폐로 바뀔 때 비로소 가치 있는 것이 된다. 덕분에 우리는 흔히 '가치 있는 것'을 돈이 되는 경제적 가치로 오인하며, 돈 안 되는 것을 '가치가 없다'고 여기게 된다.

그러니 우리는 이제 이런 계산의 결과에 대해서도 다시 말할 수 있다. 첫째, 계산은 어떤 대상을 척도화된 숫자로 바꿈으로써 그 대상들을 동질화한다. 클레의 그림과 방탄소년단의 노래는 너무도 이질적이지만 이런 숫자를 통해 비교되고 교환될 수 있는 동질성을 갖게 된다. 편리한 계산의 세계로 들어가기 위해서는 질적 성질이나 직관적 의미를 던져버려야 한다. 그것은 계산공간으로 들어가기 위한 입장료인 셈이다. 각각이 갖는 고유한 차이는 수로 표시되는 양적 차이로 변환되는 한에서만 살아남는다. 이런 의미에서 계산공간은 동질성의 공간이다.

둘째, 계산공간 안에서 모든 것은 수의 질서, 수의 체계에 따라 배열된다. 큰 수에 대응하는 상품이 작은 수에 대응하는 상품보다 더 가치 있고 좋은 것이다. 여기서 어떤 것이 중요한 이유는 값이 비싸기 때문이다. 즉 그것을 구하기 위해서 많은 화폐를 지불해야 하기 때문이다. 어떤 사람의 가치는 그가 타고 온 자동차나 그가 걸친 옷이 결정한다. 사물의 세계에서 가치란 이제 화폐로 표시되는 숫자와 다름없다. 계산공간 안에서 모든 것을 지배하는 것은 바로 이 숫자(화폐)인 것이다.

두 눈 속의 계산공간

앞서 보았듯 화폐는 사물을 일반적이고 동질적인 계산공간으로 끌어들인다. 그것이 '사물의 수학화' 사업에 결정적으로 중요했다는 것은 물론이다. '자연을 수학화'하려는 근대 과학의 사업 기획에도 이런 식의 일반적인 계산공간이 아주 긴요하리라는 것은 충분히 짐작할 수 있을 것이다.

화폐는 보이지만 화폐가 만드는 계산공간은 보이지 않는다. 다만 그 속에서 사물에 달라붙은 숫자만 보일 뿐이다. 자연을 수학화하는 계산공간 역시 보이지 않는다. "To see is to believe." 보는 것이 믿는 것. 그러다 보

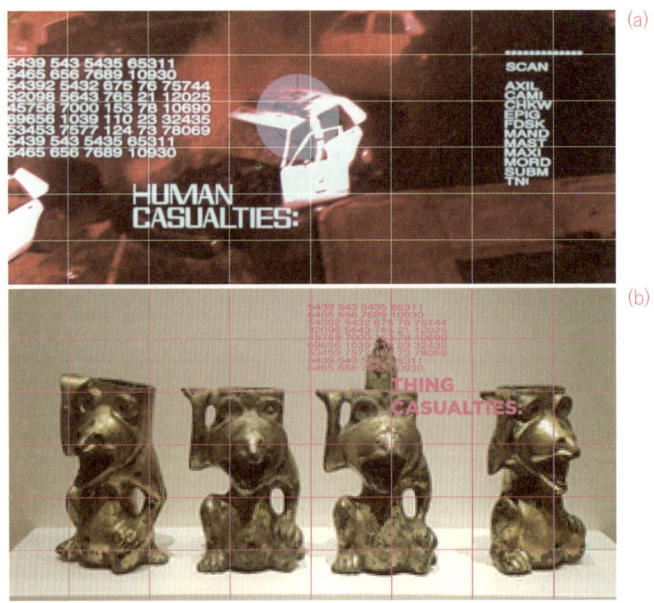

[그림 3.2] 좌표로 표시된 기계의 눈, 혹은 창

니 안 보이는 건 잘 믿지 못하는 게 세상 인심이다. 그게 계산공간이 무언지 알기 어렵게 만든다. 하지만 사람이 못 보는 것을 기계들은 종종 보여준다. 터미네이터의 눈에 장착된 격자가 그렇다. 그래서 그 기계를 잘 들여다보면 우리 눈앞에 있지만 우리가 보지 못하는 것을 볼 수 있다. 기계하고 사람이 뭐 그리 다르냐는 에른스트와 다다이스트의 생각이 다시 떠오른다.

터미네이터의 눈도 이런 계산공간을 내장하고 있고 〈스타워즈〉의 우주선도 이런 계산공간을 내장하고 있다. 레이더 장치 역시 마찬가지다. 지구본이나 지도에도 있다. "동경 136도 19분, 북위 35도 27분, 고도

[그림 3.3] 세를리오, 〈비극의 무대〉
세를리오의 이 그림은 바닥에 있는 명시적 격자 말고도 건물 벽들, 그리고 그 세 면으로 둘러싸인 공간 모두가 3D 격자로 가득 차 있음을 보여준다. 계산공간이 근대 도시의 시장과 무관하지 않음을 짐작할 수 있다.

3200m 상공에 적기 5대 출현, 현재 5시 방향으로 초속 300m 속도로 이동하고 있다." 여기서 적기 대신에 기압골이나 구름의 분포를 가지고 '분석'하면, 내일의 날씨가 어떨지 계산하고 예측할 수 있다. 태풍이나 폭풍의 이동처럼 잘 보이지 않는 것의 움직임도 계산할 수 있다. 이 모두가 계산공간 덕분이다.

여기서 동경 몇 도, 북위 몇 도, 고도 얼마 하는 것은 비행기나 운동하는 대상의 위치를 표시하는 방법이다. 이런 걸 '좌표'라고 말한다. x좌표, y좌표, z좌표 등. 수학책에서 흔히 보는 x축, y축 등으로 만들어진 공간이 바로 이런 계산공간이다. 이러한 계산공간의 탄생은 미적분학의 창안과 더불어 수학 자체에서 일종의 '과학혁명'을 구성한다. 이는 근대 과학혁명 자체에서도 매우 결정적인 것이기도 하다. 여기서 근대 수학이 출발한다.

기하학의 대수화

이렇듯 계산공간은 TV나 영화를 포함해 일상에서 흔히 접하는 것임을 알 수 있다. 그것이 눈에 잘 안 보이는 것은 우리 눈 안에 익숙하게 자리 잡고 있기 때문이다. 이것만 있으면, 그리고 알고자 하는 것을 이 계산공간 속에 밀어 넣기만 하면 그것을 숫자로 바꾸고 수학적으로 계산하는 것이 가능하게 된다. 그뿐만 아니라 이것으로 수학 자체가 엄청난 속도로 발전하게 된다. 그런 만큼 수학이 무언지 알려면 계산공간이 무언지 알아야 한다.

계산공간은 어떻게 만들어졌을까? 이것을 알면 계산공간이 무언지 좀 더 잘 알 수 있다. 먼저 계산공간을 만드는 데 결정적인 일보를 내디딘 사람은 데카르트였다. 그는 그림을 그리고 보조선을 그리며, 그림을 봤다가 글씨를 봤다가 하면서 답을 구하는 기하학이 힘들고 불편하다고 느꼈다. 어떻게 하면 좀 더 간단하고 쉽게 풀 수 있을까? 산수처럼 숫자나 문자만으로 간단하게 풀 수 있다면 얼마나 좋을까!

데카르트는 '얼마나 좋을까!'에 머물지 않고 기하학을 산수[대수(代數)] 문제로 바꾸는 게 어떻게 가능할지를 고심한다. 기하학적 도형이 갖는 특징을 완전히 대수적인 요소로 바꾸면 되지 않을까? 가령 사각형 ABCD의 면적을 구한다고 해보자. 그럼 두 변 AB와 BC의 길이를 곱해야 한다.

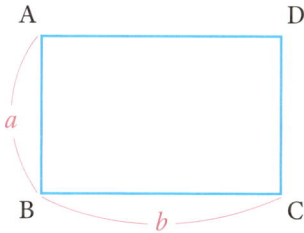

만약 변의 길이가 각각 a와 b라면 직사각형의 면적은 $a \times b$다. 여기서 '두 변 AB와 BC의 길이를 곱한다'가 기하학적 계산 절차라면 '$a \times b$'는 대수적인 계산 절차다. 앞의 절차를 따라 하려면 AB가 어떤 건지, BC가 어떤 건지 그림을 보고 그다음에 계산해야 한다. 만약 이 문제처럼 간단하지 않다면 그림과 계산 사이를 왔다 갔다 하느라 정신이 없을 것이다. 반면 대수적인 계산은 너무 간단해서 그림을 그릴 필요도 없다. 두 수 a, b를 곱하기만 하면 된다. 그 문자가 사각형의 변의 길이든, 원의 반지름이든 아무 상관이 없다.

사실 변의 길이나 반지름의 길이를 문자로 바꿔 쓰는 건 쉽다. 그런데 반지름의 길이가 아니라 원주와 같은 곡선 자체를 계산할 수 있는 어떤 문자로 바꿔 쓸 수 있을까? 그게 가능하다면 기하학을 대수학으로 바꾸는 게 충분히 가능하지 않을까?

이것이 기하학을 대수학으로 바꾸려던 데카르트의 발상이다. 이런 발상을 보통 '기하학의 대수화'라고 부른다. 얼마나 간단한가? 그다지 기발할 것도 없어 보인다. 그렇다. 알고 보면 수학도 여러분이 이처럼 충분히 상상할 수 있고 넘볼 수 있는 영역이다. 하지만 정작 어려운 것은 '얼마나 좋을까!'에 머물지 않고 데카르트처럼 한 걸음 더 내딛는 것이다.

그런데 사실 사람들이 2천 년 가까이 한 걸음 더 내딛지 못했던 데는 나름의 이유가 있었다. 그것은 수 개념 자체와 관련된 것이다. 데카르트가 기하학을 대수화하기 위해서는 그런 수 개념을 넘어서야 했다는 점에서 사실상 또 하나의 난관이 있었던 셈이다.

-2와 √2의 근본적 차이

어린아이에게 숫자나 셈을 가르쳐본 일이 있는지? 어떤 방법으로 가르쳤는지? 아마도 사과나 사탕 그림을 놓고 5개 있으면 '오', 3개 있으면 '삼'이라고 외쳤을 것이다. 혹은 손가락을 하나씩 꼽으면서 '일, 이, 삼……' 하고 외우는 것부터 가르쳤을지도 모른다. 여기까진 쉽다. 그런데 0을 가르치는 것이 생각처럼 쉽지 않다. 손가락을 꼽을 방법이 없다. 빈 종이를 가리키면? '종이'라고 생각하지, '0'이라고 생각하지 않을 것이다. 보라고 가리키는 것인데, 없는 것은 보이지 않고 있는 것만 보이니 당연한 것이다. 이것을 보면 0을 고안해내는 것이 자연수를 고안해내는 것보다 훨씬 어렵다는 걸 알 수 있다. 그걸 가르치려면 아마도 3개를 주었다가 3개를 빼앗는 게임이라도 하는 게 좋을 것이다. 즉 뺄셈이라는 연산을 하지 않고는 0을 가르치기가 어렵다는 말이다. 이처럼 0은 '자연적으로' 가르칠 수 있는 수가 아니라 연산을 해야 가르칠 수 있는 수다. 자연수에서 0을 제외한 것은 이런 이유 때문이다.

음수는 어떤가? 어린아이에게 -2와 같은 음수를 가르치는 것은 더욱더 어렵다. 뺄셈 없이는 가르칠 수 없을 뿐만 아니라, 뺄셈을 해도 그게 어째서 0과 다른지 설명하기가 쉽지 않다. -2가 어떤 상태를 뜻하는지를 가르치는 건 더욱 어렵다. 그걸 이해하는 건 아마도 빚(채무)이 무언지 아는 때가 아닐까? 내가 저 친구에게 천 원을 빌렸다. 즉 나는 그에게 갚아야 할 빚이 천 원 있다. 음수는 이처럼 '얼마만큼 빚이 있다' 내지 '얼마만큼 모자란다'와 같은 개념을 표시한다. 이 역시 연산을 배우지 않고는 이해할 수 없는 수고, 부자연스러운 수다.

만약 $\sqrt{2}$가 어떤 수인지를 가르치려면 어떻게 해야 할까? 이건 정말 어렵다. 왜냐하면 더하고 빼거나 곱하고 나누는 사칙연산으로는 설명할 수 없기 때문이다. 그럼 어떻게? 이걸 설명하려면 '피타고라스의 정리'를 알아야 한다. 그래서 각 변의 길이가 1인 정사각형의 대각선 길이라고 설명해주면 된다. 여기서 잘 생각해보면, 이건 자연수는 물론 0이나 음수하고도 다른 종류의 수다. 왜냐하면 사칙연산과 같은 대수적인 방법으로는 설명할 수 없는 수이기 때문이다. 이건 기하학에서 나온 수이고, 따라서 기하학적인 수다. π와 같은 수도 마찬가지다.

그런데 기하학을 좋아하는 동생에게 예컨대 -2가 어떤 수인지를 기하학적인 방법으로 설명해줄 수 있을까? 기하학에서도 자연수나 분수를 사용한다. 이는 보통 어떤 도형의 길이나 면적, 부피를 나타낸다. 그런데 −2를 길이나 면적, 부피로 설명할 수 있는 방법이 있을까? −2의 부피? −2의 길이? 말도 안 된다. 굳이 말해야 한다면 "면적이 8인 사각형에서 면적을 10만큼 빼려고 할 때 모자라는 면적이 2다" 하는 식으로 설명해야 할까? 하지만 이는 이미 기하학이 아니라 면적을 표시하는 수 사이에 뺄셈이라는 대수적인 연산을 한 것이고, 따라서 대수적인 방법으로 설명한 것이지 기하학적 방법으로 설명한 것은 아니다. 수직선을 그리고 왼쪽 방향을 향해 2만큼 표시한다면 어떨까? 지금이야 다 아는 처지니까 그러려니 해도, 그리스인들이 보았다면 뭐 하는 건지 의아해했을 것이다. "왼쪽이 −라면, 위쪽 방향은 뭐고, 북서 방향은 또 뭐가 되지?"

이처럼 −2와 $\sqrt{2}$는 전혀 다른 성질의 수다. 음수는 본질적으로 대수적인 수다. 반면 $\sqrt{2}$와 같은 무리수는 기하학적인 수다. 그런 만큼 −2를 기하학적으로 설명하거나 이해하는 것은 $\sqrt{2}$를 대수적인 방법으로 설명하거나 이해하는 것만큼이나 곤란하다.

기하학적인 수와 대수적인 수

이집트나 그리스에서 수학은 무엇보다 기하학이었다. 정확한 이유야 역사학자들에게 물어봐야겠지만, 듣기론 나일강이 자주 넘쳐서 넘칠 때마나 땅에 금을 다시 긋느라고 그랬다고 하던데, 이런 건 대개 '믿거나 말거나' 식의 얘기인 경우가 많다. 땅에 금긋기를 열심히 해봐야 측량술이 발전할지 모르지만 기하학은 발전하기 어렵다. 고고학자 버널(M. Bernal)의 전언에 따르면 한가한 이집트의 사제들이 창안하고 발전시킨 것이며, 그리스인들이 그들에게 배워 정리한 것이라고 하는데(『블랙 아테나』), 사실을 확인하기는 쉽지 않은 일이다.

어쨌든 그 이후 데카르트에 이르기까지 서구의 수학에서 중심적인 위치를 차지하고 있던 것은 기하학이었다. 반면 인도나 아라비아 수학에서는 대수학이 중심적이었다. 예컨대 0과 음수와 같은 대수적인 수는 인도인의 발명품이다. 반면 $\sqrt{2}$와 같은 무리수는 서구인들의 발명품이다. 물론 이 기괴한 수를 발견한 피타고라스학파는 그것이 '비례'를 원리로 하는 기존의 수학적 질서를 파괴할까 두려워 그 수를 비밀에 부쳤으며, 그 비밀을 발설한 동료를 죽이기까지 했다고 하지만 말이다.

아, 무슨 말인고 하니, 알다시피 $\sqrt{2}$같은 수를 '무리수(無理數)'라고 하는데, 영어 'irrational number'를 일본인이 번역한 말이다. 'ratio'란 '비(比)', '비례(比例)'라는 뜻이니, 'rational number'는 $\frac{1}{2}$, $\frac{7}{9}$처럼 '비로 표시할 수 있는 수'이고 'irrational number'란 그처럼 '비로 표시할 수 없는 수'라는 뜻이다. 그러나 번역하신 분이 'rational'이란 말을 '합리적', '이성적'이란 말로 오해하여 저 말들을 '유리수', '무리수'라 번역한 것이다. 덕분에 $\sqrt{2}$ 같은 수는 졸지에 '이성[理]이 없는[無] 수'가 되고 말았다. 그리스인들은 수적 질서는 물론 미 개념마저도 '비'를 원리로 한다고 믿고 있었는데, 비로 표시되길 거부하는 수가 나타났으니 당황했던 것이고, 그걸 감추려다 누설되자 누설자를 '배신자'로서 처형했다는 것이다.

이처럼 무리수라는 매우 복잡하고 기괴한 수를 발견하고, 그것을 받아들이게 된 뒤에도 서구인들은 오랫동안 음수를 이해할 수 없었다고 한다.

그것은 기하학이라는 모태에서 벗어나지 못하는 한 이해할 수 없는 것이었다. 기하학에서 음수란 작도(作圖)할 수도 없고, 설명할 수도 없는 수이기 때문이다. 혹자에 의하면, 서구인들이 음수를 이해할 수 있었던 것은 온도계가 발명되고 나서였다고 한다. 삼각법에 대한 이론은 그리스에도 있었지만, 그것을 대수화하여 발전시켰던 것은 인도인과 아라비아인들이었다. 지금 사용하는 사인(sin), 코사인(cos), 탄젠트(tan) 등은 그들의 발명품이다.

이처럼 기하학에서 수학을 시작하는 것과 대수학에서 수학을 시작하는 것 사이에는, 단지 어떤 학문이 중심인가 하는 차이보다 훨씬 크고 중대한 차이가 있다. 그것은 앞서와 같이 똑같은 방식으로 표시하는 수조차도 전혀 다른 방식으로 이해하고 있다는 사실에서 잘 드러난다. 그것은 수학적인 발상법 자체의 근본적 차이인 것이다.

기하학을 대수화하는 데 주요한 하나의 걸림돌은 바로 서양의 수 개념이 기하학에 기초하고 있는 기하학적 수라는 사실이었다(그리스 수학자 디오판토스는 방정식의 근 가운데 음수가 나오면 무의미한 숫자라고 간주하여 버렸다고 한다). 이는 문자로 수를 대신하여 표시하는 경우 명확히 드러난다. 즉 그들은 a와 같은 하나의 문자가 선분의 길이를 표시한다면, 두 문자의 곱(가령 $a \cdot b$)이나 제곱수(a^2)는 면적을 표시하고 세 개의 문자의 곱(가령 $a \cdot b \cdot c$)이나 세제곱 수(a^3이나 b^3)는 체적을 표시한다고 보았다. 예를 들어 두 변의 길이가 각각 a와 b인 사각형의 면적은 ab다. 한 변의 길이가 a인 정육면체의 체적은 a^3이다.

그래서 16세기까지도 방정식 문제는 '정육면체의 체적(x^3)과 모서리 길이(x)의 12배의 합이 32가 되도록 모서리의 길이를 정하라'와 같은 식으로 나타냈다. 그리고 이러한 기하학적 문장이 $x^3+12x=32$라는 방정식의 실제 의미라고 보았다. 또한 그것을 푸는 방법에도 기하학적 작도를 이용했다. 3차 방정식의 일반적 해법을 제시했던 카르다노(G. Cardano)도 마찬가지였다.

이는 길이나 기하학적 성분을 문자로 바꾸는 것만으로는 기하학을 대수화하는 것이 아님을 보여준다. 위의 방정식 사례는 반대로 제곱수나 세제곱수마저 기하학적 의미에 매여 있다는 것을 보여준다. 따라서 기하학을 대수화하려면, 수 개념 자체에서 기하학적 고정관념을 깨버려야 했다. 그래야 데카르트가 생각한 한 걸음을 더 내디딜 수 있었다. 어떻게 하면 그 고정관념을 깨버릴 수 있을 것인가? 데카르트는 다시 생각하기 시작한다.

기하학의 흔적을 지우자!

데카르트는 기하학을 대수화하려면 일단 대수적인 수나 연산에서 기하학적 의미를 제거해야 한다고 생각했다. 다시 말해 ab나 a^2이 면적을 뜻한다는 고정관념을 깨야 했다. 데카르트가 사용한 예를 직접 들어보자.

먼저 $x=ab$라는 식을 보자. 기하학적 고정관념에 젖은 데카르트의 동시대인들은 이 식을 보면 x는 두 변의 길이가 각각 a, b인 사각형의 면적을 의미한다고 생각한다. 물론 그래도 말은 된다. 그러나 정말 그런 경우만 있을까? 면적 아닌 다른 종류의 기하학적 관계는 없을까? 자, 중학교 시절을 떠올리며 [그림 3.4]를 보자.

알다시피 삼각형 OAC와 OBD는 닮은꼴이다. 따라서 변 OA와 OB,

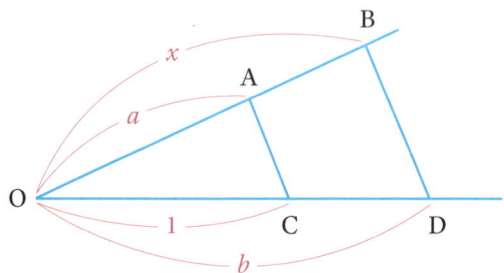

[그림 3.4]

OC와 OD 사이에 다음과 같은 비례 관계가 성립한다.

OA:OB=OC:OD

그림에 표시한 길이로 바꿔 쓰면 $a:x=1:b$다. 따라서 $x=ab$다. 그림에서 보다시피 x는 a와 b의 곱으로 표시되지만, 면적이 아니라 변 OB의 길이다. OD의 길이가 만약 b가 아니라 a였다면 $x=a^2$이었을 것이다. 이 경우 제곱수(a^2)는 면적이 아니라 길이를 나타낸다. 그렇다면 두 문자의 곱이나 제곱수가 면적이라는 생각은 잘못되었음이 분명하다! 성공이다!

이제 비례식을 쓰면 이런 수는 얼마든지 얻을 수 있다. 가령 $a:a^2=a^2:a^3$이다. 여기서 a^3은 비례식의 한 항일 뿐 체적과 아무 상관이 없다. 그렇다면 이제 문자나 기호의 형태(제곱수니 세제곱수니 하는)에 부여했던 기하학적 의미는 부적절하다는 것이 분명하게 입증된다. 면적을 a나 a^3으로 표시할 수도 있으며, a^2이 꼭 면적을 나타내는 것도 아니다. a와 b의 곱은 단지 두 숫자의 곱을 의미할 뿐이다.

그렇다면 이제 데카르트가 생각했던 한 걸음을 내디딜 수 있게 된다. 즉 모든 기하학적 성분을 어떠한 숫자나 문자로 바꾸어도 되며, 기하학적 도형의 형태조차도 가능하기만 하다면 이런 문자들의 식으로 표시할 수 있게 된다. 수나 문자, 기호에서 기하학의 흔적을 지우는 순간, 기하학적 요소를 순수한 대수적 수로 환원할 수 있는 기초가 마련된다. 이제 남은 것은 어떤 방식으로 기하학을 대수화할 수 있겠는가 하는 문제다.

해석기하학의 초대장

이제 데카르트가 곡선을 방정식으로, 즉 대수적 수식으로 바꾸는 방법을 보자.

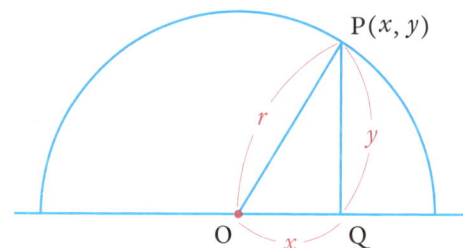

[그림 3.5]

원의 중심을 O, 원주상 점을 P, P에서 내린 수선의 발을 Q라고 하자. OP는 원의 반지름 r이다. OQ의 길이를 x라 하고, PQ의 길이를 y라고 하면, 삼각형 OPQ는 직각삼각형이므로 피타고라스 정리에 의해 다음과 같이 쓸 수 있다.

$x^2+y^2=r^2$

점 P의 위치를 원주상의 어떤 다른 점으로 옮겨도 이 관계는 성립한다. 원주에 있는 모든 점이 이런 식으로 표시된다면, 이 방정식은 원주라는 곡선 자체를 대수적인 방정식으로 만든 것이라고 말할 수 있다. 이로써 원이라는 기하학적 곡선을 대수적인 방정식으로 표시하는 것이 가능하게 된다. 또다시 데카르트는 외친다. "성공이다! 수리수리 마하수리 수수리 사바하, 수리수리 마하수리 수수리 사바하……. 이제 이 수많은 수의 법칙들이 저 사바(裟婆) 세계를 넘쳐 흐르리니, 수로 바뀌는 모든 것에 축복이 함께하리라……."

타원이나 포물선, 쌍곡선 등의 다른 도형도 이런 식으로 표시할 수 있다. 이는 '도형과 방정식'을 다루는 고등학교 수학책에 나오는 것이다. 이처럼 기하학적 도형을 대수적인 식으로 변환시키면, 이제 그 식을 이항하든 더하든 곱하든 간에 대수적인 조작을 통해 구하고자 하는 문자의 값을 쉽게 찾을 수 있다. 이처럼 기하학적 도형을 대수적인 수로 '분석(분리)'하고 계산하여 원하는 값을 찾아내는 방법을 보통 해석기하학(분석기하학)이라고 부른다.

한편 데카르트와 동시대인으로 천재적인 수학자였던 페르마(Pierre de Fermat)도 이 같은 해석기하학의 발전에 기여했다. 하지만 데카르트가 도형을 수식으로 표시하는 방법에 관심이 있었던 반면, 페르마는 반대로 수식으로 표시되는 방정식이 어떤 기하학적 도형을 그리는지를 찾아내고자 했다. 그 결과 그는 다양한 방정식이 그리는 많은 도형과 자취를 찾아냈다. 예를 들면 $a^2+x^2=by$는 포물선을, $a^2-x^2=ky^2$은 타원을 그린다는 것을 밝혔다.

그렇지만 그 방향과 취지라는 점에서 본다면 데카르트와는 반대로 페르마는 대수방정식을 기하학화하려 했던 셈이고, 이런 점에서 데카르트와 달리 기하학적 전통에 충실했다고 말할 수 있다. 굳이 대비해서 말하자면, 데카르트는 기하학을 대수화하려 한 반면, 페르마는 대수학을 기하학화하려 했다고 해도 좋을 것이다. 그런데 해석기하학이 이전의 기하학과 근본적인 단절을 이루었다고 한다면, 그것은 기하학을 대수화하려는 발상에 있었던 것이다. 이 때문에 비슷한 연구를 했지만, 한 걸음을 새로 내디딘 결정적인 공헌은 데카르트에게 돌아가는 것이다.

이처럼 해석기하학은 기하학적 특징을 문자나 수로 번역하는 데서 시작한다. $x^2+y^2=r^2$은 '한 점에서 같은 거리에 있는 점의 집합'을 기호로 번역한 것이다. 여러분은 이렇게 질문할지도 모른다. 이런 번역으로 대체 무슨 이득이 있단 말인가? 차라리 읽기조차 더 어렵게 만드는 게 아닌가?

예를 들어 등호로 표시되는 '같다'는 말이 기호가 아니라 단어로 남아 있으면, 보통의 추상능력을 가진 사람으로서는 그 단어를 넘나들며 이항하고 계산하는 것은 결코 쉽지 않다. 반면 원을 위와 같은 방정식으로 표시하면, 그다음엔 $y^2=r^2-x^2$, $y=\pm\sqrt{r^2-x^2}$과 같은 계산을 자연스럽게 할 수 있다. 이런 계산은 가령 두 원의 교점이나 교점 간 거리를 매우 쉽게 구하게 해준다.

이것만이 아니다. 예전 같으면 마술사나 합치고 연결할 수 있었을 서로 다른 도형이나 곡선을 합치고 결합하는 일이 너무도 쉬운 일이 된다. 예컨대 원을 $x^2+y^2=r^2$으로 표시하게 되면, 이 곡선은 기하학적 도형과 별 상관이 없는 곡선, 예를 들면 $y=ax^2+bx+c$나 $y=\log ax+b$와 같은 곡선과 함께 다룰 수 있게 된다. 두 곡선의 교점을 구하기도 하고, 전혀 다른 성질을 갖는 두 곡선을 합성해서 새로운 곡선을 만들어낼 수도 있다.

수학적 계산공간의 탄생

기하학을 대수적으로 '번역'하는 것은 이처럼 전혀 새로운 세계로 기하학을 인도한다. 여기서 여러분은 이러한 해석기하학의 방법이 수학적 기호 사용의 발전과 매우 긴밀한 관계를 갖고 있음을 짐작할 수 있을 것이다. 데카르트나 페르마 역시 대수적인 기호 사용법을 간단하고 편리하게 하는 데 기여했지만, 이에 관한 한 누구보다 탁월한 능력을 발휘한 사람은 라이프니츠였다. 그는 수학의 발전이 기호법의 발전과 밀접하다는 것을 통찰하고, 매우 효과적이고 아름다운 기호와 기호 사용법을 고안했다. 미적분에서 우리가 지금 사용하는 기호가 라이프니츠(G. W. Leibniz)의 것이라는 점, 뉴턴 미적분학의 기호가 불편했다는 점 때문에 영국의 미적분학 발전이 정체되었다는 점은 잘 알려진 얘기다. 반면 라이프니츠는 이제 모든 수학을 이런 간략한 기호로 바꾸고, 기호들의 관계로 표시할 수 있으리라고 생각했다. 이런 발상은 19세기 중반에 다시 나타나며, 20세기에 이르면 일부에서는 마치 당연한 것으로 받아들여지기도 한다.

한편 앞서 원을 대수적 기호로 바꾸는 과정에서 데카르트가 기하학적 성분을 x와 y라는 두 변수로 표시했던 것을 기억할 것이다(그림 3.5). 이는 계산공간을 만들고, 그 안으로 대부분의 수학적 요소를 끌어들이는 데 결정적인 기여를 한다. [그림 3.5]에서 x, y는 길이를 표시하는 문자였다. 그런데 점 P의 위치도 이 문자로 표시할 수 있지 않을까? 그렇다면 모든 점들 또한 문자를 이용해 함께 비교하고 계산하는 게 가능하지 않을까?

라이프니츠는 이를 좀 더 명확하게 하여 '좌표' 개념으로 발전시켰다. 즉 어떤 도형 위에 있는 점의 위치를 x와 y 두 성분을 나란히 써서 (x, y)와

같이 표시하는 방법이다. 이는 '점'이라는 기하학적 요소의 특징을 대수적인 수로 표시할 수 있게 되었음을 뜻한다. 점의 '위치'를 수로 바꾸는 것이 가능해진 것이다. 라이프니츠는 여기서 한 걸음 더 나간다. 곡선 위에 있는 점의 위치를 그처럼 좌표로 표시할 수 있다면, 그것이 그려지는 공간의 모든 점들 또한 좌표로 표시할 수 있다는 것이다. 그러면 도형이나 곡선은 그 모든 점 가운데 '두 변수 x와 y 간의 관계(방정식)로 표시되는 좌표들의

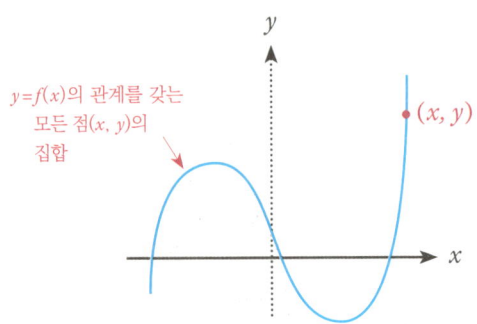

[그림 3.6] 데카르트 평면

이 그림에서 그려진 곡선이나 그 위에 있는 점만을 보는 사람은 너무도 적은 것을 보는 것이다. "자, 눈을 떠라!" 그러면 그 옆에 있는 모든 공간이 순서쌍으로 표시되는 점들로 가득 차 있는 게 보일 것이다(이 평면상의 어디든 점을 찍고 그에 해당되는 x와 y를 찾으면 그 점의 위치를 알 수 있다. 즉 점의 위치는 두 숫자의 순서쌍으로 환원된다).

집합'이라고 새로 정의할 수 있게 된다.

좌표가 설정되는 이런 공간을 보통 '좌표계'라고 부른다. 좌표로 표시되는 체계란 뜻이다. 이 새로운 생각은 사실상 공간 전체를 좌표들로, 즉 순서쌍으로 표시되는 수들로 가득 채우는 것을 뜻한다. 이제 이 좌표계 안에 들어오는 모든 것은 좌표라고 불리는 수들로 환원된다. 원이든 타원이든, 아니면 2차 곡선이든 10차 곡선이든, 혹은 사인함수든 로그함수든 간에 좌표로 표시되는 점들의 집합으로 재정의된다. 거기에는 오직 수만이 있으리니…….

그러나 라이프니츠가 고안한, 하지만 '데카르트 평면'이라고 불리는 이 좌표계는 단지 점의 위치만을 숫자로 바꾸는 것으로는 부족하다. 거기에 그려지는 기하학적 도형에 대해 거리나 면적, 체적이 계산될 수 있으려면 앞서 '숫자에도 여러 가지가 있다'고 했던 것처럼 어떤 하나의 척도 내지 단위가 있어야 한다. 그리고 그 안에서 더하고 빼고 곱하고 나누는 등의 계산이 가능하게 정의되어야 한다.

그러나 안심해도 된다. x축과 y축 각각에 표시되는 숫자는 보다시피 원점으로부터 거리를 표시하며, 1이라는 단위를 척도로 하고 있다. 따라서 사칙연산이 가능하다. 뒤집어 말하면 좌표계를 만드는 두 축은 이미 단일한 척도를 포함하고 있으며, 그것이 만드는 계산공간 안에서는 사칙연산이 충분히 가능하다는 것이다. 이로써 이 좌표계는 기하학의 대수화를 완벽하게 실현할 수 있는 수학적 계산공간이 된다.

이 계산공간은 앞서 말한 것과 비슷하게 작동한다. 그 안에 들어가는 모든 것은 하나의 동일한 척도를 기준으로 동질화되며, 따라서 비교하거나 계산하는 것이 가능하게 된다. 땅 위에서의 100m도, 바다 위에서의 100m도, 공중에서의 100m도 모두 동일한 100m다. 그러니 바다 위에서 배가 그리는 궤적과 하늘, 아니 지구 바깥의 우주 공간에서도 별이나 비행체가 그리는 궤적도 모두 하나의 척도로 비교하고 계산할 수 있다. 이제 이 계산공간 안에서는 x와 y의 관계로 표시된 모든 곡선이나 도형은 좌표축에 표시된 수와 척도를 기준으로 얼마든지 비교되고 계산되고 합성될 수 있다. 이 새로운 계산공간의 탄생은 모든 것을 계산 가능한 것으로 만들려는 근대 수학의 의지에 강력한 밑바탕이 되었다.

제4장

수학의 마술, 혹은 마술사의 수학

미적분학의 '비밀'

200년경 아르키메데스, 『포물선의 구적법』

아르키메데스는 원주율을 구하거나 구, 원기둥 같은 입체의 체적을 구할 때, 분할을 계속해가는 구적법(求積法)의 방법을 썼고, 이를 이용해 포물선의 넓이를 구하기도 했다. '구적법'이라고 불리는 이 방법은 적분법의 전사(前史)가 된다.

1609년 케플러, 『신천문학』

케플러는 코페르니쿠스의 원형 궤도를 타원형으로 대체했고, 행성의 공전 속도가 등타원면적 속도로 돈다는 것을 발견했다. 이는 타원의 길이나 면적에 대한 계산법을 통해서였는데, 이 또한 적분의 전사에 속한다.

1635년 보나벤투라 카발리에리, 『불가분량의 기하학』

도형이나 입체를 무한히 많은 불가분량의 합으로 간주함으로써 역시 적분법의 전사를 이룬다. 케플러의 영향이 컸으리라 생각된다.

1629~1679년 페르마, 『평면 및 입체 궤적 입문』

함수의 변화량이 아주 작을 때 함수의 최댓값·최솟값을 추적하는 방법을 찾아냈는데, 이는 미분법의 전사에 속한다.

1670년 아이삭 배로, 『기하학 강의』

곡선의 접선 기울기를 계산하는 법을 찾아냈다. 제자인 뉴턴에게 영향을 주었을 것으로 보이는 이 방법 또한 미분법의 전사에 속한다.

1684년 라이프니츠, 『접선 및 최댓값·최솟값을 찾는 새로운 방법』

라이프니츠가 곡선의 접선을 찾기 위해 미분법에 대해 연구하기 시작한 것은 1673년이고, 오늘날 사용하는 기호를 사용해 적분과 미분법을 정의한 것은 1675년이라고 하는데, 이를 발표한 것은 1684년이었다. 공식적으로 간행된 문헌으로서 미적분법에 대해 쓰인 최초의 글인 셈이다.

1687년 뉴턴, 『프린키피아』 1711년 뉴턴, 『수열, 유율 및 차이의 분석법』

1669년경 뉴턴은 미적분학에 대한 노트를 지인들에게 돌려 읽게 했다고 하는데, 『프린키피아』를 출판하면서도 그에 대해서는 쓰지 않고, 도형을 사용한 기하학적 증명의 형식을 취했다. 미적분법에 대한 책을 출판한 것은 라이프니츠와 논쟁 중인 1711년이었다. 그러나 『프린키피아』에서 제시한 물리학적 연구는 미적분법에 대한 연구를 통해 얻은 것이 분명하며, 1671년에 쓴 미발표 논문이 있었다. 그러나 라이프니츠의 수학적 표기법이 뉴턴의 물리학적 표기법보다 수학적으로 탁월했기에 이후 미적분법의 발전은 라이프니츠를 지지했던 대륙에서 현저했다.

1734년 버클리, 『분석학자 혹은 한 이단 수학자에 대한 강론』

이 책에서 버클리는 무한소를 때론 0으로 다루고, 때론 0이 아닌 것으로 다루는 미분법의 방법에 대해 비논리적이라고 비판한다. 미분법이 승승장구하던 시절이라 별로 귀담아 듣는 이가 없었지만, 다음 세기에 가면 이는 중요한 문제로 재출현하게 된다.

악마의 수학, 수학의 악마

악마인 메피스토펠레스는 신과 내기를 한다. 신은 메피스토가 파우스트를 유혹하여 타락하게 한다면 파우스트의 영혼을 넘겨주겠다고 약속한다. 파우스트는 메피스토펠레스의 유혹에 이끌려 위험한 계약을 맺는다. 즉 메피스토의 힘을 빌려 삶을 새로이 시작할 수 있는 힘과 젊음을 얻는 대신, 게임에 지면 영혼을 그에게 넘기기로 한다. 그 게임은 파우스트가 어느 순간, 어느 상황에도 멈추려 해선 안 된다는 것이다. 그러나 결국 그는 이렇게 외치고 만다. "오, 이 순간이여 멈추어라! 그대는 참으로 아름답도다!" 그는 패배했다. 그러나 신은 그를 메피스토에게 넘기지 않고 구원한다. 악마는 신에게 속았던 것일까? 그런데 만약 누군가를 속이는 것이 흔히 말하듯 악이라면, 악마를 속이는 것은 악일까, 선일까?

근대 수학의 비약적 발전에 결정적 기여를 한 것은 미적분학이었다. 더구나 이 새로운 수학 이론은 '만유인력의 법칙'이라는 물리학의 혁신과 함께했기 때문에 처음부터 영광의 월계관을 쓰고 나타났다. 그것은 운동을 수학화하려는 근대 과학에 어디든 적용할 수 있는 마술적 능력을 제공했다. 가령 달랑베르(J. R. d'Alembert)와 오일러(Leonhard Euler)는 진동을 다루는 파동방정식을 찾아냈고, 라플라스(P. S. Laplace)는 중력 퍼텐셜을 계산하는 방정식을, 다니엘 베르누이(Daniel Bernoulli)는 유체역학의 방정식을, 푸리에(J. B. J. Fourier)는 열을 다루는 방정식을, 맥스웰(J. C. Maxwell)은 전자기장을 다루는 방정식을 찾아냈다. 이는 동시에 수학 자체의 급격한 발전을 가능하게 했다. 미적분학 이전과 이후의 수학을 비교하는 것은 우스운 일이 될 정도로.

그러나 그것은 0은 아니지만 결국에는 0으로 취급하게 되는 '무한소(無限小, infinitesimal)'라는 개념을 수학 안에 끌어들인 대가로 가능해졌다. 그것은 논리적으로 모순율을 어기는 것이란 점에서 수학적으로 용인될 수 있는 개념이 결코 아니었다. 가우스(C. F. Gauss)와 같은 엄격한 수학자들을 공포에 떨게 했던 악마적인 개념이었다. 누구도 떨치기 힘든 유혹인 미적분학의 마술적인 힘은 어쩌면 무한소라는 이 악마적인 개념을 받아들이는 거래의 대가로 얻게 된 것이었다(뉴턴은 '과학자'면서 마술을 연구하는 '마술사'였다!).

무한소란 멈추지 않고 줄어들어야 한다는 점에서, 결코 '멈추어선 안 되는' 시간과도 같은 연속성을 표시하는 개념이었다. 날아가는 화살의 끝은 한 시점에 공간상의 한 점에 있어야 하지만 동시에 거기 있어선 안 된

다. 거기 있을 뿐이라면 멈추어 선 것이기 때문이다. 거기 없을 뿐이라면? 거기 없는 것이다. 그러나 한 점에 있으면서 동시에 없어야 한다는 것은 모순율에 어긋난다. 변화나 생성을 다루기 위해선 이 난점을 넘어서야 한다. 미분의 무한소 계산이 운동을 수학화하는 데 놀라운 힘을 발휘한 것은 어쩌면 무한소 개념이 있으면서 없다고 하는 이 모순적 사태의 표현이란 점 때문이 아니었을까? 이는 생성의 마술적 힘을 위해서라면 모순율 정도는 접을 수 있는 마술사적 마인드 없이는 받아들이기 어려운 것 아니었을까? 그래서인지 무한소와 미분법의 놀라운 능력은 다시 파우스트의 약속을 떠올리게 한다. 그렇다면 수학적 타락의 운명에서 마술사 파우스트를 어떻게 구원할 것인가? 미적분학의 힘은 그대로 이용하면서 무한이라는 개념을 제거할 순 없는 것일까? 나중에 보겠지만, 19세기에 이르면 악마를 속이려는 자들이 수학에도 나타난다. 그러나 여기서는 우선 저 마술 같은 거래 속으로 들어가야 한다.

캘큘러스 박사의 운동화(運動畵)

때는 1665년, 장소는 피사 대학 캘큘러스(Calculus) 박사의 연구실이다. 캘큘러스 박사가 그의 제자 아날리스(Analis)에게 그림 몇 장을 펴놓고 무언가를 조용하게 설명하고 있다.

캘큘러스 이 그림은 루카 시뇨렐리(L. Signorelli)가 그린 〈저주받은 자들〉이라는 벽화의 일부를 모사한 것이라네. 본 적이 있는가?

[그림 4.1] 루카 시뇨렐리, 〈저주받은 자들〉(1499)의 일부분

아날리스 죄송합니다. 제 처지가 처지인지라, 그림에 관심 가질 여유가 없었습니다.

캘큘러스 좋아, 좋아. 그런데 어떤가? 악마가 벌거벗은 여인을 업고 어딘가로 날아가는 그림인데, 뭐 좀 이상하다 싶은 거 없나?

아날리스 글쎄요. (한참을 쳐다본다.) 여자의 표정에 두려움과 수심이 가득하지만, 그게 업고 가는 악마 때문이 아니라 무언가 다른 것 때문인 것 같군요.

캘큘러스 무슨 소리지?

아날리스 보세요. 저 두려워하는 여인의 시선이 어딘가 다른 곳을 향하고 있잖습니까? 마치 무언가에 쫓기는 사람처럼 말예요. 정작 자신을 업고 가는 악마의 저주가 두려웠다면 그를 쳐다보며 두려워하는 표정을 지었을 법한

데 말입니다. 게다가 악마의 시선도 여인의 시선과 동일한 방향을 향하고 있어요. 그 여자의 말을 들어주는 듯한 표정도 그렇고요.

캘큘러스 음, 듣고 보니 그런 것 같기도 하군.

아날리스 (약간 신이 난 목소리로) 저 그림은 마치 누가 자신들을 보지는 않는지, 누가 쫓아오진 않는지 걱정하며 달아나는 바람난 여인과 그 정부(情夫)를 그린 것 같아요. 옷을 홀딱 벗은 것도 그렇고, 남자의 모습을 죄를 범하는 악마의 모습으로 그린 것도 그렇고요······.

캘큘러스 (말을 끊으며) 됐네, 그만하게. 요즘 자네 관심사가 무언지 잘 알겠네.

아날리스 (머리를 긁적인다.) ······.

캘큘러스 이 그림은 여자를 업고 하늘을 나는 그림이야. 그런데 어떤가? 정말 날고 있다는 느낌이 드나?

아날리스 멈추어 있다는 느낌이 든다는 거죠? 그거야 그림이니 어쩔 수 없지 않습니까?

캘큘러스 그림이기 때문일 수도 있고, 정지와 안정을 중시하던 그 시기 그림의 특징일 수도 있지. 이걸로도 도덕적 죄악을 일깨우는 데는 충분할지도 몰라. 그러나 운동에 대해 연구하는 우리 과학자의 눈에는 결코 충분하지 않네. 멈추어 있는 것과 운동하는 것이 똑같이 그려져선 안 되는 거야.

아날리스 그렇다고 달리 뾰족한 수도 없지 않습니까? 그림 밑에 '비행 중'이라고 써놓을 수도 없고.

캘큘러스 아니, 방법이 있어. 자, 보게, 이렇게 그림을 그린다면 어떻겠나? (앞의 그림을 치우고 새 그림 두 장을 보여준다.)

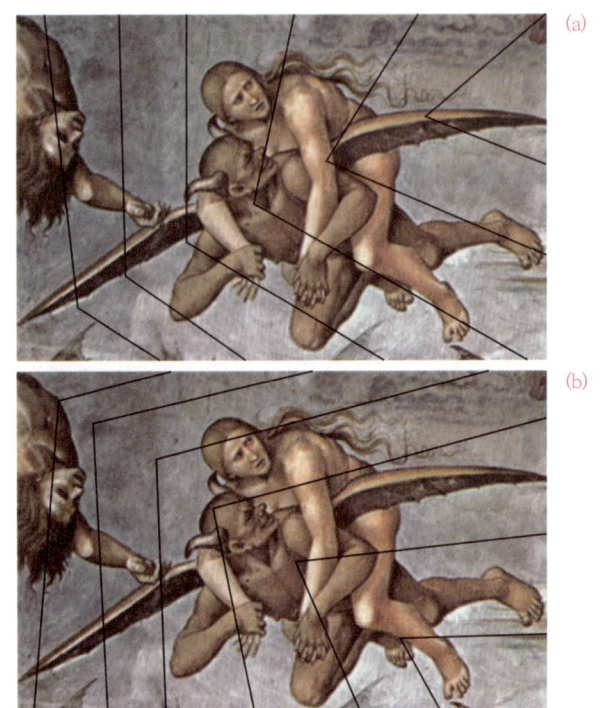

[그림 4.2] 캘큘러스 박사가 변형시킨 시뇨렐리의 그림

캘큘러스 어떤가? 이 그림에서 악마는 여인을 업은 채 아래로 내려가고 있다는 느낌이 들지? 반대로 이 그림은 하늘로 날아오르면서 어딘가로 가고 있다는 걸 보여주지 않나?

아날리스 재미있는 아이디어군요.

캘큘러스 (약간 흥분해서) 나는 운동을 그리는 이 방법을 이제부터 '운동화법(運動畫法)'이라고 부를 생각이네. 이 방법으로 그린 그림을 '운동화'라고 부르기로 하지.

아날리스 그럼 이 그림은 세계 최초의 운동화가 되겠군요?

캘큘러스 비록 남의 그림을 변형시킨 거지만, 그거야 뭐 그리 중요한가? 그림을 그리는 새로운 방법을 발명한 건데 말이야.

아날리스 그거야 물론이지요. 그런데······.

캘큘러스 뭐가?

아날리스 사람들이 그림을 이런 식으로 그려도 된다고 생각할까요? 그림은 원래 보이는 걸 정확하게 묘사하는 건데, 눈에 전혀 보이지 않는 이런 선들을 그려도 될까요?

캘큘러스 이런, 순진한 사람. 자네는 솔직히 말해 여기 있는 이런 악마를 본 적이 있나? 악마나 천사가 수없이 그려지지만 정말 그것이 눈에 보이던가?

아날리스 물론 안 보이는 존재이긴 하지만······.

운동화의 물리학

다음 날, 피사 대학의 소강의실. 캘큘러스 박사가 물리학 강의를 하고 있다. 아날리스와 가날리스, 나날리스 등 여러 사람이 책상에 앉아 유심히 듣고 있다.

캘큘러스 오늘은 운동화법이 갖는 물리학적 의미를 설명해주지. 이 두 장의 운동화를 보게. (a)나 (b)는 시뇨렐리의 원본과 별다르지 않아. 다만 꺾은 선들로 화면을 나누고 있을 뿐이네. 그런데 이 선들 때문에 하강하거나 상승하고 있다는 느낌을 받지. 왜 그럴까?

아날리스 글쎄요. 아마 그 꺾은선이 방향을 표시하는 화살표처럼 생겨서 그런 것 아닐까요? 만약 선들이 직선이라면 운동감을 느끼긴 어려웠을 것 같아서 말입니다.

캘큘러스 그래, 직선이면 그랬겠지. 확실히 이 꺾은선은 방향을 표시하지. 그래서 이 그림은 아래로 하강하고 이 그림은 위로 상승하고 있다는 느낌을 주지. 그렇지만 방향을 표시하는 게 운동을 느끼게 하는 건 아니지 않나? 자네들은 화살표를 보면 운동을 느끼나?

나날리스 그건 분명 아닙니다.

캘큘러스 그래. 방향은 방향이고 운동은 운동이지. 만약 (a) 그림에 꺾은선들 대신 아래 방향으로 화살표를 하나 그렸다면, 그들이 내려가고 있다는 표시는 되겠지만, 그들이 운동하고 있다는 느낌을 주진 못할 걸세. 그건 그림이 아니라 설명이지. 그건 '하강 중'이라고 써 붙이는 것과 다를 바 없어.

가날리스 맞습니다. 그렇지만 선생님은 지금 물리학이 아니라 심리학을 강의하시려는 것 같군요.

캘큘러스 그건 그리 중요하지 않네. 심리적 운동이란 사실 정신 안에 있는 작은 입자들이 운동하는 거라고 정의한다면 어떻겠나? 다시 이 운동화를 보게. 이 그림을 보면서 우리는 악마의 몸과 이 꺾은선의 꼭짓점들을 하나씩 대응시키고 있다는 걸 알게 될 걸세. 지금은 왼팔에 걸친 점에 대응되지만, 그 앞에 있는 점이 그의 몸에 닿으려는 중이네. 요컨대 저 위에 있는 점에서 그 다음 점으로, 또 그 다음 점으로 악마의 몸이 대응하면서 이동하고 있는 거지.

가날리스 그 반대로 대응시킬 수도 있지 않나요? 아래에 있는 점에서 하나씩 위에 있는 점으로 이동하는 걸로 말입니다.

캘큘러스 그럴 수도 있지. 그런데 그걸 막고 위에서 아래로 연결하게 하는 게 바로 이 꺾은선의 방향일세. 아래에서 위로 가기엔 벌어진 선의 저항이 크지. 그만큼 심리적 저항도 크고. 반대로 (b) 그림에서는 아래에서 위로 점들을 하나씩 통과하도록 꺾은선들이 방향을 잡아주고 있는 셈이지.

아날리스 그건 운동은 운동, 방향은 방향이라는, 조금 전에 하신 말씀과 다르지 않습니까?

캘큘러스 아닐세. 방향성이 점들을 연결하게 하는 데 영향을 미치는 건 사실이야. 그러나 운동감은 점들을 하나씩 연결하는 데서 느껴지는 거지. 방향 표시에서 느껴지는 건 아니야. 방향 표시만 남겨두고 악마를 지워버리면 방향은 남지만 운동은 사라지지.

아날리스 심리적으로 그런 것처럼, 물리적으로도 그럴 거라는 거군요.

캘큘러스 그래. 물리적인 운동이란 어떤 한 물체가 공간상의 한 점에서 다른

[그림 4.3] 에티엔 쥘 마레, 〈연속촬영으로 펜싱 공격의 속도를 측정하기〉(1890)

한 점으로 이동하는 거지. 반대로 정지란 어느 한 점에 고정된 채 그대로 머물러 있는 거고.

가냘리스 하지만 선생님, 그림에서 악마는 대여섯 개의 점을 건너뛰고 있을 뿐이잖아요? 반면 운동은 점들을 연속해서 이동하는 것 아닌가요?

캘큘러스 만약 그 간격을 아주 가깝게 하면 어떻게 될까? (새로운 그림을 하나 꺼내놓으며) 자, 이 그림을 보게.

제자들 (모두 놀라는 표정을 짓는다.) 아, 이럴 수가…….

캘큘러스 자, 어떤가? 펜싱 검을 휘두르는 사람의 동작이 보이지? 여기서 운동감을 느끼는 이유는 내가 만든 운동화법하고 똑같은 원리야. 이동하는 점들을 연결하는 것 말일세. 자네들은 어느새 칼끝의 점을 그 점끼리, 손끝의 선은 그것끼리 어느새 연결하고 있는 거야. 여기 칼끝을 표시하는 두 점을 아무거나 잡아서 연결해보게. 그럼 그건 전체 동작 중에서 바로 그 순간에 칼끝이 움직이는 운동을 보여주는 거라고 말할 수 있겠지. 그런데 이처럼 연결하려는 점 사이의 간격을 아주 가깝게 해서 무한히 작게 만들 수 있다면, 그 가까운 두 점 사이에서 일어나는 순간운동을 포착할 수 있다는 거지. 자, 오늘은 여기까지 하세.

캘큘러스 박사의 비밀

그날 저녁. 캘큘러스 박사의 연구실. 캘큘러스 박사 혼자 앉아 있다. 한참을 심각하게 고민하다가 무언가 결심한 듯 일어선다.

캘큘러스 메피스토! 메피스토, 어디 있나?

(열린 문으로 개 한 마리가 몰래 들어온다. 기분 나쁘게 생긴 개다. 잠시 후 '펑' 하면서 개는 메피스토펠레스로 변신한다.)

메피스토 여기 있소. 결국 찾을 줄 알았지.

캘큘러스 자네가 던진 그림 몇 장은 아주 훌륭한 미끼였어. 자네 말대로 운동을 계산하는 산법(算法)을 배울 수 있다면 자네가 제시한 조건을 수락하겠네.

메피스토 흐흐흐 잘 생각했소. 그 방법은 아마 후세 사람들이 당신 이름을 잊을 수 없게 만들기에 충분할 거요. 그럼 다시 한번 계약 조건을 말하겠소. 당신에게 내가 새로운 수학을 가르쳐주는 대신 당신은 나에게 영혼을 넘기는 것이오.

캘큘러스 잘 알고 있네. 나도 고심 끝에 하는 것이니까. 하지만 그건 자네가 가르쳐주는 게 엉터리가 아니어야 한다는 걸 전제로 해야 하네. 부디 어설픈 방법으로 나를 속이려는 일은 없길 바라네.

메피스토 그렇게 된다면 당신들이 부르는 악마라는 이름이 우스워질 거요. 거기에 나도 악마의 이름을 걸고 있는 거요.

캘큘러스 자, 그럼 얼른 시작하자고. 밤이 그리 길지 않으니 말이야.

메피스토 원리는 간단하오. 먼저 운동하는 물체의 속도를 구해봅시다. 가령 4시간 동안 40km를 이동한 마차가 있다고 합시다. 그럼 이 마차가 운동한 속도는 얼마요?

캘큘러스 시속 10km지. 이동한 거리를 이동하는 데 걸린 시간으로 나누면 되는 거 아닌가? 그거야 애들도 아는 간단한 사실이지.

메피스토 (말을 끊으며) 아아, 알았소, 알았어. 그렇지만 그건 4시간 동안의 평균속도일 뿐 아니오? 실제로 마차가 4시간 동안 그 속도로 달렸을 리는 없지 않겠소? 마차가 고개를 오를 때와 내릴 때, 넓은 길을 갈 때와 사람들이 붐비는 좁은 길을 갈 때 모두 그 속도로 갔다고 말하면 거짓말일 거요.

캘큘러스 그래. 사실 속도는 매 순간 달라지겠지. 문제는 평균속도가 아니라 바로 순간 순간의 속도를 구하는 거란 말이야.

메피스토 내 말이 그거요. 이런 계산으론 정작 구해야 할 답을 못 구한단 말이요. 어떻게 하면 순간속도를 구할 수 있을까? 그래도 일단 거기서 출발해야 하니, 평균속도를 구하는 법을 수식으로 표시해봅시다. 속도를 v라 하고, 거리를 x, 시간을 t라고 씁시다. 그럼 속도는 거리를 시간으로 나눈 값이니까 $v = \dfrac{x}{t}$라고 쓸 수 있을 거요. 그렇지만 여기서 평균속도와 순간속도를 구별해야 하니, 다르게 표시합시다. 평균속도는 하나의 값이니 $\bar{v}$라고 쓰고, 이동한 전체 거리는 Δx, 걸린 전체 시간은 Δt라고 씁시다.

캘큘러스 증가분을 표시할 때 Δ 기호를 쓰자는 거지? 걸린 시간이란 처음 시점보다 시간이 얼마나 증가했나를 뜻하고, 이동한 거리도 처음보다 얼마나 증가했나를 뜻하니 그것도 좋겠군.

메피스토 그럼 아까의 속도 공식은 평균속도라면 이렇게 고쳐 써야 하오.
$$\bar{v} = \dfrac{\Delta x}{\Delta t}$$

캘큘러스 좋아. 그거야 거리를 시간으로 나눈 공식을 기호 표기만 고친 거니까.

메피스토 자, 아까 $\Delta x = 40\text{km}$였지요? $\Delta t = 4$시간이었소. 그래서 평균속도는 시속 10k였지요? 그런데 만약 낮에 당신이 강의했던 것처럼 이 시간 간격을 무한히 작게 하면 어떻게 될 것 같소? 즉 Δt를 무한히 작게 한다면?

캘큘러스 음……. (한참을 생각하다가) 그럼 마차가 막 출발할 때와 바로 직후 시점 간의 속도가 되겠지.

메피스토 맞는 말이오. 그런데 그게 무얼 뜻하는지 잘 모르시겠소?

캘큘러스 마차가 출발할 때의 순간속도라고 말하려는 거지?

메피스토 정확하오. 이제야 알아듣는 듯하군. 출발시간과 그것에 무한히 가까운 시간 사이의 속도니 평균속도랄 것도 없을 거요. 그게 바로 출발할 때의 순간속도라오.

캘큘러스 그렇지만 그걸론 출발할 때의 순간속도를 구할 수 있을 뿐 아닌가?

메피스토 자, 이걸 알았으면 그다음은 오히려 쉽소. 먼저 말들을 기호로 바꿔 쓰는 작업을 좀 더 합시다. 어떤 시점(時點)의 시간을 t라고 쓰면, 그로부터 마차가 Δt만큼을 더 달렸을 때의 시간은 $t+\Delta t$라고 쓸 수 있지 않겠소? 또 순간속도는 시간에 따라 변하니(시간의 함수니) $v(t)$라고 쓰기로 합시다. 이동한 거리 역시 시간에 따라 달라지니 $x(t)$라고 씁시다. 그럼 마차가 떠나서 t시간 후에 마차의 위치가 $x(t)$니, $t+\Delta t$시간 후의 위치는 $x(t+\Delta t)$ 아니겠소? 그럼 마차가 Δt시간만큼 달린 거리(Δx)는 어떻게 쓸 수 있겠소?

캘큘러스 이건 가르치는 게 아니라 아예 놀리는 거군. $t+\Delta t$시간만큼 달린 거리에서 t시간만큼 달린 거리를 빼면 되니까 $\Delta x = x(t+\Delta t) - x(t)$라고 쓸 수 있지.

메피스토 (신이 났다.) 맞소, 그거요! 지금까지 말한 걸 그림으로 그리면 대략 이렇게 될 거요(그림 4.4). 그럼 이제 평균속도를 구하던 공식은 이렇게 다시 쓸 수 있을 거요.

$$\bar{v} = \frac{\Delta x}{\Delta t} = \frac{x(t+\Delta t)-x(t)}{\Delta t}$$

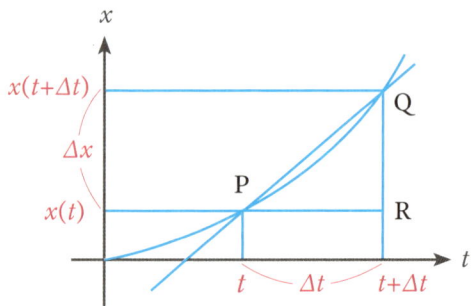

[그림 4.4]

캘큘러스 그래놓고 아까처럼 Δt를 무한히 작게 만든다는 거지?

메피스토 오, 예! 역시 말귀를 잘 알아듣는군! 1초나 0.1초, 아니 0.000000001초나 그 이하로 한없이 줄이는 거요. 그러면 t와 t에 무한히 가까운 시간 사이의 속도가 구해지지 않겠소? 그게 바로 t에서의 순간속도요.

무한소와 미분비

캘큘러스 그럴듯하군. 그리고 보니 아까 강의하면서 말했던 게 그럭저럭 일리가 있었던 셈이군. 하지만 그걸 대체 어떻게 계산하지? 자네 말처럼 Δt를 무한히 작게 한다면 위 공식에서 분모가 0이 된다는 말인데, 그렇게 되면 계산할 수 없는 수가 되지 않나?

메피스토 아니, 그걸 0이라고 하면 안 되지. Δt가 0이 되면 $t+\Delta t$는 t 바로 옆에 있는 시간이 아니라 t 자체가 되고 말지 않겠소? 그건 움직인 게 아닌 셈이니 속도를 말할 처지가 안 된다오. 여기서 잊지 말아야 할 건 Δt가

0에 무한이 가깝지만 결코 0은 아니란 것이오. 한없이 작아서 0에 가깝지만, 결코 0은 아닌 이런 값을 '무한소'라고 하오. 무한히 작은 수란 뜻이오.

캘큘러스 글쎄, 무슨 말인지 잘 모르겠군. 그렇게 모호하게 말하면 대체 그걸 어떻게 수로 계산할 수 있지?

메피스토 먼저 Δt가 0에 무한히 가까이 갈 때 그 값을 dt라고 고쳐 씁시다. 다시 말하지만 이 dt는 0에 무한히 가깝지만 0은 아닌 값이오. 그런데 Δt를 무한히 0에 가깝게 하면, 이동한 거리의 증가분 Δx도 무한히 0에 가까이 갈 것 아니겠소? 이 역시 비슷하게 Δ를 d로 바꾸어서 dx라고 씁시다. 그러면 이제 평균속도 공식 대신 순간속도를 구할 수 있는 공식이 얻어진다오. 이렇게 말이오.

$$v(t) = \frac{dx}{dt} = \frac{x(t+dt)-x(t)}{dt}$$

캘큘러스 (고개를 갸웃거리며) 흐음······.

메피스토 (재빨리) 의심은 고결한 박사님의 속성이 아니라 저 같은 악마의 속성 아니겠소? 여기서 dt는 시간을 '미세(微細)하게 작은 수로 줄이거나 쪼개서[分]' 만든 값이라는 뜻에서 '미분량(微分量)'이라고 불러도 좋을 것이오. dx도 거리를 미세하게 나누어 만든 미분량이오. 이 두 미분량의 비(比)를 '미분비(微分比)'라고 하오. 이처럼 미분비를 이용해 순간속도를 구하는 이런 방법을 '미분법'이라고 부른다오.

캘큘러스 미분법이라······.

메피스토 앞서 구한 미분비는 순간속도였지요? 이는 결국 순간적인 시간(dt)에 대한 거리의 순간적인 변화율을 표시하오. 그런데 이 방법은 다른 변화율을 구하는 데도 얼마든지 사용할 수 있소. 강물이 흘러가는 순간속도도, 별들이 날아다니는 속도도. 항아리에 물을 부을 때 물이 불어나며 표면이 상승하는 속도도 모두 계산할 수 있소. 한마디로 말해, 운동하고 변화하는 모든 것의 변화율을 구할 수 있다는 것이오. 뿐만 아니라 그 속도가 변화하는 변화율도 마찬가지요. 속도의 변화율을 가속도라 하는데, 가령 마차 속도가 변할 때 그 속도의 변화율, 다시 말해 가속도를 구하려면, 속도의 미분량을 시간의 미분량으로 나누면 된다오.

캘큘러스 행성이 움직이는 속도나 물체가 낙하할 때의 속도나 가속도도 구할 수 있단 말이지?

메피스토 물론이오. 한마디로 모든 종류의 운동, 모든 종류의 변화율을 계산하는 데 사용할 수 있는, 더할 수 없이 막강한 방법이라오.

운동의 물리학에서 접선의 수학으로

멀리 닭 우는 소리가 들렸다. 메피스토는 그만 떠나야 한다며 일어섰다. 아직 다 끝난 게 아니라고 하면서, 다시 오겠다며 그는 사라졌다. 그리고 우리의 캘큘러스 박사는 메피스토가 적어놓고 간 노트를 오전 내내 다시 읽고 되새기며 생각했다. 메피스토가 말했듯이, 미분법은 한마디로 미분비를 이용해 모든 운동과 변화를 계산할 수 있는 방법을 제공해준다. 그런 점에서 이것은 자연의 모든 운동을 수학화하려 했던 갈릴레오의 꿈을 실현해줄 수 있는 강력한 도구였다.

하지만 다음 날 저녁도, 그다음 날 저녁도 캘큘러스 박사는 메피스토를 부르지 않았다. 강의도 휴강한 채, 조수였던 아날리스도 문 앞에서 돌려보낸 그는, 지난밤에 메피스토가 가르쳐주고 간 미분법에 대해 좀 더 면밀하게 검토해보기로 했다. 그리고 그것이 갖는 힘이 무엇인지 좀 더 정확하게 알기 위해 깊은 숙고 속으로 빠져들어 갔다. 그는 영혼을 걸고 있는 것이다! 이후 침식을 잊고 근 일주일 밤낮을 꼬박 새워 연구한 끝에, 미분법이 운동을 계산하는 방법이라는 물리학적 차원을 넘어 새로운 수학적인 의미를 갖고 있음을 발견했다. 다음은 캘큘러스 박사가 정리한 일기의 한 부분이다. 괄호로 표시한 부분은 편집자인 내가 이해를 돕기 위해 추가한 것이다(어렵다고 느끼면 그냥 넘어가도 상관없다).

그날 메피스토가 가르쳐 준 '미분법'은 모든 운동의 변화율을 계산하는 일반적 방법임이 분명하다. 그것은 어떠한 운동도, 그것을 표시하는 수식만 주어진다면, 그 변화율을 계산할 수 있는 혁신적이고 강력한 방법이었다. 정말 그는 '영혼을 걸라'고 말할 만한 걸 갖고 있었던 셈이다. 물론 그가 사용한 '무한소'라는 개념, '0에 무한히 가깝지만 0은 아닌 값'이라는 개념은 사실 여전히 모호해서 찝찝한 느낌이 깨끗이 사라지지 않는다. 그렇지만 확실한 것은 그것 없이는 미분 개념을 정의할 수 없다는 것이고, 미분 개념 없이는 변화율이 일정하지 않은 어떤 운동도 계산하기 어렵다는 사실이다.

그런데 메피스토가 가르쳐준 미분법은 단지 물리학적 변화율의 계산을 넘어 새로운 수학적 의미를 갖고 있었다. 일주일 간의 고투 끝에 나는 이것을 대강이나마 정리할 수 있었다(여기서 그는 앞서 나온 [그림 4.4]를 다시 그려놓고 그것으로 설명하고 있다.―저자 주)

1) [그림 4.4]에서 그래프 위의 점 P에서 내린 x축으로 내린 수선과, Q에서 t축으로 내린 수선의 교점을 R이라 하면, 그림에서 보듯이 Δt는 PR의 길이고, Δx는 QR의 길이다. 따라서 평균속도 $\frac{\Delta x}{\Delta t}$는 $\frac{QR}{PR}$로서, 직선 PQ의 기울기를 표시한다.

2) $t+\Delta t=t_0$라고 줄여 쓰자. 물리적인 차원에서 시간의 증가분 Δt를 무한히 줄여간다(dt)는 것은, 이 그래프에서는 t_0를 t에 한없이 가깝게 옮겨간다는 것을 뜻한다. 그러면 그에 따라 점 Q는 점 P에 한없이 가까이 접근한다(Q'). 그러면 직선 PQ는 점 P에서 그래프의 접선이 된다. 즉 접선이란 점 P와 그 옆에 무한히 가깝게 있는 점 Q'를 잇는 직선인 것이다. 그렇다면 물리적으로 순간속도를 구한다는 것은 수학적으로 곡선의 접선을 구한다는 것과 동일한 뜻이다. 즉 미분법을 이용하면 임의의 점에서 주어진 곡선에 접하는 접선의 기울기를 구할 수 있다.

3) 이를 좀 더 일반화된 수학적 개념으로 바꿀 수 있다. [그림 4.5]처럼 변수 x와 y의 관계를 표시하는 임의의 함수 $y=f(x)$가 있다고 하자.

앞서처럼 $\Delta x = x_0 - x$, $\Delta y = y_0 - y$라고 하면 두 값의 비 $\frac{\Delta y}{\Delta x}$는 직선 PQ의 기울기를 표시한다. 여기서 Δx를 무한히 작게 해서 dx로 만들면 Δy도 무한히 작아져서 dy가 된다. 그러면 $\frac{\Delta y}{\Delta x}$는 미분비 $\frac{dy}{dx}$가 된다. 이 값은 점 P와 그 옆에 한없이 가까이 붙어 있게 된 점 Q'를 잇는 선, 즉 접선의 기울기가 된다.

그런데 접선의 기울기는 원래 함수의 특징에 대해 새로운 것을 가르쳐준다. [그림 4.6]에서 $y=f(x)$의 그래프를 왼쪽부터 따라가면서 접선을 그어보자. 그러면

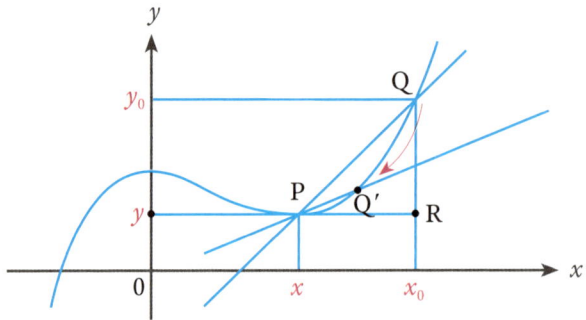

[그림 4.5] $y=f(x)$ 그래프의 현과 접선

그림의 봉우리처럼 볼록하게 솟은 점까지 접선의 기울기는 양(+)이다. 하지만 x가 오른쪽으로 갈수록 기울기는 감소한다. 그리고 봉우리 위에서 기울기는 0이 되고, 거기를 지나면 음(−)이 된다. 그러다가 또다시 아래로 오목하게 팬 부분에 이르면 기울기는 0이 되고, 거기를 지나면 다시 양(+)이 된다. 이처럼 접선의 기울기가 변하는 양상을 보면 곡선이 정확하게 어느 구간에서 어떤 모양을 그리는지 알 수 있다.

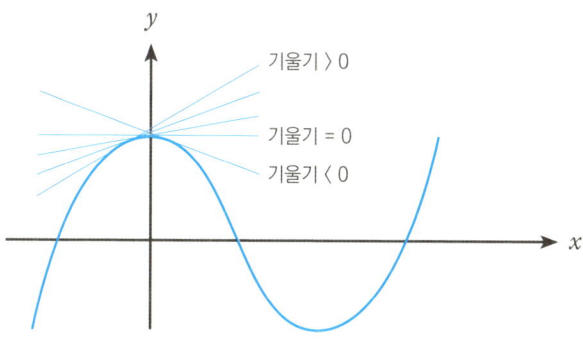

[그림 4.6] 접선 기울기의 변화

4) 이처럼 미분을 사용하면 함수로 표시될 수 있는 모든 그래프의 어떤 점에서도 접선을 구할 수 있다. 이제 남은 문제는 미분을 하는 쉽고 일반적인 방법이다. 예를 들어 다항함수의 미분은 +로 연결된 각각의 항을 미분해서 더하면 된다[다항식이란 $ax^2+bx+c=0$과 같이 어떤 변수(여기선 x)에 지수가 붙고 계수(여기선 a, b, c)가 곱해진 여러 항들이 더해지거나 빼지는 식으로 연결된 식이다. 어떤 함수가 이처럼 다항식으로 표시되면 다항함수라고 한다.—저자 주]. 따라서 하나의 항을 미분하는 방법만 알면 된다. 그가 말해준 방법은 너무나 간단해서 누구나 할 수 있다. 즉 ax^n을 미분하면, $n \times ax^{n-1}$이다. 즉 x의 지수를 계수 앞에 내려 곱하고,

지수에서 1을 빼주면 된다. 예컨대 $y=2x^4$을 미분하면 $\frac{dy}{dx} = 4 \times 2x^3$이 된다. 변수 x가 없는 상수항은 미분하면 0이 된다. 가령 상수항이 c라면 $x^0=1$이므로 $c=c \times 1=c \times x^0$이니 미분하면 $0 \times c \times x^{-1}=0$인 것이다.

5) 그런데 미분해서 구해진 식 역시 x의 함수로 표시된다는 것을 쉽게 알 수 있다. 이 식의 x 대신 어떤 수를 넣으면 어떤 곡선이든지 그 점에서의 접선의 기울기를 구할 수 있는 것이다. 이런 점에서 미분비를 표시하는 수식 역시 x에 따라 y값이 하나로 결정되는 '함수'라고 말할 수 있다.

뒤이어 캘큘러스 박사는 아주 흥미로운 추측을 덧붙여놓았다.

어떤 함수를 미분하면 다른 함수가 만들어진다. 이처럼 미분된 함수를 '미분함수'라고 한다면, 그 미분함수를 미분해서 또 다른 미분함수를 구할 수도 있을 것이다. 그것을 또다시 미분하면 그 미분함수의 미분함수가 나온다. 그렇다면 미분법이란 어떤 수식(함수)을 다른 수식으로 변형시키는 일종의 수학적 연산으로 간주할 수 있지 않을까? 즉 미분된 함수의 식을 물리적인 의미에서 벗어나 대수적인 수식으로 간주하여 다룰 수 있지 않을까? 그렇다면 마치 덧셈에 대해 뺄셈이, 곱셈에 대해 나눗셈이 서로 역(逆)연산이 되듯이, 미분법의 역연산도 생각할 수 있는 게 아닐까?

그날의 일기는 거기서 끝나 있었다. 참고로 추가하면, 미적분학의 발전에 크게 기여한 18세기 프랑스 수학자 라그랑주(J. L. Lagrange)는 미분해서 얻어진 이런 함수를 '도함수'라 하고, $y=f'(x)$로 표시했다. 그런데 이 도함수도 x의 함수이므로 다시 미분할 수 있다. 이처럼 두 번 미분한 것을 '2

계 도함수'라고 하고, $y=f''(x)$로 나타낸다. 2계 도함수를 또다시 미분하면 '3계 도함수'가 된다. 이런 과정을 계속하면 n번 미분하여 얻어지는 'n계 도함수'는 $f^{(n)}(x)$와 같이 표시할 수 있다(다음의 예 참조).

미분한 함수를 또다시 미분하고, 그걸 또다시 미분하고 미분하면 어떻게 될까? 가령 $f(x)=ax^n+b$라면, 그 도함수 $f'(x)=n \times ax^{n-1}$이 되고, 그걸 또 미분하면 2계 도함수는 $f''(x)=n \times (n-1) \times ax^{n-2}$이 되며, 또다시 미분하면 $f'''(x)=n(n-1)(n-2)ax^{n-3}$이 된다. n번 미분하면 n계 도함수 $f^{(n)}(x)=n(n-1)(n-2)\cdots\cdots 1 \times a$이 된다. 이런 방법은 어떤 식을 다른 식으로 변형시켜 변수들 간의 새로운 관계를 얻는 데 사용된다. 무한급수(無限級數)나 '테일러급수'가 이런 방법으로 얻어지거나 변형되는 대표적인 경우다.

그럼으로써 미분법은 캘큘러스 박사의 추측대로 단지 접선을 구하는 방법이라는 기하학적 영역을 벗어나 일종의 새로운 연산 방법이 되었다. 즉 미분은 어떤 식을 변형시켜 다른 종류의 식을 만들어내는 방법이 된다. 베르누이(J. Bernouille) 형제나 오일러, 라그랑주 등 18세기의 수학자들은 이처럼 미분된 식을 대수적인 수식으로 다루어 새로운 수학적 영역을 개척했다.

미분법을 뒤집어 원시함수로!

일주일 뒤 다시 캘큘러스 박사의 연구실. 초승달의 흔적만 간신히 남은 그믐밤 하늘. 캘큘러스 박사는 무언가를 한참 끄적이다 펜을 놓고 어두운 창밖을 내다본다. 그리고 일어선다.

캘큘러스 메피스토! 메피스토!

메피스토 (또다시 '펑' 소리와 함께 나타난다.) 휴, 이제야 부르는 거요? 그때 분위기로 봐선 다음 날 당장 부를 것 같더니만. 그새 뭔 생각을 그리 하셨소? 어차피 계약은 맺은 건데, 설마 이제 와서 물리자고 하려는 건 아니겠지?

캘큘러스 날 그리 속 좁은 사람으로 몰진 말게. 다만 자네가 가르쳐준 방법을 내 나름대로 자세하게 검토하고 생각해봤을 뿐일세.

메피스토 역시 박사님이라 좀 다르시구먼. 박사는 학식이 아니라 인품으로 받는 거라더니만……. 그래, 내가 알려드린 방법이 쓸 만합디까?

캘큘러스 자네 말대로 훌륭했어. 그건 보통 '운동'이라고 불리는 것뿐만 아니라 모든 종류의 변화를 수학적으로 분석할 수 있는 방법임이 분명하네. 그런데 나는 그걸 뒤집은 방법이 있을 수 있지 않을까 생각했다네.

메피스토 (약간 놀라는 표정으로 방백한다.) 이건 또 무슨 소리지? 벌써 빠져나갈 구멍을 찾고 있나? (다시 본래의 표정으로 돌아와서 말한다. 그러나 약간 날카로운 목소리다.) 아니 미분법을 뒤집는 방법이라고? 뭐 커다란 약점을 찾아내기라도 했소? 하긴 배웠다는 사람들은 남 얘기를 그냥 듣는 법이 없지. 뭔가 허점을 찾아내고, 비판하거나 뒤집거나 해야 자신의 능력을 보여주는 거라고 생각하니까. 그러면서도 대개는 어느새 슬며시 그 방법을 써

먹으려고 하지. (객석으로 고개를 돌리며) 치사한 자존심하고는…….

캘큘러스 (어이없다는 표정으로) 무슨 소리를 하고 있나? 나는 다만 미분법을 뒤집어 반대로 연산하는 방법이 있을 수 있다는 말을 하는 건데.

메피스토 (머쓱한 얼굴로 다급하게) 아, 그랬소? 미분법의 역연산 말이지? 있지. 있다 마다. (방백으로) '뒤집은 방법'과 '뒤집는 방법'이 이렇게 다를 줄 몰랐는걸…….

캘큘러스 예를 들어 거리(함수)를 미분해서 속도(함수)를 구했다면, 반대로 속도(함수)에서 거리(함수)를 구하는 방법이 있을 거란 말이야. 가령 미분된 함수가 $f'(x)=3x^2+2$라면 미분하기 전의 원래 함수는 $f(x)=x^3+2x$가 된다는 거지. 또 $f(x)=x^3+2x$는 $F(x)=\frac{1}{4} \cdot x^4+x^2$를 미분하면 얻어지니, $F(x)$를 $f(x)$의 원래 함수라고 할 수 있다는 거지.

메피스토 오, 베리 굿! 아주 훌륭하오. 박사가 그저 인품으로만 받는 건 아닌 게 확실하군. 그처럼 미분하기 전의 원래 함수를 '원(原)래 시작(始作)할 때의 함수'라는 뜻에서 '원시(原始)함수'라고 하오. 하지만 하나 빠뜨린 게 있소. $f(x)=x^3+2x$를 미분하면 $f'(x)=3x^2+2$가 되는 건 분명하지만, 가령 $f(x)=x^3+2x+4$를 미분해도 $f'(x)=3x^2+2$가 되지. 4대신 5나 200을 써도 마찬가지고. 상수항(여기선 변수 x를 포함하지 않는 항을 뜻한다.—저자 주)은 미분하면 0이 되어 사라지기 때문에, 원래 뭐가 있었는지 알 수가 없다오. 그래도 원시함수를 구할 때 잊지 말고 상수항이 있었던 자리를 표시해주어야 하오. 그런 점에서 $f'(x)=3x^2+2$의 원시함수는 $f(x)=x^3+2x+C$(C는 임의의 상수)라고 해야 정확하지.

캘큘러스 음, 미분을 하면 결과가 하나로 정해지는데, 그걸 뒤집어서 하면 하나로 정해지지 않는군. C가 얼마인가를 알기 전까진 말이야.

메피스토 그래서 미분할 때보단 조금 더 부담이 있는 셈이오. 역시 미분이 편해! 어쨌건 C가 얼마인지 알려면 원시함수에 대한 정보가 최소한 하나 더 있어야 하오. 가령 $f(0)$의 값이 얼마라든가, 아니면 $f(1)$이나 $f(2)$가 얼마라든가 등등 말이오.
캘큘러스 아, 알아, 알아. 그 수를 대입해서 C값을 구할 수 있다는 거야 초보 수준이지.

곡선의 면적, 혹은 □으로 ○ 만들기

메피스토 지난번에 말한 미분법이 물리적으로는 속도나 변화율을 구하는 방법이지만, 수학적으로 보자면 곡선의 접선을 구하는 아주 편리한 방법인데, 혹시 알고 있소?
캘큘러스 그래, 그건 자네가 지난번에 그린 그림을 연구해서 알아냈지.
메피스토 하하하, 내 그럴 줄 알았지. 내가 사람 보는 눈이 있다니까! 그렇지

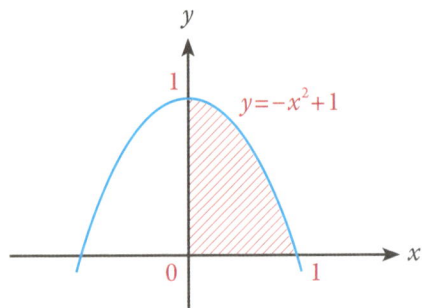

[그림 4.7]

만 미분을 뒤집은 역연산이 곡선의 내부 면적이나 곡선으로 만들어진 입체의 체적을 구하는 방법으로 사용될 수 있다는 것도 알고 있소?

캘큘러스 ……?

메피스토 하하하, 그것까진 모르는 거 같군. 그럼 그럼, 영혼을 거는 건데, 좀 더 확실하게 서비스해야지. 똑똑하신 분이니 면적을 구하는 방법만 알려 줘도 나머지는 잘 알아서 하시겠지? 자, 다시 그림을 그려놓고 시작합시다.(그림 4.7)

캘큘러스 (그림을 아주 유심히 들여다보곤 다시 고개를 들어 메피스토를 쳐다본다.)

메피스토 이 그림의 곡선은 잘 알겠지만 $f(x)=-x^2+1$ 일 때 $y=f(x)$의 그래프요. 여기서 빗금 친 부분을 A라 하고, 이 A의 면적을 구해봅시다. 어떻게 하면 좋겠소?

캘큘러스 원이라면 쉬운 일이지만, 이건 보기보단 어렵지.

메피스토 아, 중요한 힌트를 드리지. 미분법에서 사용한 것과 비슷한 방법을 사용하면 되니 잘 생각해보시오.

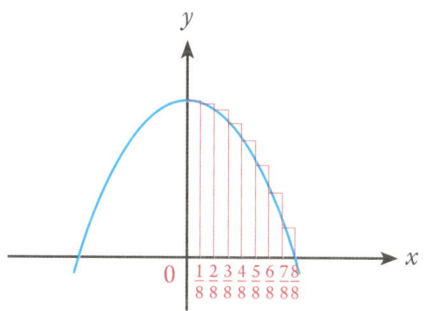

[그림 4.8]

캘큘러스 미분량을 이용하라는 거지? 어떤 길이를 한없이 줄이는 방법을? 음, 시간이 좀 필요하겠는데…….

메피스토 자, 좀 더 힌트를 주기 위해 그림을 다시 그리지.(그림 4.8) 일단 밑변을 이루는 x축의 구간을 8등분해서, 그림과 같이 사각형 기둥들을 8개 만듭시다. 이 사각형의 면적을 계산하는 건 쉬운 일이지요?

캘큘러스 물론이지. 각각의 기둥은 0부터 1까지를 8등분했으니 밑변의 길이가 $\frac{1}{8}$이고, 높이는…… 음, 높이는 제일 왼쪽 기둥은 $x=0$일 때의 y값이니 $f(0)=1$이고, 그다음은 $x=\frac{1}{8}$일 때의 y값이니까 $f(\frac{1}{8})=\frac{63}{64}$이고, 그다음은 $x=\frac{2}{8}$일 때의 y값이니까 $f(\frac{2}{8})=\frac{60}{64}$, 그다음은 $f(\frac{3}{8})=\frac{55}{64}$, 그다음은 $f(\frac{4}{8})=\frac{48}{64}$…….

메피스토 아, 됐소, 됐어. 그리 하나 하나 계산할 필요 없소. 기둥의 높이가 한 점에서의 함수값이란 걸 아는 걸로 충분하오. 그걸 그대로 표시해서 씁시다. 그럼 첫째 기둥의 면적은 $f(\frac{0}{8})\times\frac{1}{8}$, 둘째 기둥의 면적은 $f(\frac{1}{8})\times\frac{1}{8}$, 셋째 기둥의 면적은 $f(\frac{2}{8})\times\frac{1}{8}$ 등이고, 8번째 기둥의 면적은 $f(\frac{7}{8})\times\frac{1}{8}$ 등이 되겠지요?

캘큘러스 그래. 그리고 그 면적을 모두 더하면 기둥들의 총면적이 나오겠지.

메피스토 자, 잘 보시오. 그렇다면 이런 방법으로 저 A의 면적을 구할 수 있지 않겠소?

캘큘러스 그거야 기둥들의 면적이지 어디 A의 면적인가?

메피스토 만약 밑변을 8등분이 아니라 100등분을 했다면 어떻게 되겠소?

캘큘러스 응? (얼굴이 갑자기 밝아지며) 무슨 말인지 알겠네. 그렇게 되면 기둥들의 총면적은 A의 면적에 좀 더 가까워지겠지. 그리고 만약 1,000등분을 한다면 더욱더 A의 면적에 가까워질 거고, 10,000등분을 한다면 더욱 그럴 거고…….

메피스토 맞았소. 대신 기둥들의 밑변은 더욱 작아지겠지. 8등분하면 $\frac{1}{8}$이지만, 100등분하면 $\frac{1}{100}$, 1,000등분하면 $\frac{1}{1,000}$…….

캘큘러스 1,000만 등분하면 $\frac{1}{1,000만}$…….

메피스토 1억 등분하면 $\frac{1}{1억}$…….

캘큘러스 결국 그 밑변의 길이를 미분할 때처럼 무한히 0에 가까워지게 만든다는 거로군.

메피스토 얼쑤! 그렇게 되면 기둥들의 총면적은 A의 면적과 같아지지 않겠소?

캘큘러스 마치 사각형으로 동그라미 만들기, 아니 직선으로 곡선 만들기와 같은 요술이로군.

메피스토 장단이 잘 맞으니 절로 흥이 나는군. 이래야 허구한 날 욕이나 먹는 내 직업도 가끔은 할 만한 느낌이 들지.

적분, 무한히 얇게 쪼개 합치는 기술

캘큘러스 그렇긴 하네만, 그걸 대체 어떻게 계산할 수 있지?

메피스토 Δx와 dx를 잊으면 안 된다오. 자, 다시 그림을 그려봅시다.(그림 4.9)

메피스토 자, 밑변의 길이를 Δx로 표시했소. 각 기둥의 높이는 보다시피 x_1, x_2,……, x_i……에서 선을 수직으로 그어 올렸을 때 곡선과 만나는 점이오. 즉 그 점에서 y값이오. 그것은 아까 본 것처럼 $f(x_1), f(x_2),……, f(x_i)$ 등으

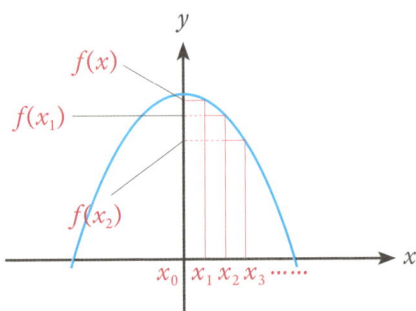

[그림 4.9]

로 표시할 수 있지 않겠소? 그러면 각각의 기둥들의 면적은 높이 $f(x_i)$와 Δx를 곱하면 구할 수 있소. 즉 $f(x_i) \times \Delta x$지. 그러면 기둥들의 총 면적은 그 곱한 값들을 모두 더하면 되는 거요.

캘큘러스 그리고 그 Δx를 무한히 작게 줄여서 0에 가깝게 하면 곡선이 만드는 면적 A가 나온다는 거지?

메피스토 그때 무한히 작아지는 Δx를 미분할 때처럼 dx라고 쓰는 거요.

캘큘러스 그러면 기둥들의 총면적은 $f(x_0)dx + f(x_1)dx + f(x_2)dx + \cdots\cdots$ $f(x_i)dx + \cdots\cdots$ 처럼 더해서 구한다 이거지?

메피스토 물론! A의 경우에는 x의 값이 0부터 시작해서 1까지 가니까, 그 구간 동안 나오는 모든 $f(x)dx$를 합치면 된다는 말이 되오. 그걸 간단히 표시하는 방법이 있소.

$$\int_0^1 f(x)dx$$

여기서 이 엿가락처럼 생긴 기호는 '합쳐라(sum)'라는 말의 첫 글자인 S를 길게 늘어뜨린 거요. 즉 "0부터 1까지 기둥의 면적 $f(x_i)dx$를 모두 합쳐라"라는 말을 이런 식으로 표시한다 이거요.

캘큘러스 으흠, 무한히 작게 나눈[分] 기둥들을 합쳐서[積] 곡선이 만드는 면적을 구한다 이거로군.

메피스토 그런 의미에서 이런 방법을 나는 적분법(積分法)이라고 부른다오. 그러면 '적분하라'는 말은 저 늘어진 엿가락의 명령대로 기둥들을 더하라는 뜻이 되는 거요.

캘큘러스 하긴 미분할 때처럼 dx를 이용하니 그렇게 부르는 것도 좋겠군. 그러나 그렇게 표시한다고 해도 저 값을 구할 수 있는 건 아니지. 저 값을 어떻게 구한다는 건가?

메피스토 그걸 알려면 미분과 적분이 생각보다 훨씬 더 밀접한 관계에 있음을 알아야 하오.

캘큘러스 훨씬 더 밀접한 관계?

메피스토 오케이! 훨씬 더 밀접한 관계. 조금 있으면 날이 밝을 테니, 결론만 간단히 말하겠소. 아까 적분을 해서 면적을 구한다고 했지요? 그런데 만약 a부터 x까지의 구간에서 $y=f(x)$와 x축 사이의 면적을 $S(x)$라고 할 때, 이

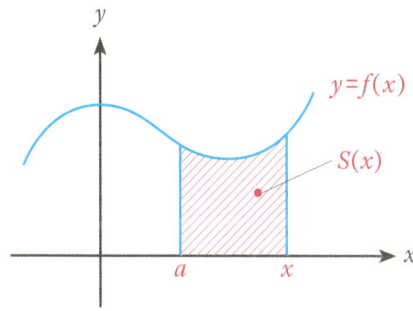

[그림 4.10]

$S(x)$를 미분하면 그 곡선을 표시하는 함수 $y=f(x)$가 나온다오.

캘큘러스 $S(x)$를 미분하면 $f(x)$가 나온다. 그렇다면 $S(x)$는 $f(x)$의 원시함수?

메피스토 옛서-ㄹ!

캘큘러스 그러면 적분이란 미분의 역연산이란 말인가?

메피스토 옛서-ㄹ!

(그때 멀리서 닭 우는 소리가 들린다. 그리고 메피스토는 펑 소리와 함께 홀연히 사라진다.)

캘큘러스 (메피스토가 사라진 것에 별 관심이 없다) 적분이 미분의 역연산이라, 적분이 미분의 역연산이라……

무한소의 융통성

다시 일주일 뒤 밤, 캘큘러스 박사의 연구실이다. 박사는 뒷짐을 지고 책상 앞에서 천천히 왔다 갔다 하고 있다. 가끔씩 멈춰 서서 창밖을 내다보기도 한다. 그러다가 다시 책상에 가서 앉는다.

캘큘러스 메피스토, 메피스토.

메피스토 (펑 소리와 함께 나타난다) 어휴, 이 방에서 기다린 게 벌써 일주일째 라오. 물도 흐르는 속도가 너무 느리면 지저분한 찌꺼기를 많이 남기는 법 인데, 뭐가 그리 신중하신지…… 또다시 고민할 거리가 있었던 게요? 뭔 고민과 의심이 그리도 많소?

캘큘러스 어떤 것도 의문에 부쳐보는 것은 과학자의 기본 아닌가!

메피스토 병나오, 병. 시작하기 전엔 신중해야 하지만, 나서서 뛰기 시작한 뒤엔 그저 눈 딱 감고 미친 듯이 달리는 게 제일이지.

캘큘러스 그게 자네와 같은 악마나 마술사하고 우리가 다른 점이지. 그건 그렇고, 미분과 적분을 하나로 연결한 자네의 솜씨는 대단하더군. 그건 자네가 간 뒤에 이리저리 검토를 해보니 자네가 사용한 그 방법, 무한히 작게 줄이는 방법을 쓰면 증명이 되겠더구먼.

메피스토 하모. 나는 그걸 '미적분학의 기본정리'라고 부른다오. 미분과 적분을 연결하는 가장 기본적인 관계를 보여주는 정리니까.

캘큘러스 그런데, 그런데 말이야, 자네가 즐겨 사용하는 그 방법에서 아주 심각한 문제점을 발견했어. 그건 0은 아니지만 무한히 0에 가깝다는 '무한소' 개념의 문제이기도 하지.

메피스토 (방백으로) 뭐야? 이 친구 이거 엉뚱한 생각을 하고 있군! 내게서 빼먹을 건 다 빼먹었으니, 이젠 걷어차버리겠다는 건가? (약간 심술궂은 얼굴로) 심각한 건 무한소 개념이 아니라 캘큘러스 박사 당신 같은데?

캘큘러스 자, 먼저 미분의 경우를 보지. 자네, 갈릴레오의 낙하법칙 알지?

메피스토 우리 같은 악마는 낙하의 힘으로 사니, 그 정도 풍월이야 기본이라 할 수 있지.

캘큘러스 그래, 갈릴레오에 따르면 물체를 높은 곳에서 떨어뜨리면(이를 '자유낙하'라고 한다), 낙하하는 거리는 시간의 제곱에 비례한다네. 갈릴레오의 연구에 따르면 그 낙하거리는 $x(t) = 4.9 \times t^2$이라는 공식으로 표시할 수 있지. 그러면 물체가 낙하하는 속도를 미분법을 써서 구할 수 있겠지?

메피스토 그거야 아주 쉬운 일이지. (종이를 찾아 펜으로 쓰기 시작한다.)

자, $v = \dfrac{x(t+dt)-x(t)}{dt} = \dfrac{4.9 \times (t+dt)^2 - 4.9 \times t^2}{dt} = \dfrac{4.9(2t \times dt + dt^2)}{dt}$ 가 되오. 여기서 분수의 분자와 분모를 dt로 나누면, $v = 4.9 \times (2t+dt)$가 되지. 그런데 알다시피 dt는 0에 가까운 무한히 작은 값이므로 없는 거나 마찬가지 아니겠소? 따라서 속도 $v = 2 \times 4.9 \times t = 9.8t$이지. 예컨대 낙하한지 0.1초 후의 속도는 초속 0.98m, 1초 후의 속도는 초속 9.8m이고, 2초 후의 속도는 초속 19.6m가 되오.

캘큘러스 좋아. 그런데 자네는 지금 앞뒤가 안 맞는 말을 하고 있어. 먼저 자네는 dt로 속도 공식의 분자와 분모를 나누었네. 그건 dt가 0이 아니란 걸 뜻하지.

메피스토 그렇소, 무한히 작지만 0은 아니지.

캘큘러스 그런데 바로 다음에는 dt가 0이나 다름없으니 무시해도 좋다면서 지워버렸어.

메피스토 0에 무한히 가까운 값이니까 그런 거지.

캘큘러스 그럼 말해보게. dt는 0인 건가 0이 아닌 건가?

메피스토 (캘큘러스 박사의 얼굴을 쳐다본다.) …….

캘큘러스 만약 0이라면 앞에서처럼 그 수로 나누어선 안 되네. 만약 0이 아니라면 뒤에서처럼 지워선 안 되네.

메피스토 그건 0에 가깝지만 0은 분명 아니지. 그러니 그걸로 나누는 건 아무런 문제가 없소. 그렇지만 그건 0에 아주 가까운 수이니 더하거나 빼봐야 별 차이가 없지 않겠소? 그러니 그 정도 작은 수를 덜어낸다고 해서 무슨 문제가 되겠소?

캘큘러스 아니, 그건 마술의 세계에선 통하는 방법일지 모르지만, 수학에선 그렇지 않아. 어떤 수가 0이 아니면서 0처럼 취급된다는 건 있을 수 없어.

그건 $dt \neq 0$이라고 하면서 동시에 $dt=0$이라고 하는 것이니 모순이고 이율배반이야.

메피스토 정말 융통성이라곤 눈곱만치도 없는 얘기를 하는군. 0에 가깝도록 작으니 0은 아니지. 그러나 끄트머리에 살짝 남은 dt는 0은 아니지만 무시해도 좋을 만큼 작은 수란 건 분명하지 않소? 그러니 그걸 지워도 틀리다 하기 어렵지. 더구나 그렇게 해서 구한 결과는 갈릴레오가 속도에 대해 연구한 공식과 정확하게 일치하지 않소?

캘큘러스 수학이나 과학이 중요한 건 결과가 아니라 그걸 도출하는 과정이야. 푸는 과정이 틀리면 답이 맞아도 빵점이지.

적분을 하면 모든 면적이 같아진다고?

캘큘러스 (약간 흥분했다. 목소리도 한 톤 올라간다.) 이것만이 아니네. 적분에서도 비슷한 문제를 발견했어. 지금 자네가 한 말을 그대로 따라 하면, 면적에 대해 크다, 작다를 말하는 게 무의미하게 돼.

메피스토 (방백으로) 이런, 벌써 반은 빠져나간 셈이군. 정신 바짝 차리지 않으면 다 된 죽에 코를 풀게 생겼어.

캘큘러스 자, 이건 지난번에 적분을 설명하면서 자네가 그린 그림이네(그림 4.8). 여기서 왼쪽에서 첫 번째 있는 기둥의 면적을 S_1이라고 하고, 두 번째 있는 기둥 면적을 S_2라고 하고, 그다음 기둥 면적은 S_3이라고 하세. 그 뒤에 오는 기둥 면적은 $S_4, S_5, \ldots\ldots, S_n$으로 표시할 수 있겠지?

메피스토 (뿌루퉁한 말투로) 그거야 이름을 붙이는 것뿐이니, 이름 붙이는 당신 맘이지.

캘큘러스 여기서 밑변을 무한히 잘게 쪼개서 곡선의 면적을 구했지? 그럼 이때 각각의 기둥 면적들 역시, 자네 말대로 0에 무한히 가깝지만 0은 아니겠지?

메피스토 물론이오. 그런데 대체 뭘 하려는 거요?

캘큘러스 자네 말대로 기둥의 밑변을 무한히 잘게 쪼개서 직선과 곡선이 같아지게 하면, 그 때 S_1과 S_2의 면적은 같아진다고 보아도 좋겠지?

메피스토 (약간 주저하는 말투로) 그렇소, 거의 같다고 할 수 있소.

캘큘러스 아주 작은 차이가 있겠지만, 그 차이는 자네가 조금 전에 말했듯이 무시해도 좋을 정도 아닌가? 기둥 면적이 무한소라면, 그 면적에서 약간을 덜어내는 건 무한소의 무한소니 0이나 다름없단 말일세. 더구나 자네는 융통성도 좋으니 이 정도야 정말 사소하다 하겠지.

메피스토 그런데 그게 어쨌단 말이오?

캘큘러스 그럼 그걸 $S_1 = S_2$라고 써도 별 불만 없지?

메피스토 ······.

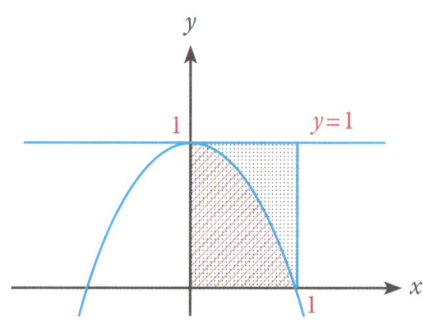

[그림 4.11]

캘큘러스 S_2와 S_3는 어떤가? 역시 같다고 해도 좋을 거야. 즉 $S_2=S_3$지. S_3과 S_4도 마찬가지지? $S_3=S_4$지. S_4와 S_5도, S_5와 S_6도 마찬가지지. 그럼 이런 과정을 끝까지 밀고 갈 수 있을 거야.

메피스토 (거친 말투로) 결국 $S_1=S_2=S_3=S_4=\cdots\cdots=S_n=S_{n+1}=\cdots\cdots$처럼 된다는 거군?

캘큘러스 (메피스토 얼굴을 한번 쳐다보고선) 맞아. 모든 기둥 면적이 똑같아지는 거지.

메피스토 결국 $S_1=S_n$이 된다는 것, 즉 제일 왼쪽에 있는 가장 큰 기둥의 면적이 가장 오른쪽에 있는 가장 작은 기둥의 면적과 같아진다는 걸 문제 삼으려는 거군. 하지만 어차피 기둥 면적이 무한히 작은 것으로 줄어든 경우니 충분히 그럴 수도 있지. 무한소=무한소=무한소=……아닌가?

캘큘러스 좋아. 그렇지만 가령 이런 경우를 자네가 구한 곡선의 면적과 비교하면 어떨까?

이 그림(그림 4.11)에서 빗금 친 부분은 자네가 구한 곡선의 면적 A네. 그런데 높이가 1인 이 사각형의 면적을 자네가 말한 기둥들로 나누고, 무한히 잘게 쪼갠다고 해보세. 그럼 이 사각형을 쪼갠 그림에서 첫 번째 기둥 면적과 두 번째 기둥 면적은 같다고 할 수 있겠지? 세 번째 기둥 면적도, 네 번째 기둥 면적도 모두 다 말이야. 그렇다면 아까 했던 것처럼 기둥 면적 각각은 모두 같다고 해도 좋겠지?

메피스토 그거야 곡선도 아니고 사각형인데, 그리 어렵게 설명할 것 있겠소?

캘큘러스 맞아. 그런데 사각형을 쪼갠 이 첫 번째 기둥의 면적은 아까의 S_1과 같겠지? 높이가 1이니 똑같고, 밑변도 똑같이 쪼개는 셈이니 말이야.

메피스토 그렇다면…….

캘큘러스 그래, 그렇다면 이 사각형의 기둥들의 면적과 아까 곡선의 면적 A를 쪼갠 기둥들의 면적은 같다고 할 수 있겠지?

메피스토 말도 안 돼. 이건 말도 안 돼. 뭔가 속임수가 있어!

캘큘러스 그래, 자네 말대로 말도 안 돼. 이 곡선의 면적과 사각형의 면적이 같다는 건 말도 안 되지. 그런데 이런 일은 사각형이 아니라 이보다 더 큰 사다리꼴을 만들어도 성립하고, 곡선보다 작은 삼각형이나 사다리꼴을 만들어도 성립하지. x축과 y축을 1에서 끊기만 하면 모든 면적이 같은 게 되어버린단 말일세. 이런 일이 발생하는데도 자네의 계산법이 옳다고 주장하겠나?

메피스토는 절규와도 같은 고함을 지르며 캘큘러스 박사의 창문을 깨고 밖으로 미친 듯이 뛰쳐나갔다. 커다란 떡갈나무의 가지들이 희멀건 달과 검은 하늘 사이에서 검은 팔을 벌리고 있었다. 그 벌어진 나뭇가지 사이로 메피스토의 고함이 새어 나가듯 퍼져가고 있었다.

캘큘러스 박사는 파이프에 불을 붙여 물고는 의자 깊숙이 몸을 묻었다.

'그래, 잘한 일이겠지? 물론 메피스토의 방법은 운동과 변화를 계산하거나 면적을 계산하는 데 매우 탁월한 건 사실이야. 그것은 크게 시비 거는 사람만 없다면 훌륭한 계산 방법이 될 수도 있었겠지. 그러나 어디 세상일이 그런가? 그건 '무한소'라는, 마치 메피스토와 같은 악마적 개념을 벗어날 길이 없는 한 악마적인 결과를 야기할 게 분명해.'

오, 미분법의 영광이여!

그가 보기에 메피스토가 가르쳐준 방법은 확실히 수학이나 과학의 역사에서 매우 중요한 기여로 기록될 수 있을 것이었다. 캘큘러스 박사도 이를 잘 알고 있었다. 덕분에 그로서는 거대한 명예를 거머쥘 수도 있었을 것이다. 그러나 그것은 동시에 까딱하면 그나마 쌓아온 신뢰와 명예 전부를 깨뜨릴지도 모를 거대한 도박이었다. 무한소라는 모호하기 그지없는 개념을 시비할 사람이 없으리란 건 생각도 할 수 없었다. 그로선 일단 그걸 방어할 자신이 없었다. 더구나 이 도박을 통해 얻을 수 있는 지대한 명예를 탐하고 시기, 질투할 자들 또한 그득그득할 터인데, 만약 그들이 흔히들 그래왔듯이 악마와 만났느니 하면서 마녀사냥식의 비난을 퍼붓는 날에는 결코 곱게 죽지 못하리란 걸 그는 잘 알고 있었다. '브루노가 그렇게 죽었지.' 이에 비하면 영혼을 건다는 건 정말 도박 축에도 끼지 않는 일이리라. 그래서 그는 고심에 고심을 하던 끝에 약점이 많은 이 방법을 포기하기로 했다. 그래, 포기하려면 지금 포기해야 했다. 아니면 영혼을 넘겨주어야 했으니까. 다행히 무한소 개념의 약점을 찾아내고, 그것이 야기할 역설을 찾아낼 수 있었던 게 얼마나 다행이었는지…….

그리고 10여 년의 세월이 흘렀다. 메피스토가 그의 주변을 떠돌았는지 어쨌는지는 아무도 모른다. 그가 영혼을 넘기지 않았기에 그가 다시 부르지 않는 한 다시 볼 일은 없었다. 그가 영국의 뉴턴과 독일의 라이프니츠라는 사람이 미분법과 적분법을 발견했다는 소식을 들은 건 최근이었다. 특히 뉴턴은 그 방법을 우주의 모든 운동을 설명하는 데 사용해서 '만유인력의 법칙'이라고 불리는 거대한 이론을 만들어냈고, 이로 인해 거대한 찬사와 영광을 얻었다는 것을 알았다. 그의 제자 가운데도 가날리스처럼 눈치 빠른 친구는 이미 영국으로 가겠다면서 그의 곁을 떠났다. 다만 기묘한 건 그가 미분법을 썼을 게 분명한 그 책에서 미분법에 대해 거의 아무것도 쓰지 않았다는 사실이었다. 왜 그랬을까? 심지어 데카르트의 해석기하학을 사용했음이 분명한데도, 도형을 그려서 증명하는 고풍적인 스타일로 책을 썼다는 점은 무언가를 감추려는 태도 아닌가 하는 의심을 자아내기에 충분했다.

'정말 그가 창안한 걸까?'

여기서 캘큘러스 박사가 뉴턴과 메피스토와의 거래를 상상했다고 하여, 그것이 꼭 자신의 것이 됐을 수도 있었을 명예와 찬사에 대한 시기심 때문이라고 비난할 수만은 없을 것이다.

한편 라이프니츠라는 독일 수학자가 발견했다는 미적분법은 그 기호나 개념이 메피스토가 자신에게 가르쳐준 것과 거의 동일했기에 캘큘러스 박사가 라이프니츠를 의심하는 것은 전혀 이상한 일이 아니었다. '메피스토를 다시 부를까? 아니면 라이프니츠를 찾아가서 멱살을 잡고 진실을 밝혀? 아냐, 그래본들 무슨 소용이 있겠어. 괜히 속 좁은 놈만 되고 말지. 더구나 거긴 신교도들이 날뛰는 곳이니, 교황청의 심판도 요원한 일이지.'

그랬다. 게다가 그런 사실을 발설하거나 따진다는 건, 캘큘러스 박사 자신도 그런 거래를 위해 메피스토와 만났었다는 걸 시인하는 꼴이 되기에 자신의 목을 거는 일이기도 했다.

다행일까, 아니면 불행일까? 캘큘러스 박사가 거대한 명예를 포기하면서까지 걱정했던 사태는 생기지 않았다. 버클리라는 영국의 주교가 뉴턴의 무한소 개념을 비판했지만, 거기에 관심을 갖는 사람은 거의 없었다. 그러기엔 뉴턴의 과학과 라이프니츠의 수학은 너무도 눈부신 것이었다. 로마와 멀어서였을까? 악마와의 거래니, 이단이니 하면서 시비를 거는 사람도 별로 없었다. 아니, 시비는 엉뚱한 판으로 벌어졌다. 뉴턴은 미분법에 대한 글을 발표하길 주저했지만, 라이프니츠는 어느 정도 정리가 되자 발표했기에, 미분법 창시자의 자리는 라이프니츠에게 넘어가게 되었다. 그러자 뉴턴의 친구들이, 자기들이 뉴턴의 노트를 라이프니츠보다 먼저 보았다고 주장하면서, 라이프니츠가 미분법을 훔쳐 발표한 거라고까지 비난을 하는 바람에, 누가 미분법의 창시자인지를 둘러싸고 지저분한 싸움이 벌어졌다. 미분법의 영광이 컸던 만큼 그 싸움판도 아주 커져, 나중에는 국가의 명예를 건 소리 없는 전쟁으로 번졌다. 역시 악마의 기술은 악마적 사태를 피해가지 못하는 것일까?

오호통재라! 캘큘러스 박사의 신중함은 저 거대한 영광과 누대(累代)를 거쳐도 바래지 않을 명예를 제 발로 차버린 셈이 되었다. 과학, 과학 하는 생각에 너무도 쉽게 마술을 내동댕이쳐버린 자신이 더없이 순진했다는 생각이 가끔은 일어났다. 그러나 이렇게만 말한다면 캘큘러스 박사를 너무 속물로만 보는 것이다. 그런 마음이 없었다면 거짓이겠지만, 다른 한편에는 저 악마적인 계산법이 야기할 문제에 대한 진지한 고민 또한 있었던 게 사실이기 때문이다. 그래서일까? 그는 다시 연구실에 처박혀 무언가를 열심히 연구하기 시작했다. 하지만 그게 무언지는 아무도 모른다. 다만 이미 남들이 명예를 다 차지한 순진한 과학만은 아니었을 것이라는 짐작만 할 뿐이다.

제5장

세계를 수학화하려는 꿈

17~18세기 수학의 풍경

캘큘러스, 해석학의 시대

17세기 서구의 근대 과학혁명은 자연을 수학화하는 것을, 다시 말해 자연과 세계에서 나타나는 모든 현상을 계산 가능한 것으로 만드는 것을 꿈꾸었다. 지상에서 벌어지는 사물의 운동법칙을 수학화하려고 했던 갈릴레오나, 천상에서 벌어지는 행성의 운동법칙을 수학화했던 케플러, 그리고 기하학을 대수화하고 모든 것을 숫자로 환원시킬 수 있는 계산공간을 창안한 데카르트와 라이프니츠, 순간운동을 계산하고 그 운동의 결과를 모아서 다시 계산할 수 있는 수학적 방법인 미적분학을 창안한 뉴턴과 라이프니츠가 바로 그 꿈을 실현시킬 핵심적인 방법을 제공한 사람들이다. 우리의 캘큘러스 박사는 자신의 지나친 신중함 때문에 불행히 이 대열에 끼일 수 있는 결정적인 기회를 놓치고 말았고, 그 결과 이제는 '아무도 그의 이름을 기억해주지 않는다'.

특히 뉴턴은 미적분학의 방법을 이용해 갈릴레오가 발견한 지상의 운동법칙과 케플러가 발견한 천상의 운동법칙을 하나의 법칙으로 통합할 수 있었다. 이른바 만유인력의 법칙이 바로 그것이다. 그러나 이는 지상의 공간이나 천상의 공간이나 하나의 동질적인 공간이라는 것, 운동이란 그 공간 안에서 계산 가능한 숫자로 환원될 수 있다는 생각, 요컨대 단일한 계산공간을 이룬다는 생각 없이는 불가능한 것이었다. 그런 점에서 뉴턴이 "나는 거인들의 어깨 위에 서 있다"라고 말했던 것은 단지 겸손을 가장한 비유만은 아니었다. 최소한 방금 말했던 사람들, 즉 갈릴레오, 케플러, 데카르트 없이 만유인력의 법칙을 발견하고 이론화한다는 것은 불가능했을 것이기 때문이다.

여기서 미분과 적분이 수행한 역할은 아무리 강조해도 지나치지 않다. 그러나 앞서 보았듯이 이 방법은 '0이 아니면서 0에 무한히 가까운' 무한소라는 개념에 기대고 있는데, 이것은 수학적으로 매우 취약한 약점이었다. dt로 표시하는 무한소는 어떤 때는 0이 아닌 것으로 계산하고, 어떤 때는 0인 것으로 계산하고 있기 때문이다. 어쩌면 이는 당연한 것처럼 보인다. 무한소란 원래 0은 아니지만 0에 무한히 가까이 접근하는 수이기 때문이다. 그러나 어떤 수가 0인 동시에 0이 아니라는 것을 수학이나 논리학은 결코 허용할 수 없다. 1이면서 1이 아닌 수라는 걸 허용할 수 없는 것과 마찬가지다.

그런데도 이런 이유 때문에 미적분학을 수학적으로 가치 없는 이론이라고 본 사람은 없었고, 틀린 이론이라고 본 수학자도 없었다. 왜냐하면 천문학이나 물리학, 역학 등에서 그것 없이는 아무것도 할 수 없을 정도로 그것은 중요한 수단이었고, 실제적인 응용에서 큰 문제가 없었으며, 어느 것도 비교할 수 없는 강력한 힘을 발휘했기 때문이다.

미적분학이 갖는 매력은 수학에서도 덜하지 않았다. 그것은 이전의 대수학이나 기하학이 제공하던 것과는 비교할 수 없을 정도로 참신하고 새로운 거대한 광맥이었기 때문이다. 그래서 모순에 민감한 수학자들도 그 새로운 광산에서 발견되는 새로운 광물과 아름다운 보석을 찾아내기에 바빴다. 다시 말해 그것은 수학적으로 받아들일 수 없는 모순적인 개념이지만, 실제로는 유효하게 이용되고 새로운 창안과 발견을 유발하고 촉진하는 강력한 자극제였던 것이다. 그래서인지 그것이 창안되고 적어도 100년 동안은 버클리를 제외하곤 아무도 그것을 진지하게 문제 삼지 않았다.

미적분학을 바탕으로 해서 성립한 새로운 수학 전체를 보통 '해석학'(解

析學, calculus, 캘큘러스는 '미적분학'이라는 뜻)이라고 부른다. 캘큘러스 박사가 메피스토와의 거래를 통해 그것을 가장 먼저 이해했던 사람이라는 사실을 누가 알았던 것일까? 어쨌든 18세기에 해석학은, 수의 성질과 사칙연산, 방정식 등을 연구하던 대수학(代數學, algebra)이나 점, 선, 면, 도형들을 연구하는 기하학(幾何學, geometry)이라는 전통적인 분야와 별도로 독립적인 영역을 획득했을 뿐만 아니라, 다른 영역과는 비교할 수도 없는 크나큰 발전을 했고, 굳이 말하자면 '수학의 왕좌'를 차지했다. 그래서 종종 18세기를 '해석학의 시대'라고도 부른다. 캘큘러스의 시대! 메피스토의 배려였을까? 18세기의 가장 중요한 수학자인 오일러나 라그랑주가 모두 해

[그림 5.1] 캘큘러스 박사의 초상

아무도 캘큘러스 박사를 기억하지 못한다. 이 그림을 그린 렘브란트도 예외는 아니었기에 그림 제목을 '파우스트'라고 써놓았다.

석학을 발전시키고, 그것을 역학이나 천문학 등에 응용하는 데 몰두해 있었다는 사실이 이를 잘 보여준다.

그런데 19세기에 접어들면서, 이미 비대할 대로 비대해진 이 해석학의 기초가 사실은 모래사장처럼 매우 취약하다는 것을 감지하고, 그 기초를 다지는 문제를 고민하는 수학자들이 나타나기 시작했다. 여기저기서 쑥덕거리는 소리가 들리기 시작했다. "임금님이 벌거벗고 있는 건 아닐까?" 그리고 '수학의 위기', 혹은 '해석학의 위기'가 거론되었다. 하지만 이미 거대한 능력(권력!)을 가진 그를 대체 누가 쫓아낼 수 있을 것인가! 이제 남은 방법은 해석학의 기초에서 저 말썽 많은 마술의 잔재를, '무한'이라는 악마적 개념을 내쫓는 길밖에 없었다. 그러나 무한이라는 개념은, 그것이 악마적이었던 만큼, 결코 호락호락하지 않았다. 하지만 그리로 직접 넘어가기 전에, 17~18세기의 역사와 수학적인 사고 틀을 잠시 정리할 필요가 있다.

계산 가능한 세계를 향하여

'계산가능성(calculability)'에 대한 추구는 근대 이후 서구 과학 전체를 특징짓는 방향이었고, 지금은 모든 과학자들이 추구하고 추종하는 방향이기도 하다. 과학이라는 말이 사고나 행동, 연구나 실천을 특징짓는 어떤 태도를 가리키는 것이라면, 그것은 계산가능성이라는 한마디로 요약할 수 있다. 이는 근대 이후의 서구를 제외하고는 어디서도 찾아보기 힘든 특징이며 태도였다.

수학이 근대 과학에서 핵심적인 자리를 차지하는 것은 이런 점에서 당연해 보인다. 그래서 경제학은 물론 사회학이나 심리학, 심지어 정신분석학에서도 수학을 도입하고 수학적인 표현을 써야 비로소 과학이 된다고 생각하는 사람이 있는 것이다. 그들에게 정확함과 엄밀함, 예측이나 계산 가능성 등은 수학 없이는 생각하기 힘든 것이기 때문이다.

이는 그저 남의 이야기만은 아니다. 17~18세기의 서구를 살았던 사람들은 물론, 이후의 시기를 살았던 서구인이나, 심지어 그 시기 서구라는 공간에서 살지 않았던 지금의 우리도 저 계산가능성의 그물에서 자유롭지 않다. 특히 모든 사물을 계산 가능한 관계 속으로 끌어들이는 화폐, 그 화폐가 만드는 계산공간은 집 밖에만 나가면 피하기 힘든 그물임이 분명하다. 그리고 우리가 좋든 싫든 열심히 계산하고, 또 계산에 따라 행동하는 데 머물고 있다면, 우리 자신도 그 그물 안에서 계산가능성을 확장하는 또 다른 그물을 치고 있는 것이라고 말해야 하지 않을까?

물론 계산가능성을 향해 나아가려는 이러한 태도의 기원을 그리스의 기하학이나 인도와 아라비아의 수학에서 찾으려는 사람들도 있을 것이다. 그러나 모든 것을 계산 가능한 것으로 만들려는 시도는 숫자와 무관해 보이는 곳에서 숫자로 계산할 수 있는 방법을 찾을 때 비로소 가능한 일이라는 사실을 잊어선 안 된다. 즉 수학과 무관해 보이는 것에서 수학적 관계를 찾고, 수가 아닌 것을 수로 환원하려는 것이 '계산가능성을 추구한다'는 말의 참뜻인 것이다. 그렇기에 그것은 대수학이니 기하학 같은 어떤 종류의 수학적 계산 방법이 있었다거나 발달했었다는 것과는 전혀 다른 태도요 사고방식인 것이다.

가장 두드러진 예는 아마도 '확률'일 것이다. 그것이 도박에서 기원했음은 잘 알려진 사실이다. 즉 불확실성이 지배하는, 저 예측하기 힘든 도박의 세계를 어떻게 하면 계산하고 예측할 수 있게 만들 수 있을까 하는 질문이, 불확실성의 계산을 목표로 하는 확률이란 계산법을 낳았던 것이다.

확률에 이어서 배우게 되는 통계학도 마찬가지다. 어떤 사건에 대한 의견들, 어떤 정당에 대한 의견들처럼 사람마다 다른 대답들을 어떻게 계산할 수 있을까? 그에 따라 어떤 주장을 내세웠을 때 그들이 얼마나 지지할 것인가? 혹은 많이 배운 사람과 적게 배운 사람은 소득이 얼마나 다를까? 현재의 인구증가율을 감안할 때 내년에는 인구가 얼마가 늘어날까? 이 모든 불확실한 사실들을 어떻게 하면 정확하게 예측하고 계산할 수 있을까? 또 그런 계산이 얼마나 정확한지는 어떻게 계산할 수 있을까? 이것이 통계학을 낳게 한 질문이었다.

통계학이 국가(state)라는 말에서 파생된 'statistics'('국가학'이란 뜻이다)로 불리는 것은 바로 이런 질문이 혁명과 무질서, 그리고 노동력과 인구, 전염병 같은 문제에 고심하던 19세기 유럽 국가들이 피할 수 없는 질문이었기 때문이다. 올해 인구는 얼마나 늘어날 것이며, 유아사망률은 또 얼마나 늘어날 것인가, 노동자들의 평균생계비와 평균임금은 어떠한가? 그들을 포섭하기 위해 허용 가능한 임금 인상폭은 대략 얼마나 되어야 할 것인가? 새로 발생한 콜레라의 감염률과 치사율은 얼마나 되는가? 실제로 국가 관리들은 그것을 계산하기 위해 엄청난 비용을 들여 조사했으며, 좀 더 정확한 계산 방법을 찾으라고 과학자들을 재촉했고, 그것이 노동자나 대중의 행동을 예측하고 통제하는 데 매우 중요한 역할을 했다는 것은 잘 알려진 사실이다. 지금까지 인구조사, 실업통계, 임금통계, 경제통계 등 통계학의 국가적 영역은 더욱더 확장되어왔다. 선거 때면 빈번히 해대는 여론조사 역시 이런 기술의 일부다.

내친 김에 좀 더 말하자면, 함수라는 개념 역시 변수들 간의 관계를 '계산 가능한 것'으로 만드는 데 매우 효과적이다. 그것은 어떤 것이든지 변수라고 불리는 것으로 바꾸면, 그것들 간의 관계가 어떻게 변할지를, 변수들 간의 수학적 관계에 따라 예측하고 계산할 수 있게 해주는 방법이다.

예를 들어 어떤 사람들의 피부색이 검정이면 '노예'라는 계급을 대응시키고, 피부색이 흰색이면 '주인'이라는 계급을 대응시킨다면, 우리는 피부색과 계급이라는 변수 간에 함수관계를 정의할 수 있다. 그러면 우리는 피부색만 보면 그가 어떤 계급인지 알 수 있다. 피부색에 따른 평균수명이나 소득, 학력 등을 알면, 피부색에 따라 사람들의 삶이 어떻게 달라지는지도 얼마간 알 수 있다. 또 학벌과 소비 패턴을 대응시킬 수 있다면, 우리는 학벌만으로 어떤 사람이 특정 상품에 얼마나 관심을 가질지를 예측하고 계산할 수 있다. 즉 어떤 집단의 사람들이 가진 학벌에 대한 정보가 있다면, 그 사람들 각자에게 어떤 광고문을 보내는 게 적절한지를 예측하고 계산할 수 있다.

보편수학, 혹은 수학의 이념

앞에서 말했듯이, 전통적인 수학은 기하학과 대수학으로 크게 나눌 수 있다. 기하학이 도형을 작도하여 문제를 풀거나 어떤 사실을 증명하려 한다면, 대수학은 그것을 숫자로 풀거나 증명하려 한다. 데카르트가 자기 이전의 수학과 이후의 수학 사이에 만들어놓은 단절과 비약은 기하학적인 문제를 숫자로 환원하여 수를 통해 풀거나 증명하도록 했다는 점에 있었다.

그것을 우리는 '기하학의 대수화'라는 말로 요약했다.

데카르트는 이러한 발상이 단지 말 그대로 '수학'에만 해당한다고 생각하지 않았다. 많은 이들도 당시에는 천문학, 음악, 미술, 광학, 역학 및 다른 학문들을 수학의 분과로 여겼다. 사실 천문학이나 역학(물리학) 등이 수학으로 취급되는 것은 그것이 수학에 얼마나 기대고 있는지 알기에, 또 그 요체가 '수학화'라는 것을 알기에 자연스럽다. 아마 뜻밖인 것은 음악이나 미술일 것이다.

음악이 수학의 일부였던 것은 '그리스 이래' 서구 음악의 중요한 전통이었다. 피타고라스학파는 악기의 현(絃)을 반으로 자르면 음정이 한 옥타브 올라가고, 3분의 2로 자르면 5도, 4분의 3으로 자르면 4도 올라간다는 것을 발견했다. 즉 음악적 화음이란 기하학적 선분의 비례관계를 구현하고 있다는 것이다. 그러니 화음을 다루는 음악은 비례를 다루는 수학의 일종인 것이다. 그들은 음계에도 수학적 방식의 '합리성'을 도입했다. 중세에는 순정률이라는 조율법을 사용했는데, 이 경우 이웃한 음 사이의 간격이 일정하지 않아서 조바꿈을 하면 악기를 다시 조율해야 했다. 그러니 조바꿈을 할 수가 없었다. 그래서 귀에 들리는 소리의 질은 약간 떨어지지만, 모든 음 사이를 동일하게 평균화했다. 이를 '평균율'이라고 한다.

미술 역시 서구의 근대적 전통은 수학의 영향 아래 있었다. 이는 근대 이전인 르네상스 시대 이래 확고하게 자리 잡았다. 특히, 투시법(perspective)이라는 방법이 결정적인 영향을 미쳤다. 흔히 '원근법'이라고 번역되는 이 표현 방법은 한 점(나중에 '소실점'이라고 명명된다)에서 모이는 평행선을 따라 사물들의 크기와 모양이 결정되고, 그 선에 따라 배열되며 그려진다. 이로써 대상의 형태를 정확한 비례관계를 유지하면서 정확하게 재현할 수 있으며, 역으로 어떤 그림이 얼마나 정확하게 그린 것인지를 측정하고 계산할 수 있다. 투시법을 처음으로 이론화한 알베르티(L. B. Alberti)는 그것이 '과학적'이라는 것을 기하학을 이용하여 증명한 바 있다. 즉 그것은 그림을 그리는 방법이었지만 처음부터 수학적인 성격을 갖는 방법이었던 것이다. 미켈란젤로나 레오나르도 다 빈치가 대상을 정확하게 재현하기 위해 수학적 비례관계를 연구하고 해부학까지 연구했다는 것은 잘 알려져 있다. 그래서였을까? 투시법은 17세기에 들어와 역으로 데자르그(G. Desargue)의 '사영기하학'이라는 새로운 수학의 모태가 되었다.

요컨대 '계산가능성의 추구'라는 서구 근대의 근본적 방향은 수학이나 과학으로 불리는 영역에 제한되지 않았다. 데카르트는 이러한 방향이 천문학, 음악은 물론 모든 학문으로 확장될 수 있으리라고 생각했다. 생물과 무생물을 분류하는 생물학이나, 상품을 분류하고 연구하는 경제학, 인간관계의 법칙을 연구하는 법학과 정치학, 신체 기관들의 배열을 연구하는 의학에 이르기까지 모든 학문이 수학적 질서에 따라 배열되고 연구되리라고 생각했다.

이러한 생각은 라이프니츠 역시 마찬가지였다. 라이프니츠가 자연법 이론가로서 '법(Gesetz)'에 대해 말할 때, 그리하여 인간들의 관계가 그러한 자연법에 따라 배열되어야 한다고 말할 때, 그가 말하는 '법'이 바로 그렇다. 그것은 민법, 형법 혹은 헌법 등을 떠올리게 하는 법이기 이전에 수학적인 '법칙(Gesetz)'이었던 것이다. 또 그는 사유하는 수단인 문장이나 단어를 기호화해서 정확한 논리학적 규칙에 따라 수학적으로 배열하는 방법을 찾으려고 했다. 기호논리학의 기원이 바로 여기에 있었다는 것은 매우 시사적이다. 뿐만 아니라 동시대를 산 또 하나의 가장 중요한 철학자였던 스피노자(B. Spinoza)는 자신의 가장 중요한 책인 『윤리학(Ethica)』에서 자기주장을 '기하학적 질서에 따라' 배열하고 기하학적 형식으로 증명하였다.

그래서 데카르트는 수학을 단지 학문 가운데 하나의 특수한 분과가 아니라, 모든 학문을 포괄하는 학문의 체계이며 모든 학문의 공통된 연구 방법이라고 정의했다. 즉 "순서와 척도에 의해 연구되는 모든 것은 수학에 속하는 것"이라는 것이다. 라이프니츠 역시 이런 발상을 갖고 있었다. 그들은 모두 이러한 수학을 '보편수학(mathesis universalis)'이라고 불렀다. 보편수학이란 단지 하나의 수학 분야가 아니라, 계산 가능한 모든 질서에 대한 학문이고, 모든 것을 계산 가능하게 하는 방법이다. 라이프니츠가 크게 기여한, 데카르트 평면 내지 데카르트 좌표라고 불리는 계산공간의 탄생이 여기서 결정적인 역할을 했으리라는 것은 다시 말하지 않아도 좋으리라. 라이프니츠는 여기에 자신이 발견한 미적분법이 중요한 기여를 하리라고 보았다. 뉴턴이 『보편 산수(Arithmetica Universalis)』라는 책을 썼던 것도 이러한 발상이 당시 아주 널리 공유되어 있었음을 보여준다.

그런 점에서 보편수학은 모든 것을 숫자와 계산의 질서 아래 포괄하려는 '수학의 이념'이요, 이상(Idea)이다. 자연이나 사물은, 또는 사유는 이제 모든 것을 계산 가능하게 해주는 그 계산공간 속에서 질서를 얻게 될 것이다. 또한 그것은 모든 것에 숫자와 척도를 부여하여 계산할 수 있게 해주는 '이념적인 수학'이다. 즉 그것은 단지 수학을 모델로 하여 다른 학문을 유추하는 은유나 비유가 아니라, 자연과 세계를 순서와 척도에 따라 배열하는, 글자 그대로 하나의 수학(!)인 것이다. 마치 20세기에 논리학이 단지 사고의 법칙에 대한 학문일 뿐만 아니라 모든 것을 일정한 규칙에 따라 문장으로 배열하고 배열된 문장의 진릿값을 계산하는 하나의 수학이듯이.

17~18세기 수학의 네 가지 축

지금까지 우리는 주로 17세기에 탄생한, 하지만 18세기에도 그대로 유지되었던 몇 개의 핵심적인 수학적 영역에 대해 간략하게 살펴보았다. 그것은 크게 네 영역으로 구분하여 명명될 수 있을 것이다. 동시에 그것은 17~18세기 수학적 사유의 공간을 형성하는 네 개의 축이었다.

첫째, 그리스 이래 서구 수학의 전통적 토대가 되었던 기하학이 있었다. 보통 정리하고 체계화한 공로에 따라 유클리드의 이름으로 불리지만, 유클리드만으로 한정되지 않는 고유한 기하학적 전통은 오랜 기간 서구 수학의 중심이었으며, 수학적 사유의 모태가 되었다. 그것은 점과 직선, 면, 그리고 삼각형과 원, 각도와 비례 등으로 우주의 형상과 질서를 파악하려는 가장 근원적인 토양이었다. 방정식이나 항등식, 그리고 다른 대수적인 식들은 오랫동안 기하학적 표현을 통해서만 이해될 수 있었고, 미분이나 적분과 같은 새로운 종류의 수학도 기하학적 의미를 통해서만 이해될 수 있었다. 이는 수 자체도 마찬가지였다.

고향, 영토, 모태, 대지, 근원 등의 단어가 바로 서구 수학에서 기하학의 위치를 표시해준다. 즉 기하학은 서양의 모든 수학의 고향이고 기원이며 모태였다. 이는 17세기나 심지어 18세기에도 크게 달라지지 않았다. 데카르트를 필두로 하여 수학의 이 오래된 영토를 벗어나, 고향을 잊고 새로운 세계를 찾아가려는 시도들이 있었는데도 기하학이 기원이자 고향이라는 이런 태도는 그 후에도 결코 변하지 않았고 사라지지도 않았다.

둘째, 전통적으로 수학의 또 하나의 축이었던 '대수학'이 있었다. 수와 연산, 식, 방정식 등이 그 영역에서 다루어지는 전통적 주제를 표시했다. 그러나 17세기에 이르러 가장 먼저 극적인 변화가 나타난 것은 바로 이 영역이었다. 수와 방정식은 기하학적 도형과 작도의 영역에서 벗어났으며, 반대로 길이나 면적, 체적과 같은 기하학적 특징은 단지 숫자와 문자라는 대수학적 요소로 바뀌었다. 거리나 위치와 같은 기하학적 요소 또한 좌표계라는 계산공간을 통해 수나 문자로 환원되었다. 도형의 형태와 같은 기하학적 특징은 변수와 숫자들의 방정식으로 표시할 수 있게 되었다. 이는 숫자가 아닌 것과 숫자의 등가(等價)관계를 설정하는 것을 뜻한다. 추상화를 통해 가능하게 된 이러한 등가를 통해 상이한 대상들 사이에 비교와 연결이 가능하게 된다.

이러한 위치에서 대수학은 확실히 기존의 수학적 사고라는 전통적 영토를 떠나 새로운 수학적 영토를 만들어냈다. 기하학과 이 대수학 사이에서 자연을 수학화하고자 하는 근대 과학의 무의식적 욕망이 뻗어나갈 수 있는 새로운 공간이 만들어진다. 하지만 기하학을 대수화하려는 시도를 통해 이루어진 이 새로운 시도에서 가장 중요한 것은 이제 어떠한 것도 숫자로 바꿀 수 있으며, 그것을 통해 비교하고 계산할 수 있다는 발상이 다른 모든 영역으로 확장될 수 있었다는 사실일 것이다. 모든 것을 자신의 고유한 영토로부터, 태어난 땅으로부터, 고향으로부터 떼어내고 끄집어낼 수 있는 강력한 추상능력이 출현한다. 여기선 사람도, 토끼도, 소나무도, 바위도 모두 하나라는 점에서 등호로 연결시킬 수 있는 극한적 사유능력을 본다. 이는 수학의 가장 중요한 힘이요, 능력이다.

그러나 동시에 그것은 모든 것을 숫자로 환원하는 새로운 코드로 감싸고, 새로운 그물로 포위한다는 것을 의미할 수도 있었다. 특히 그것이 사물을 하나의 단일한 질서 안에 배치하여 배열하는 보편수학의 몽상에 사로잡히게 될 때, 그것은 모든 것에 대해 그것이 표시하는 숫자 만큼만의 지위를 할당하여 계산하는 기계가 된다. 마치 우리 각자를 대응되는 숫자에 따라 하나의 지위를 배당해주는 화폐와 같이. '보편수학'이라는 이름으로 데카르트가 대변했던 수학적 질서의 몽상은, 기하학과 대수학 사이에 마련된 새로운 수학적 공간에 모든 것을 숫자로 사로잡을 수 있는 촘촘한 그물을 치는 것이었다. 이것이 보편수학이라는 세 번째 축이 어떤 성격을 가졌는지 알게 해준다.

세 번째 축인 보편수학은 하나의 이념적 수학으로서, 모든 것을 수학적 질서로 배열하고 체계화하는 방법이었다. 이는 숫자라는 대수적인 코드에 의해 변환되고 번역된 기호에 따라 모든 것을 분류하고 배열하는 방법이었고, 그에 따라 모든 것을 하나의 질서로 체계화하려는 꿈이요, 이상이기도 했다.

보편수학의 이념 아래 대수학은 이제 모든 수학적 사유가 자신을 비추어보고, 그에 비친 상을 통해 계산해야 하는 거울이 되었다. 보이지 않는 숫자로 가득 찬 거대한 거울, 그래서 거기에 비친 모든 것은 숫자를 통해 연결되거나 비교되는 거울. 그럼으로써 대수학은 순서와 척도에 의해 연결되고 배열되는 17세기 수학적 질서의 바탕이 되었다.

대수학적 거울에 비추어 사물에 부여된 숫자나 이름은 이 보편수학의 이상적 질서에 따라 어떤 것은 다른 것에 포섭되고, 또 어떤 것은 다른 것의 위에 놓인다. 사실 숫자는 단지 숫자일 뿐이다. 1, 2, 3, 4, 5…… 적절한 숫자를 부여하는 것이 무슨 문제일까? 그러나 그렇게 주어진 숫자가 어떤 하나의 기준에 따라 배열될 때, 숫자의 의미는 단지 숫자의 세계에 머물지 않는다. 1등, 2등, 3등…… 꼴등. 나아가 그것이 하나의 단일한 척도에 따라 분류되고 배열될 때, 숫자는 그것과 짝을 이룬 것들을 더욱더 멀리 밀고 간다. 1,000원 짜리, 5,000원짜리, 1억 원짜리……. 서열에 따른 관계를 포함하는 '위계'와 그것을 만들어내는 가치평가, 그에 따른 상이한 대우는 이러한 분류와 배열의 결과 탄생하는 것이다. 우리는 그에 따라 목에 힘을 주기도 하고, 목을 숙이기도 한다.

마지막으로, 전적으로 17세기의 새로운 창안물인 미적분학과, 그것의 발전인 '해석학'은 17~18세기 수학적 사유의 공간을 만드는 또 하나의 축이다. 그것은 물리학이나 기하학이라는 기원에서 탄생했으며, 기하학을 대수화했기에 탄생할 수 있었던 것이지만, 탄생한 방식과 활동하는 방식은 언제나 그렇듯이 서로 별개다. 가령 사생아처럼 태어난 사정이 기이하다고 하여 그가 언제나 그처럼 기이하게 살아가리라고 생각하는 것은 잘못되어도 크게 잘못된 편견이다.

이런 의미에서 기하학에서 탄생한 미적분법이 독자적인 수학의 광대한 영역(해석학)으로 자리 잡는 것은 어쩌면 그 기하학의 탯줄에서 자유로워짐으로써 시작되었다고 할 수 있겠다. 그것은 함수로 표시되는 어떤 하나의 식을, 다른 종류의 식으로 변환시키고, 어느 하나의 식에서 다른 하나의 식을 파생시키는 수학적 방법과 기술이다. 이는 기하학이나 대수학, 보편수학이 제공할 수 없었던 전혀 새로운 변환의 방법이요, 기술이었다. 이로써 해석학은 다른 축들에 대해 독자적인 별도의 축을 형성한다. 변환과 파생, 이것이 이 축에서 수행하는 독자적인 작업의 이름이다.

이로써 이전에는 드러나지 않았던 것들 간에 중요한 관계가 있었음이 새로이 드러난다. 미적분이 갖는 물리적인 능력이 순간적인 변화율을 계산하거나, 그러한 변화의 결과를 통합해서 계산하도록 해주는 것이었다면, 수학적인 능력은 이처럼 드러나지 않았던 새로운 관계를 찾아내고, 그에 따라 하나의 식이 다른 종류의 식으로 파생·변환될 수 있게 해주는 것

이었다. 속도는 거리 또는 가속도가 되기도 하고, 곡선은 접선 또는 면적이 되기도 하는 기하학적 변형은 이 변환과 파생의 간단한 사례에 속하는 셈이다.

이를 통해 오일러는 0, 1 등의 대수적인 수와 e나 π와 같은 '초월수', 그리고 i와 같은 '허수' 사이에 새로운 관계를 찾을 수 있었다($e^{i\pi}+1=0$). 또 그것은 그대로는 처리하기 곤란한 수식을 처리하기 위해 간단한 수식으로 변환시켜주는 능력 또한 갖고 있었다. 또한 이것을 통해 삼각함수와 대수적 함수는 쉽게 연결되어 서로 변환 가능한 관계로 될 수 있었고, 삼각법이 필요로 하는 많은 근삿값이 쉽게 계산될 수 있었다.

그렇지만 새로운 관계를 찾아내고, 새로운 것으로 변환시키는 해석학의 이 강력한 힘은 또한 수학적으로 용납하기 힘든 난점들의 원천이 되기도 했다. 이는 뒤에 다시 보겠지만, 이후 해석학의 위기, 나아가 수학 자체의 위기를 야기하는 요인으로 여겨지기도 했다. 캘큘러스 박사의 예감이 맞아떨어진 것일까? 그렇다고 캘큘러스 박사처럼 미적분학을 애당초 포기했다면, 그것이 제공한 저 많은 수학적이고 과학적인 성과들 또한 얻을 수 없었던 게 아닐까?

근대 수학의 놀랍고도 강력한 능력은 사실 미적분학 없이는, 해석학 없이는 결코 생각할 수 없는 것이었다. 그리고 그 강력한 능력의 본질은 바로 해석학이 갖는 파생과 변환이라는 새로운 능력에서 오는 것이었다. 그것이 계산 가능한 세계의 꿈을 실현하는 데 가장 막강한 무기가 되었다는 사실 또한 이러한 능력에서 기인한다. 오일러나 라그랑주, 라플라스는 이 발전된 해석학을 통해 새로이 혁신된 역학이나 천문학 등을 제시함으로써 그 꿈에 여러 걸음 가까이 다가설 수 있게 해주었다.

17~18세기의 수학적 공간

지금까지 언급한 네 가지 축 사이에서 17~18세기 서구에서 수학적 개념이 출현하고, 다양한 수학적 분석과 환원이 행해졌던 수학적 사유의 공간을, 그것의 공간적 배치를 발견할 수 있다. 우리는 여기서 푸코가 『말과 사물』에서 묘사했던 17~18세기 서구의 인식론적 배치를 다시 발견하게 된다. 고향과 모태, 근원, 혹은 발생의 축인 기하학과, 숫자로 코드화해서 서로 연결하거나 비교하는 축인 대수학, 그에 따라 분류하고 배열하며 단일한 하나의 질서를 만들어내는 보편수학의 축, 마지막으로 변환과 파생의 방식으로 작동하는 해석학의 축은 17~18세기에 이르는 수학적 사유의 지반이며, 그것이 움직이는 사유의 틀 또는 한계를 규정한다. 도식적인 사고를 빌리자면, 이 네 개의 축은 17~18세기 수학적 사유의 공간을 형성하는 사변형을 구성하는 일종의 꼭짓점들이다. 이것을 다음과 같이 그릴 수 있다.

17~18세기의 수학적 배치를 표시하는 이 사변형을 통해서 우리는 이미 언급했던 수학적 시도들이나 수학적 발상의 위치를 대략적이나마 감지할 수 있다. 데카르트가 시도했던 '기하학의 대수화'라는 기획은 근원적 영

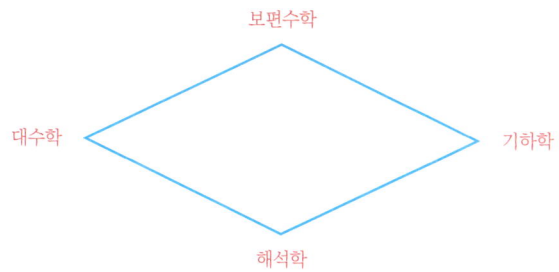

토인 기하학의 축에서 대수학의 방향으로 그어지는 화살표로 표시할 수 있을 것이다.

한편 데카르트나 다른 수학자들이 꿈꾸었던 '보편수학의 이념'은 모든 것을 수나 기호로 환원하여 보편수학적 분류와 배열의 질서 아래 포섭하려는 것이라는 점에서 대수학과 보편수학을 잇는 변 위에 표시할 수 있을 것이다. 그러나 그것은 사실상 이 변 위에 머무는 것으로 그치는 것이 아니라, 바로 그 변 위에서 수로 환원될 수 있는 모든 것을 향해 촘촘한 그물을 치려는 것이었다고 말해야 적절하다. 라이프니츠가 제안한 기호논리학의 구상이 이 변 위에 있는 것임은 두말할 필요가 없을 것이다.

한편 미적분학의 발생에서 뉴턴과 라이프니츠가 서 있는 지점은 확실히 다르다. 뉴턴은 물리학과 기하학의 관련 속에서 미적분 개념을 발전시켰다. 그가 데카르트의 해석기하학을 충분히 이용했으리란 것은 분명하지만, 적어도 『자연철학의 수학적 원리』가 유클리드의 『기하학 원론』을 모델로 하는 기하학적 논증의 형식을 취하고 있다는 점은 그저 표면상의 특징만이 아님은 분명하다. 그가 미분 개념을 사용해 얻은 결과조차 전통적 기하학의 논증 방식을 통해 증명하고 있다는 점 또한 우연은 아니다.

반면 라이프니츠의 미적분 개념은 일종의 대수학적 연산이며 새로운 기호수학의 성격이 강하다. 그런 점에서 뉴턴의 미적분학이 사변형에서 기하학과 해석학을 연결하는 변 위에 위치하고 있다면, 라이프니츠의 그것은 대수학과 해석학을 연결하는 변 위에 있다고 할 수 있다. 아마도 이것은 이후 미적분학의 수학적인 발전에서, 대수적인 발상에 가까운 라이프니츠가 좀 더 많은 수학적 지지자를 모을 수 있었을 뿐 아니라 수학적으로도 훨씬 탁월한 성과를 낼 수 있었다는 사실과도 무관하지 않을 것이다.

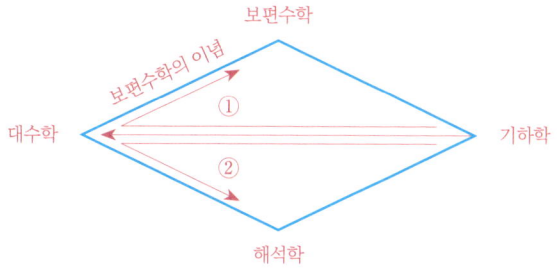

앞에서 언급할 수는 없었지만, 덧붙여 말하자면 미분방정식이나 함수론이 나타나고 발전할 수 있었던 것도 이 사변형의 왼쪽, 특히 대수학과 해석학을 연결하는 변의 근처에서였다. 18세기에 절정에 이른 '해석역학'이나 '천체역학'은 단지 수학적 사변형으로는 드러나지 않는, 우주 또는 세계라고 불리는 어떤 외부와, 방금 말한 그 변이 접하는 지점에 위치하고 있다고 해야 한다. 어쩌면 대수학과 해석학을 연결하는 이 변이야말로 17~18세기 수학에서 가장 풍요로운 생산능력을 품고 있었다고 말해도 좋을 것이다.

보편수학의 이념이 지배적인 한, 기하학의 대수화는 보편수학을 향한 이 화살표에 쉽사리 포섭된다. 이런 의미에서 기하학에서 대수학을 거쳐 보편수학으로 이어지는 화살표는 17세기 수학에서 가장 중요한 방향 가운데 하나를 표시한다고 말할 수 있을 것이다(화살표 ①). 그러나 이와는 다른 방향의 화살표가 17~18세기 수학에서 또 하나의 중요한 방향을 표시한다(화살표 ②). 그것은 기하학에서 대수학을 거치지만, 해석학의 방향으로 구부러진 화살표다. 이는 기하학을 대수화함으로써 새로운 계산의 영역 속에 넣고는, 그것을 미적분학의 강력한 변환능력과 파생기술을 이용해 다른 식으로 끊임없이 변환시킨다. 이는 이 시기 수학의 방향을 특징짓는 또 하나의 커다란 방향을 표시한다.

여기서 대수학은 기하학에서 발생한 수학에 일반적인 계산가능성의 공간을 제공한다는 점에서 동일한 기능을 하지만, 보편수학으로 연결되는 선 속에서는 분류·배열하고 체계화·보편화하는 힘으로 작용한다. 반면 해석학으로 이어지는 선 속에서 대수학은 어떤 식에서 다른 식을, 어떤 개념에서 다른 개념을 만들어내고 파생시키는 특이화의 방향을 보여준다. 이는 17~18세기 수학의 상반되는 두 가지 방향이라고 할 수 있다.

여기서 더 나아가 우리는 이 두 가지 벡터 가운데 어느 것이 더 우세했던가에 대해서도 말할 수 있다. 사실상 보편수학을 향한 벡터(화살표 ①)는 데카르트와 라이프니츠 등 17세기 수학자에게 중요한 이념이었지만, 그것은 적어도 그 모습 그대로는 수학적으로 유지되기 힘들었다. 즉 음악이나 생물학, 의학까지 수학이라는 이름 아래 끌어들이기에는 수학자들의 심성이 너무 냉정했거나, 그 꿈을 수학화할 수 있는 능력이 너무 약했던 것이다. 그로 인해 보편수학의 꿈은 18세기에 이르면 급속히 약화되고, 그 결과 보편수학적 세계의 꿈은 다양한 영역으로 수학적 계산기술을 확장하려는 꿈으로 변형된다.

반면 미적분학의 강력한 변환능력은 대수학을 거쳐 해석학으로 이어지는 선(화살표 ②)에 극도로 풍요로운 생산적 힘을 제공했고, 이로 인해 해석학의 마술적인 손은 가능한 한 모든 것을 건드리며 다채로운 변환의 경로들을 만들어냈다. 18세기가 해석학의 시대라고 말할 수 있다면, 그리고 18세기 대부분의 수학자들이 바로 이 선으로 끌려들었다고 말할 수 있다면, 그것은 이 두 번째 벡터의 비할 바 없는 우세함을 입증하는 것이다.

제6장

해석학의 위기, 기하학의 모험

엄밀성의 강박과 위험한 창안 사이

1773년 사케리, 『모든 결점이 제거된 유클리드』

유클리드기하학의 평행선 공리(제5공리)를 앞의 네 개 공리를 이용해 증명하려 하다. 직각이 두 개인 사각형을 이용해, 다른 두 각이 둔각이나 예각이 되는 경우를 가정해서 귀류법으로 증명하려 했다.

1766년 람베르트, 『평행선 이론』(1788년 출판)

세 개의 각이 직각인 사각형을 이용해 평행선 공리를 증명하려 시도했다.

1794년 르장드르, 『기하학 원리』

이 책에서 르장드르는 평행선 공리를 삼각형의 내각의 합이 180°라는 명제로 바꿀 수 있음을 지적하며, 이를 이용해 평행선 공리를 증명하려 했다.

1829년 로바체프스키, 『평행선에 대한 기하학적 조사』와 『기하학의 기초』

한 점당 하나뿐인 평행선의 공리를 무수히 많은 평행선의 공리로 대체한 비유클리드기하학을 창안(1825년경 창안하여 가르쳤다고 함).

1832년 보여이, 『절대 공간의 과학』

로바체프스키와 독립적으로 비유클리드기하학 창안(1825년경 창안하여 1829년 아버지 볼프강에게 보내 아버지가 쓴 책 『학구적 젊은이를 위한 수학의 기초 논고』 부록에 실림).

1854년 리만, 『기하학의 기초를 이루는 가설들에 대하여』

괴팅겐 대학의 강사가 되기 위한 공개 강연에서 임의의 곡률을 갖는 차원 공간(다양체)을 다루는 비유클리드기하학 창안. 이후 벨트라미, 크리스토펠, 리치 등이 미분기하학으로 발전시키며, 아인슈타인의 일반상대성이론에 적용된다.

스페이드 나라의 앨리스

이게 얼마 만인가! 앨리스는 놀람과 반가움에 환성을 질렀다. 예전에 지하의 하트 나라로 자기를 이끌었던, 아니 사실은 그가 이끌려는 의도는 없었을 테니 '이끌었다'는 말은 적절하지 않지만, 어쨌든 그 이상한 나라로 자기를 인도했던 그 흰 토끼를 보았다. 이번에도 토끼는 시계를 꺼내 들곤 "큰일 났다, 큰일 났어. 이러다간 늦겠는걸" 하고 중얼거리며 뛰어가고 있었다. 앨리스도 따라서 달리기 시작했다. 꽤 달렸다고 생각했는데 토끼굴은 나타나지 않았다.

한참을 달린 뒤에 안 것은, 달림에 따라 어둠이 점차 짙어진다는 것이다. 분명히 흰 토끼를 보았을 때는 한낮이었는데, 벌써 그믐밤 같은 어둠이 깔려 있었다. 어둠 탓인지 흰 토끼는 이미 보이지 않았다. 어쩔까 망설이는데 저 멀리 불빛이 보였다. 불빛이 다가왔다. 그리고 빛을 둘러싼 집이 보이고 집으로 둘러싸인 문도 보였다. 문을 열고 들어가니 머리에 빵모자를 쓴 할아버지가 책상에 앉아서 글을 쓰고 있었다.

"안녕하세요, 할아버지? 들어가도 되나요?"

"이미 들어왔잖니. 나가도 되냐고 물어야 말이 되지."

"어머, 죄송해요. 그런데 여기가 대체 어디죠?"

"여기? 우리 집이지. 그래서 나한테 물어보고 있는 거 아니니?"

'어쩜 저리도 퉁명스러울까?' 이렇게 생각하면서도 앨리스는 다시 물었다.

"그게 아니라, 좀 이상해서 그래요. 저는 흰 토끼를 쫓아왔는데, 토끼굴이 나오는 게 아니라 갈수록 어두운 숲이 나타나서 말이에요."

"여기는 스페이드 나라의 숲이지. 달리면 어두워지는 거야 어디를 가도 당연한 거 아니니? 빨리 달리면 어두워지는 속도가 더 빨라지니 서두르지 않는 게 지혜지."

마침내 수학의 위기가 도래하리니

'또다시 꿈을 꾸고 있는 걸까? 이번엔 하트 나라가 아니라 스페이드 나라네.' 앨리스는 혼자 중얼거렸는데, 할아버지는 귀가 밝은지 그새 듣고는 대꾸를 했다.

"네가 꿈인지 의심한다면 그건 더 이상 꿈이 아니지."

"왜 그렇죠?"

"네가 지금 꿈이라고 말한 건 '현실이 아님'을 뜻하지? 그런데 만약 네가 질문하는 이 상황을 꿈이라고 한다면, 너는 현실이 아닌 곳에서 현실이 아니라고 말하는 셈이지. 따라서 현실이 아닌 것이 아니라는 말이 되지. 이중부정이 긍정이 되듯이 말이다. 따라서 네가 꿈인지 의심한다는 것은 꿈이 아니라 현실이란 말이 되지."

황당하다는 듯한 앨리스의 표정에는 아랑곳하지 않고 할아버지는 계속 말을 했다.

"미친 사람이 미쳤다고 그러는 거 봤어? '내가 미친 거 아냐?' 하고 의심하는 사람은 미친 사람이 아니야."

"글쎄요. 할아버지 말대로라면 만일 현실 속에서 '이건 현실이야'라고 말한다면 그건 현실이 아니란 말이 되잖아요?"

"그건 이중긍정이기 때문에 그렇지 않아. 이중부정은 긍정이 되지만 이중긍정은 부정이 되지 않지."

"어째서 그렇지요? 불공평하잖아요?"

"그거야 수학적 논리학의 법칙이니 불공평하다고 말하는 건 아무 의미가 없어."

"그럼 이렇게 바꾸죠. 꿈이 아닌 곳(현실)에서 이건 꿈이 아니라고 말하면 이중부정이 되잖아요. 그럼 그건 꿈이 되겠죠? 그건 현실 속에서 '이건 현실이야'라고 말하면 꿈이 된다는 것과 같은 말이잖아요?"

"그건 안 돼. 그건 마치 정상인이 '나는 멀쩡해'라고 말하면 미친 사람이 된다는 식의 얘기야."

"그렇지 않나요? 미친 사람이 '나 미쳤다'고 말하면 미친 게 아니듯이, 안 미친 사람이 안 미쳤다고 말하면 미친 게 되지요. 이중부정이니까 말이에요."

"너, 어두운 지하의 패러독스 나라에서 온 모양이구나. 나는 라이거 스트릭트(Rigour Strict) 박사다. 거의 평생을 수학을 엄밀하게 만드는 연구에 바쳐왔지. 하지만 조심하는 게 좋다. 이 나라에선 그따위 엉터리 수학을 하면 날아다니는 스페이드 조각에 목이 열이 있어도 모자랄 테니 말이야."

"전 앨리스라고 해요. 하지만 그런 나라는 들어본 적도 없는걸요. 저희 아빠도 소설을 쓰기 전엔 수학을 하셨대요. 그런데 소설을 쓰면서 이름은 물론 성까지 갈아버리셨대요. 루이스 캐럴이라고 말이에요."

"수학자가 소설을 쓰다니! 그런 진지하지 못한 수학자들 때문에 지금 수학이 엉망이 되고 있는 거야. 모든 진리, 모든 참된 지식의 모범이었던 수학이 위기에 빠지게 된 것도 그와 무관하지 않지. 수학은 모름지기 한

치의 어긋남도 없이 엄격하고 정확해야 하는 건데 말이야."

"무슨 난리라도 난 모양이지요?"

그제야 스트릭트 박사는 이름처럼 딱딱하게 굳은 얼굴을 조금 풀고는 말했다.

"그래. 하지만 앞으로 더 커다란 일이 닥칠 거야. 수학에 일대 위기가 오고 있지. 그건 이전에 수학자들이 충분히 엄격하고 치밀하지 못했기 때문이니 누굴 탓할 수도 없지만 말이야."

"대체 무슨 일인데 그래요?"

호기심이 또다시 발동한 앨리스가 물었다.

"그건 무엇보다도 무한이라는 개념을 너무도 쉽게 수학에 끌어들였기 때문이지. 너는 잘 모르겠지만, 사람들이 가장 즐겨 사용하는 수학인 해석학이 있어. 미분이나 적분이란 말을 들어본 적이 있는지 모르겠구나."

"아빠한테 들은 적이 있어요. 캘큘러스 박사라는 분의 전설에 관해 얘기해주신 적이 있거든요."

그러자 스트릭트 박사는 화를 내며 다시 엄한 얼굴로 되돌아가 말했다.

"무슨 소리! 그건 터무니없는 얘기야. 과학의 적(敵)인 신비주의자들 사이에 전해오는 허풍이고 전설일 뿐이야. 그것을 창안한 것은 과학자인 뉴턴과 라이프니츠지. 그런데 그들은 그것을 창안하면서 '무한'이라는 개념을 끌어들였어. 그게 모든 문제의 출발점이었지."

어느새 그는 자기도 모르게 펜을 집어 들고 앨리스에게 설명하기 시작했다.

-2-2-2-2-2-2……=0?

"해석학에서 사용되는 중요한 수학적 개념에 무한급수라는 게 있단다. 가령 1, 3, 5, 7, 9, ……, $2n-1$처럼 어떤 규칙에 따라 배열된 수를 '수열'이라고 해. 그리고 $2n-1$에서 멈추지 않고 계속 배열해서 무한히 계속하면, 그것을 '무한수열'이라고 하지. 이 무한히 배열된 수를 모두 + 기호로 더해서 연결한 것을 '무한급수'라고 해. 무한히 더한 수열이란 뜻이지. 그런데 이것은 단지 수만이 아니라 문자로도 얼마든지 가능해서 1, $-3x$, $5x^2$, $-7x^3$, ……과 같은 것도 무한수열이라고 말할 수 있지. 그런데 오일러라는 수학자는 미적분과 무한급수를 이용해 많은 새로운 수학적 관계를 찾아냈는데, 그중에는 이런 것도 있어. 예를 들어 그는

$\frac{1-x}{(1+x)^2} = 1-3x+5x^2-7x^3+\cdots\cdots$

라는 관계를 찾아내고, 여기에 $x=1$을 집어넣었지."

"제가 해볼게요. 왼쪽은 $\frac{0}{2^2}$이니 0이 되고, 오른쪽은 $1-3+5-7+\cdots\cdots$이 되네요."

"그래. 그런데 식에 따르면 $0=1-3+5-7+\cdots\cdots$이 되어 터무니없는 결과가 되지."

"왜요? 무한히 계속되는 거니 어떻게 될지 알 수 없는 거잖아요?"

"자, 봐라. 괄호를 이용해서 수를 이렇게 묶을 수 있지? $0=(1-3)+(5-7)+(9-11)+\cdots\cdots$ 그러면 오른쪽은 $-2-2-2-2\cdots\cdots$가 되지? 이건 결코 0이 될 수 없어. 음의 방향으로 무한히 큰 수, 즉 음의 무한대($-\infty$)가 되지. 그런데 위의 식은 이것이 0이라고 말하고 있는 거야. 터무니없는 일이지. 그렇지만 오일러는 이런 식으로 나온 계산 결과를 믿어야 한다고 생각했

어. 고지식한 사람이지. 멍청할 정도로 말이야! 그뿐만 아니라 양변에 2를 더하면 2=-2-2-2……가 되고, 또 2를 더하면 4=-2-2-2……가, 또 2를 더하면 6=-2-2-2……가 돼. 이렇게 무한히 계속하면 좌변은 무한대가 될 거다. 그럼 어떻게 되겠니?"

"6 대신 무한대 기호를 써 넣으면…… ∞=-2-2-2……=-∞"

"그래, 결국 좌변은 무한대, 우변은 음의 무한대가 되고 말지. 양의 무한대가 음의 무한대와 같다니, 정말 말도 안 되는 얘기야."

"정말 그러네요."

"그뿐 아니야. 아주 간단한 급수도 그런 문제를 일으키지. 예를 들어, $S=1-1+1-1+1-1+……$를 보자고. 이 값은 얼마가 될까?"

"그건 1을 더했다 빼기를 계속하니 0이 되겠네요."

앨리스는 재빨리 대답했다.

"그래, 네 말대로 하면 $S=(1-1)+(1-1)+(1-1)+……$처럼 되어 $S=0$이 된단다. 그런데 괄호를 다르게 묶어보면 달라지지. 즉, $S=1-(1-1)-(1-1)-(1-1)-……=1-0-0-0-……=1$이 되잖아? 아까는 $S=0$이었는데, 이번에는 $S=1$이 된 거야."

"……."

"이것만이 아니야. 괄호로 묶는 방법을 바꾸면 답이 또 달라지지. 즉 $S=1-(1-1+1-1+……)$처럼 쓸 수 있겠지? 그런데 괄호로 묶은 $1-1+1-1+……$은 무한히 더해지는 수이기 때문에 처음에 보았던 $S=1-1+1-1+……$과 같지? 그럼 이렇게 바꿔 써도 되겠지? 즉 $S=1-S$라고. 양변에 S를 더하면 $2S=1$이고, 따라서 $S=\frac{1}{2}$이 된단다."

"어머, 할아버지 정말 재미있네요!"

스트릭트 박사는 어이없다는 듯 앨리스를 쳐다보았지만, 아까와는 달리 약간 부드러운 목소리로 말했다.

"그래, 재미야 있겠지. 그러나 어떤 무한급수의 값이 0도 되었다가 1도 되고, $\frac{1}{2}$도 되니, 이래가지고 어떻게 수학이 가능하겠니? 계산한 결과가 하나로 정해지지 않고 제멋대로니 말이야."

"이제야 고민하시는 이유를 알겠어요. 그러면 어떤 해결책이 있나요?"

"손쉬운 해결책이 있다면 고민할 이유가 뭐가 있겠니? 무한 개념을 몰아내면 좋겠지만, 그러기에는 너무나 많은 것을 포기해야 하니 그럴 수도 없고……. 하지만 적어도 저 기묘한 무한급수처럼 모호하고 불확실한 것은 어떤 식으로든 수학에서 내쫓아야 해. 만약 어떤 하나의 수로 값이 정해지지 않는다면, 그런 무한급수는 사용하지 못하게 하는 수밖에 없어."

"그건 수학자의 말이 아니라 법관이나 경찰의 말처럼 들려요."

"이걸 수학적인 말로 바꾸는 것은 매우 간단한 일이지. 예를 들면, 무한급수가 어떤 하나의 수로 정해지지[수렴(收斂)하지] 않으면, 그것은 부적절한 것으로 간주하고, 수렴하는 경우에만 적절하다고 인정하면 되지. 다시 말해 무한급수가 수렴하는 조건에서만 그 급수를 사용하는 것이 타당하다고 말하면 된단다. 어떤 식이나 연산이 성립하는 조건을 밝혀주거나, 연산의 조건을 제한하는 것은 정확하게 수학적인 거야. 나눗셈할 때 나누는 수가 0이면 안 된다는 조건을 밝히는 것과 마찬가지지."

"그것도 0으로는 나누지 말라는 금지로 들리네요."

"그럴지도 모르지. 그러나 이 세상 어디에도 금지문, 금지사항이 없는 곳은 없어."

스트릭트 박사의 얼굴은 다시 예전처럼 엄격하고 딱딱한 모습으로 되돌아갔다. 머쓱해진 앨리스는 나가도 되냐고 물어보고는 공손히 인사를 하고 밖으로 나왔다. 다시 어둠 속으로 들어왔지만, 아까보다는 훨씬 덜 어두운 느낌이었다. 익숙해져서일까? 아니면 한동안 스트릭트 박사 집에서 걷지 않고 멈춰 있어서였을까?

마녀의 역설

어슴푸레 보이는 길을 따라 다시 걷던 앨리스는 맞은편 숲속에서 무언가가 날아가는 것을 보았다. 그것은 나뭇잎 사이로 숨듯이 사라졌다.

'나뭇가지 사이로 저리도 빨리 움직이는 걸 보니 아마 원숭이가 틀림없을 거야. 어, 그런데 이 나라 원숭이는 밤을 까먹고 사나? 저건 모두 밤나무인데…….'

그사이 그건 앨리스에게서 5미터도 떨어지지 않은 나무 뒤에서 다시 획 하고 나타났다.

"어머, 마녀네? 그렇죠? 이건 빗자루가 틀림없고, 뾰족한 모자도 동화책에서 많이 보던 게 틀림없어!"

"그래, 내가 만약 마녀라고 하자. 그런데 동화책에 나오는 그런 복장으로 다닐 만큼 마녀가 바보라고 생각하니?"

"그건 아니지만……."

"그럼 내가 마녀라는 가정은 버려야겠지?"

"그렇지만 너무 똑같잖아요?"

"그게 거꾸로 널 속이려는 것이라곤 생각해보지 않았니? 더구나 마녀라면 말이야."

"그럴 수도 있겠네요. 음…… 하지만 마녀처럼 보여 속이려면 마녀여선 안 되잖아요?"

"그렇다면 내가 마녀가 아니란 게 다시 한번 증명됐지?"

"그렇게 말을 잘하시는 걸 보니 마녀일 수도 있겠네요."

"그러나 네가 그렇게 생각하듯이, 내가 만약 마녀라면, 그리고 너를 속이려 한다면 그렇게 말을 잘해선 안 되겠지?"

"또다시 그럼 마녀가 아니란 게 증명된 건가요?"

"잘 아는구나. 세 번이면 충분하지?"

"좋아요. 세 번 증명되었다면 믿어도 좋겠죠. 그러면 당신은 누구죠?"

"나? 마녀. 모르겠어?"

"아니란 게 증명되었다고 했잖아요? 더구나 세 번씩이나."

"그게 모두 너를 속인 거라면? 그렇다면 이젠 증명이 속임수가 될 수도 있음이 증명되었다고 말해도 되겠지?"

"어휴, 머리야. 도대체 무슨 소리인지 하나도 모르겠어요. 그만 갈래요. 전 흰 토끼를 찾아야 해요."

온 세상이 다 들어가는 구슬

"그놈은 아까 저 집으로 들어가던걸."

그러고 보니 한 10미터쯤 뒤에 큰 오두막집이 하나 있었다.

"계세요? 누구 안 계세요?"

아무런 대답이 없었다. 앨리스는 마녀 씨와 함께 빠꼼 열린 문을 밀고 들어갔다. 소파들과 책꽂이가 있었고, 한쪽 벽엔 이상한 벽걸이 그림이 걸려 있었다.

"토끼는 안 보이네요?"

"아마 이 속 어딘가에 있을 거야."

마녀는 검은 옷자락 사이에서 큰 유리구슬을 하나 꺼냈다.

"어머, 정말 마녀 맞군요!"

"뭐? 이건 저 빗자루와 세트로 파는 물건일 뿐이야."

"토끼를 그 구슬 속에 잡아 가둔 건가요?"

"무슨 꿈 말아먹는 것 같은 소리를 하고 있니? 이건 그저 구슬일 뿐이야."

"그럼 그 속에 토끼가 있을 거라는 건 무슨 말이죠. 거기에 있을 거란 사실을 미리 알고 있었단 말이잖아요?"

앨리스는 '꿈 말아먹는 것 같은 소리'라는 말이 재미있다고 생각하면서 되물었다.

"어디 토끼뿐이니? 이 속에는 모든 게 다 들어 있어. 나도 들어 있고 너도 들어 있지. 벽이나 천장이 가리고 있지만, 토끼는 이 구슬 안의 공간 어딘가에 있음이 분명하지."

"보이지 않는데, 있다고 말한들 무얼 해요?"

"무슨 소리야? 있다는 걸 안다면, 어디 있는가를 아는 건 시간문제 아니겠니? 만약 있는지 없는지도 모른다면 찾아야 할지 말아야 할지도 정할 수 없잖아."

"있다는 것으로 토끼를 찾을 수 없다면, 있음을 안다는 게 무슨 의미가

제6장. 해석학의 위기, 기하학의 모험

[그림 6.1]

있죠? 어차피 토끼는 못 찾을 텐데."

"'존재증명' 문제로 시비를 거는구나? 우리나라에도 너랑 비슷한 소리를 하는 자들이 있지. 하지만 어쨌든 이 구슬에 존재하는 모든 것이 담겨 있다는 건 사실이야. 온 세상이 말이야. 이 작은 구슬에 온 세상이 다 들어간다니, 정말 더없이 경제적인 공간이지."

"하지만 그건 구슬 표면에 세상이 비친 거지, 공간은 아니잖아요?"

"너도 수학 시간이 고통스러운 아이 중에 하나겠구나? 공간이란 텅 비어 있어서 무언가가 그 안에 들어가는 어떤 허공 같은 거라고 생각하니 말이야. 그런 공간은 아마 수학적 사고가 들어가질 못해서 텅 비어 있을 네 머릿속에나 있을 뿐이야."

마녀의 직설적이고 모욕적인 말에 앨리스는 기분이 몹시 상했다. 더구나 아까는 그 엄격한 스트릭트 박사와 한 수 겨루기도 하지 않았던가!

"어머, 당신은 그 기다란 빗자루 끄트머리만큼이나 거친 분이군요. 하지만 스트릭스 박사님은 아마 그렇게 생각하지 않으실걸요?"

"뭐? 스트릭트 박사? 너 그 자식과 한 패거리지? 아니라고? 아니면, 아니면 어떻게 그를 알지? 어떻게 그런 말을 할 수 있지?"

앨리스가 말할 틈도 주지 않고 마녀 씨는 소리를 질러댔다. 한마디라도 더 잘못했다간 빗자루로 한 대 칠 기세였다. 당황한 앨리스는 괜히 스트릭트 박사 얘기를 꺼냈다고 후회했지만, 이미 화살은 시위를 떠나 그 여자 머리에 박혀버린 뒤였다. 이번에는 실수하지 말아야지, 하고 조심스레 말했다.

"조금 전에 토끼를 따라가다가 길을 잃어서 그 집에 잠시 들어갔어요. 그리고 수학 얘기를 하시길래……. 그저 그것뿐이에요."

새로운 기하학의 공적을 빼앗기다

마녀 씨의 숨소리는 누그러졌지만 흥분이 완전히 가시지는 않았다.

'이거 뭔 원수가 져도 크게 진 모양이네.'

잠시 후 평상심을 되찾은 마녀 씨는 겸연쩍은 표정으로 말했다.

"놀라게 했다면 용서해라. 내가 아직도 인간이 덜 돼서, 그 자식 얘기만 들으면 아직도 이렇게 피가 끓어올라. 더구나 구슬공간을 가지고 얘기를 하다 보니 말이야."

"그 할아버지랑 크게 다투기라도 했나 봐요?"

"말도 마. 그 자식이 영광스러울 수도 있었을 내 인생을 이렇게 망쳐놓고 말았지. 그 자식은 구슬공간에 관한 내 기하학을 무시하고 짓밟았지. 벌써 20년이나 지난 이야기야. 그때에는 그런 줄도 몰랐지. 당시 기하학을 연구하던 나는 구슬공간에 관한 기하학을 발견했고, 그것이 유클리드의 저 뻣뻣한 기하학을 대신할 새로운 기하학이라고 확신했어. 그래서 그런 의견을 적어서 그 자식한테 편지를 보냈지."

"아시는 사이였나 보군요?"

"내 아버지하고 대학 동창이었지. 당시에 그는 우리 스페이드 나라에서 가장 잘나가던 수학자였어. 심지어 '성(聖) 스트릭트'라고 부르자는 놈들도 있었으니까. 그의 추천이나 인정은 수학계에서 막강한 힘을 발휘하던 시절이었고. 반면 나는 수학자도 아니고, 아버지한테 배워서 그저 취미로 수학을 연구하던 아마추어였어. 구슬공간의 기하학 이야기를 듣고 아버지는 그에게 편지를 써보라고 하셨지. 그의 의견을 매우 중히 여기셨으니까. 그가 검토해서 수학계에 알려준다면 내가 저명한 수학자가 되는 데 결정적인 추천장이 될 수도 있을 거란 생각이셨는지도 몰라."

"하지만 결과가 별로 안 좋았었나 보군요?"

"물론이야. 그는 내게 답장을 보냈는데, 요지는 내가 발견한 기하학은 자신이 이미 10여 년 전에 다 생각해본 거라고 했어. 유클리드기하학의 평행선 공리를 검토하다가 그랬다고 하더군. 사실 내가 발견한 기하학은 그 공리를 다른 공리로 바꾼 거였거든. 하지만 그것이 옳다는 말도, 그것이 새로운 수학으로서 가치가 있다는 말도 한마디 없었어. 사실 그건 별 볼 일 없으니 발표할 것도 없다는 말이나 다름없었지. 자신이 그랬듯이 말이야. 거기다 내 재능에 대해 칭찬 몇 마디를 써놓긴 했지만, 사실은 단념하라는 내용인 셈이었지."

"그래서요? 그래서 단념하셨나요?"

"그래. 순진하게도. 나 역시 그가 절대적인 존재라고 알고 있었으니까. 그래서 쓸데없는 상상력의 산물이라고 생각해서 발표를 포기했지. 하긴 발표해봐야 직업적인 수학자도 아닌 내 글을 누가 읽어주기나 하겠어?"

"……."

"그래, 그것만으로 이토록 큰 분노와 원한을 만들었다면 믿기 어렵겠지? 맞아. 그런데 정말 웃기는 일이 그 뒤에 일어났거든."

"정말 웃기는 일이요?"

"그래, 정말 웃기는 일. 그 일이 있고 10년쯤 지나서, 스페이드 잭 대학의 스트레인지(Strange) 교수가 내 연구와 거의 똑같은 기하학을 발견했다고 발표를 했어. 그가 나와 달랐던 점은 우선 그는 수학 교수였다는 거였고, 다음으로 그가 스트릭트 박사에게 의견을 묻는 따위의 바보짓을 하지 않았다는 거였어. 그 결과 수학자들은 새로운 기하학의 탄생이라는 영광을 그에게 안겨주었지. 그는 유클리드 이래 2천 년 만에 나타난 새로운 기하학의 창시자가 된 거야."

앨리스는 눈이 동그래져서 마녀를 쳐다보았다. '2천 년 만에 나타난 새로운 기하학의 창시자'가 멀리 허공으로 날아가는 게 보이는 듯했다.

"그래. 그렇게 그 영광은 내게서 떠나가버렸던 거야. 이미 20년 전에 말이야. 그런데 정말 기막힌 건, 그 자식 스트릭트 박사가 스트레인지 교수를 치하해서 자신이 있던 스페이드 킹 대학의 교수로 불러들이고, 스페이드 왕립 학술원 회원으로 추천한 거야."

"어쩜 그럴 수가……."

"그리고 그때에도 나에 대해선 한마디 말도 하지 않았어. 나에게 해명의 편지 한 장도 없었지. 그게 스페이드 왕국 수학의 왕자였던 그 자식이 친구의 자식이었던 내게 내린 싸늘한 처분의 전부였지."

구슬공간의 기하학

앨리스는 분위기를 바꾸어야겠다고 생각했다. 잘못해서 함께 울기라도 시작하면, 이 숲과 나무들이, 스페이드 나라 전체가 물에 잠길지도 모른다고 생각했다. 옛날에 하트 나라에 들어가면서 겪은 일이 떠올랐던 것이다.

"그런데 아주머니가, 아니 언니가, 아니 선생님이, 아니, 아니, 좋아요, 언니라고 하죠. 언니가 발견했다는 구슬공간의 기하학이란 대체 어떤 거예요?"

"자, 이 구슬을 봐. 온 세상이 다 들어가 있지. 여기에 선이 그어져 있고,

[그림 6.2]

선들로만 만들어지는 도형들이 있지. 삼각형을 비추면 이렇게 삼각형이 나타나고, 사각형을 비추면 이렇게 사각형이 나타나고."

"그렇지만 이건 찌그러진 삼각형이고 삐딱한 사각형이잖아요."

"그래. 그뿐만 아니라 선들도 대개는 휘어져 나타나지. 이 길을 봐라. 네 앞에 있는 길은 굳게 뻗은 두 개의 직선이 만드는 길인데, 여기서는 이렇게 구슬의 가장자리에서는 크게 벌어지고, 중앙으로 들어가면서는 급격히 줄어들며 휘어지는 두 선으로 나타나지."

"크기도 달라져요. 구슬을 잡은 손은 무척 크지만, 뒤쪽으로 물러서듯이 급속히 줄어드니 말예요."

"호, 너 수학적 사고를 할 머리는 텅 비어 있을 줄 알았는데, 눈썰미 좋은 걸 보면 아주 걱정할 수준은 아니구나? 맞아, 구슬의 가운데로 갈수록 크기는 작아지고, 가장자리로 갈수록 커지지. 그럼 여기서 수수께끼를 하나 내볼까?"

"내 머릿속 공간이 얼마나 넓은지 보려고요?"

"그래. 자, 곧게 뻗은, 무한히 길게 뻗은 길이 있다고 해보자. 이 구슬공간은 그 길 또한 통째로 다 담을 수 있지. 그 길을 이 구슬에 비추면 어떻게 될까?"

"흐음, 내가 구슬을 들고 그 길에서 비춰본다고 생각하면 되잖아요. 그럼 내 뒤에 있는 길은 내가 보는 구슬의 이 면에 비치겠죠. 하지만 지평선을 넘을 순 없으니, 지평선이 비치는 구슬의 중간쯤까지 오겠네요."

"그게 다야? 반대편도 있잖아."

"그래요. 제 말이 바로 그거예요. 내 뒤에 있는 길이 구슬의 이쪽에 비치듯이, 내 앞에 있는 길은 구슬의 저쪽에 똑같이 비치겠죠. 거기도 구슬

중간의 지평선까지 올라가겠죠."

"좋아. 맞힌 걸로 해주지. 그럼 또다시 수수께끼. 여기 A에서 B까지 가기 위해 이 휘어진 길을 따라가는 것과, 직선으로 이은 이 길을 따라가는 것 가운데 어떤 게 더 빠를까?"

"그거야, 아, 음…… 직선이 더 빠를 거라면 문제를 내지도 않았겠죠? 그럼 답은 이 휘어진 길일 텐데, 왜 그럴까요? 직선이 더 빠른 길이어야 하는데……."

"자, 이 구슬을 다시 봐(그림 6.2). 이건 천장이지? 보다시피 직사각형을 비춘 거지. 그러니까 마주보는 변끼리는 길이가 같지. 그런데, 어때? 원의 중심에 가까운 변보다 가장자리에 가까운 선이 훨씬 더 길지?"

"그거야 가장자리로 갈수록 크기가 커진다는 말과 똑같은 거잖아요."

"그래. 그렇다면 가장자리의 선을 따라 걷는 경우 다리도 더 길어지겠지?"

"물론이에요. 아, 그러니까 보폭도 가장자리에 가까우면 더 커질 거고, 그래서 같은 거리라면 더 빨리 도착할 거란 말이군요?"

"맞히는 건 시원찮아도 알다듣는 건 잘하는구나. 머릿속 공간이 커졌다 작았다 하는가 보지?"

"결국 아까 A와 B 사이를 직선을 따라 걸어가면 보폭이 작아져서 곡선보다 더 오래 걸릴 거라는 말이죠?"

"굿! 좋아. 그 정도면 네 머리를 다시 믿어보기로 하지. 결국 우리가 사는 공간의 직선을 비추면 여기서는 휘어진 곡선이 되는데, 그게 이 구슬공간 안에서는 가장 빠른 거리인 셈이지."

"결국 제 발 밑에 있는 직선을 비추는 이 곡선이 이 구슬공간에서는 가장 가까운 거리란 말이군요."

"그래. 이처럼 가장 빠른 시간에 통과할 수 있는 이런 길을 '측지선(測地線)'이라고 불러. 유클리드기하학에서는 측지선이 직선이지만, 이 구슬공간에선 이처럼 곡선이란다. 자, 마지막으로 하나 더 묻지. 여기 A에서 B까지 이동하면서 이 두 직선 사이의 거리는 점점 넓어졌다가 다시 좁아지지? 그런데 그건 구슬공간 밖에 있는 우리 눈에 그렇게 보이는 거야. 만약 네가 구슬공간 안에서 저 길을 따라 이동한다면, 거기서도 길의 폭이 줄어든다고 느낄까?"

"그거 역시 그렇게 느낀다면 문제를 안 내셨겠지요? 그러니 답은 '아니요'겠네요."

"이번엔 이유도 한번 맞춰보지 그래. 그래야……."

"예, 예, 알았어요. 그래야 머릿속이 텅 비었다는 말을 취소하시겠다는 거죠? 음, 알 듯도 한데…… 길을 따라 가장자리에 가까워지면 내 다리도 늘어나고, 내 보폭도 커지고, 내 눈도 커지고…… 흠 이거 가지곤 안 되겠네."

"눈이 커진다고 길이 커지지는 않겠지."

"만약 이렇게 생각하면 어떨까요? 제가 A에서 길의 폭과 같은 막대기를 하나 들고 출발하는 거예요. 그럼 그게 일종의 자 역할을 하지 않겠어요? 길을 따라 가장자리에 가까워지면, 내 키가 커지고 다리도 커지면 그 막대기도 커지겠죠? 반대로 길을 따라 가장자리에서 멀어지면 키도 줄고 다리도 줄고 그 막대기도 줄겠지요? 그 길의 폭이 줄어드는 만큼 말이에요. 알았어요! 길이 늘거나 줄어드는 만큼 막대기가 늘거나 줄어들기 때문에 나는 여전히 길의 폭이 똑같다고 생각하겠죠. 그렇기 때문에 길의 폭이 줄어든다는 걸 느낄 수 없는 거예요."

"훌륭해! 덕분에 네 부모님이 모욕을 면했구나. 맞아, 길의 폭이 줄지만 그만큼 자도 줄어들기 때문에 길의 폭이 줄어든다고 느낄 수 없어. 마치 네가 발 딛고 있는 이 길이 보기에는 저렇게 좁아져도 걸어가면 줄지 않고 평행하다고 느끼는 것처럼, 구슬공간 안에서 길을 걷는 사람도 그 길의 폭이 일정한 평행선을 이룬다고 생각할 거야."

"그렇다면 그게 구슬공간의 평행선이란 건가요?"

"그래. 이 원으로 표시한 구슬공간에 우리가 보기에 평행한 선을 그으면, 그 안에 있는 사람은 평행선으로 느끼지 않겠지. 반대로 이렇게 우리 눈에는 폭이 커졌다 작아졌다 하는 이 선을 평행선이라고 느낄 거야."

구슬공간과 유클리드공간

"재미있군요. 그렇다면 구슬공간에서는 직선이 휘어진 측지선으로 바뀌고, 평행선은 좁아들면서 가까워진다는 거군요? 그게 구슬공간의 기하학이라는 거고요."

"그래. 하지만 그건 구슬공간 밖에 있는 우리 눈에 그렇게 보일 뿐이야. 안에서는 곧은 선이요, 평행한 선으로 보이겠지."

"재미있네요. 휘어진 직선, 넓어지기도 하고 좁아지기도 하는 평행선이라니."

"그래. 무척 재미있지. 좀 더 분명히 말한다면, 구슬공간에서 모든 평행선은 두 점에서 만나. 아까 무한히 뻗은 길이 양쪽 지평선 부근에서 만나듯이. 지구의 모든 경선이 적도를 표시하는 위선과 직각으로 교차하기에 평행선이라고 해야 하지만, 남극과 북극에서 모두 두 번 만나지?"

"……."

"나는 여기서 좀 더 진지하게 밀고 나아갔어. 왜냐하면 모든 평행선이 두 점에서 만난다는 건, 평행선은 서로 만나지 않는다는 유클리드기하학의 공리와 어긋나기 때문이야. 사실 그 공리는 2천 년 가까이 수많은 수학자들이 증명하려고 애써왔던 거지."

"잘은 모르지만, 공리도 증명하나요?"

"그래, 사실 공리는 자명한 거여서 증명 없이 받아들이는 거라고 생각했지. 그런데 유클리드기하학의 다섯 개 공리 중 다섯 번째 평행선 공리는 다른 네 개와 달리 공리보다는 정리에 가깝게 생겼어. 그래서 나도 그랬지만, 수학자들은 네 개의 공리에서 평행선 공리를 증명하려고 했지. 하지만 그 시도는 모두 실패했어. 증명할 수 없었지. 증명했다고 생각하면 어느새 비슷한 가정을 자명한 듯이 끌어들이곤 했어. 유클리드가 정리가 아니라 공리에다 집어넣었던 건 이유가 있었던 거야."

"그럼 처음부터 아무 문제가 없었던 거잖아요?"

"그런데 그 공리는 자명하다고 보기엔 너무 장황했기에 다들 증명하려고 했어. 그런데 나는 저 구슬공간에 비친 세계를 보고서 생각을 바꿨어. 그동안 사람들은 평행선 공리가 자명하다고 보거나, 다른 네 공리로 증명하려고 했지. 그러나 증명이 불가능하다는 걸 안 순간, 나는 그게 자명한 공리라고 생각한 게 아니라, 다른 걸로 바꿔도 좋은 가정이라고 생각을 해본 거야. 저 구슬공간처럼 모든 평행선이 두 점에서 만난다는 걸로 평행선 공리를 대체하면 어떤 일이 생길까?"

"그 결과가 구슬공간의 기하학이라는 거죠?"

"그래. 그 공리를 바꿈으로써 전혀 다른 종류의 기하학이 만들어질 수 있다는 걸 알았지. 구슬공간은 유클리드공간과 전혀 다른 기하학이 성립하는 새로운 공간이라고 말할 수 있어."

"스트릭트 박사는 그걸 이해하지 못한 거군요?"

"아니야. 그는 그걸 잘 알고 있었어. 그 새로운 기하학의 의미까지도."

"그런데 왜?"

"그의 관심사는 새로운 수학의 창안이 아니라, 수학의 기초를 엄밀하고 확고하게 다지는 거였거든. 이 새로운 기하학이 기존 수학 전체를 뿌리째 뒤흔들어놓을 거라는 사실도 잘 알고 있었지. 그것이 바로 자신의 연구 결과도 발표하지 않고 내 연구도 어둠에 처박아버린 이유야."

근대 수학, 위기와 모험

수학자들에게 19세기는 위기와 함께 왔다. 그 위기는 한편으로는 무한 개념을 끌어들인 해석학에서 나타났으며, 다른 한편으로는 기존의 자명한 공리에서 벗어난 새로운 기하학의 출현으로 나타났다. 전자에서 가장 먼저 문제로 드러난 것은 앞서 말했듯이 무한급수 이론에서였고, 후자에서 가장 중요한 문제였던 것은 평행선 공리와 결부된 새로운 기하학이었다. 다른 한편 대수학에서도 새로운 전환의 징조가 여러 가지로 나타나기 시작했고, 기하학에서처럼 새로운 발상을 요구하는 변화가 있었지만, 자명한 공리의 형식을 취하지 않았기에 여기서의 변화는 위기로 감지되지 않았다.

위기라는 말에 가장 부합하는 것은 확실히 해석학의 위기다. 미분과 적분이라는 새로운 계산 방법은 비교할 수 없는 발전을 수학에 가져다주었지만, 그 승승장구 뒤에는 무한 개념에서 비롯되는 역설의 조짐이 심상치 않게 나타나고 있었다. 새로운 수학적 관계를 찾아내는 데 사용된 형식적 연산은 앞서 스트릭트 박사가 보여주듯이 모순된 결과를 빚는 무한급수를 만들어냈지만, 18세기 최고 수학자였던 오일러는 그러한 결과조차 그대로 받아들여야 한다고 생각했다.

이 사실은 매우 시사적이다. 즉 이는 우선 기하학을 대수화하고, 미분이나 적분 개념을 물리학이나 기하학의 영토를 벗어나게 함으로써 가능해진 형식적 조작의 힘에 대한 지나친 믿음을 보여준다. 이제 수학은 수학이면 충분하며, 어떠한 직관적 내용도 수학적 정의의 형식적 조작을 가로막지 못한다. 다른 한편 이는 또한 모순이나 역설을 배제하고 안정된 기초를 만들려는 잘 알려진 수학적 엄격주의가 18세기 수학과는 별 관계가 없었다는 점을 보여준다. 다시 말해 현대 수학의 대부분을 특징짓는 수학적 엄밀성에 대한 편집증적인 집착은 19세기에 이르러 나타난 것이다. 이는 나중에 다시 자세히 보겠지만, 19세기의 수학이 17세기나 18세기와 매우 다른 성격을 갖는다는 것을 짐작하게 한다.

버클리 주교가 뉴턴을 비판한 이래, 해석학의 불안정성을 모호하게나마 처음으로 감지한 사람은 달랑베르였을 것이다. 백과전서파 철학자로 잘 알려져 있지만 수학사에서는 현의 진동을 계산할 수 있는 미분방정식을 발견한 유명한 인물이다. 달랑베르는 미분 개념을 뉴턴처럼 변화율이 정의되는 시점에서 발견되는 '최초의 비'나 '최종의 비'라는 말로 표시하거나, 라이프니츠처럼 '무한소량 간의 비'로 표시하는 것이 문제가 있다고 보았다. 그는 "어떤 방정식을 미분하는 것은 그 방정식에서 사용되는 두 변수의 어떤 비(예를 들면 $\frac{\Delta x}{\Delta t}$)의 '극한'을 구하는 것"이라고 보았다.

여기서 극한이라는 개념은 사실은 우리가 앞서 이미 사용했던 것이다. 즉 앞의 비에서 Δt가 무한히 작아질 때 두 변수의 비 $\frac{\Delta x}{\Delta t}$가 어떤 값에 한없이 가까이 가는 경우, 그 값을 극한이라고 한다. 하지만 달랑베르는 무한소 개념이 수학적으로 매우 취약한 개념이라고 보았기 때문에, 한없이 작아진다거나 무한히 0에 가까이 간다는 식의 개념을 피하려고 했다. 그래서 대신 그것을 '주어진 어떤 양보다도 어떤 수에 가까이 갈 때'라는 말로 바꾸었다.

그럼으로써 무엇이 달라지는가? 그것은 예컨대 라이프니츠의 dx, dy나 뉴턴의 O와 같은 무한소의 비로 계산하는 것이 아니라, 유한한 어떤 양의 비로 표시하고 계산한 뒤에, 그 계산의 결과가 어떤 값으로 가까이 가는지를 구하게 된다. 요컨대 달랑베르가 제시한 해결책은 무한소 개념을 제거하고, 대신 극한의 개념을 도입하려는 것이었다.

이런 방법을 좀 더 치밀하게 발전시킨 것은 19세기 프랑스의 수학자 코시(B. A. L. Cauchy)였다. 그는 극한의 개념을 이렇게 정의했다. "변수가 취해가는 값이 차츰 일정한 값에 접근해서, 그 차가 임의로 주어진 어떠한 양보다도 작아질 때, 그 일정한 값을 변수의 극한값이라고 한다." 그는 이처럼 변수가 취하는 값이 일정한 어떤 값에 점차 가까워지는 것을 '수렴한다'고 하고, 그렇지 않은 경우를 '발산한다'고 말했다. 코시는 무한급수의 경우, 수렴하는 것과 발산하는 것이 있는데, 발산하는 급수는 극한값을 갖지 않는다고 함으로써, 여러 개의 값을 갖는 무한급수를, 다시 말해 발산하는 무한급수를 수학에서 내쫓는 데 결정적인 역할을 했다(고등학교 수학책에서 배우는 것이 이것이다).

한편 해석학에서 무한소 개념으로 인해 빚어진 난점을 감지했던 또 한 사람의 중요한 수학자는 라그랑주였다. 가장 훌륭한 해석학자의 한 사람이었던 라그랑주는 말년에 이르러 무한소나 무한대라는 개념이 매우 난감하고 모호한 개념이라는 것을 깨닫고, 그것을 사용하지 않고서 미적분 개념을 전개할 수 있는 방법을 찾으려 했다. 「해석함수론」(1797)이나 「함수해석강의」(1801)라는 논문은 이를 문제로 제기하고 해결을 시도한 최초의 시도라는 점에서, 그래서 코시와 같은 다른 수학자들의 관심을 환기시켰다는 점에서 중요하지만, 결과는 성공적이지 못했다.

해석학의 위기

'위기'라는 말은 이처럼 해석학에 대해서는 아무런 과장이나 수사를 필요로 하지 않는다. 그것은 정말로 가장 중심적인 개념 내부에서 생겨나는 난점과 모순 때문에 일어난 것이었고, 따라서 그대로 방치해서는 안 된다는 위기의식을 불러일으켰다. 이러한 사정은 19세기 수학의 성격과 방향 전체에 크게 영향을 미쳤다.

그러나 코시의 집요한 노력도 이를 해결하는 데는 충분하지 않았다. 코시의 방법은 연속함수를 엄밀하게 정의하는 데 기초한 것이었는데, 나중에 '연속성'과 '미분가능성'이 같지 않다는 점이 드러나게 된다. 심지어 모든 점에서 연속인데 모든 점에서 미분 불가능한 함수가 출현했다. 이를 지적하면서 해석학의 기초를 확실하게 다지게 되는 것은 19세기 말이 되어서야 가능해졌다. 하지만 반대로 이러한 위기와 위기의식은 새로운 수학적 사유를 촉발하고 추동한 힘이기도 했다. 그것이 없었다면 아마도 라그랑주가 1850년대에 예언했듯이 수학은 종말이나 쇠망을 보게 되었을지도 모른다. '위기'는 적절히 대처한다면 오히려 '기회'가 될 수 있다는 것을 해석학의 역사는 보여준다고 하겠다.

이는 위기라는 말이 그처럼 강하게 사람들을 위협하지는 않았던 다른 영역에서도 마찬가지였다. 그렇지만 그것은 어떤 식으로든 위기라는 말과 연관된다는 것은 분명하다. 예를 들어 보여이(J. Bolyai)와 로바체프스키(N. Lobachevsky)가 각각 창안해낸 새로운 기하학이 그렇다. 그들은 유클리드 기하학의 평행선 공리를 다른 공리로 대체하여 전혀 다른 종류의 기하학이 만들어질 수 있다는 것을 보여주었다(앞서 말한 마녀의 이야기는 보여이가 겪은 일을 각색한 것이지만, 그는 그리고 로바체프스키도 평행선이 두 점에서 만나는, 다시 말해 평행선이 없는 기하학이 아니라, 평행선이 무수히 많은 기하학을 창안했다. 구슬공간의 기하학은 뒤에서 만날 리만의 기하학에 가깝다).

사실 평행선 공리를 증명하려 했던 수학자들의 오랜 노력은 2천 년이 넘도록 서구의 수학과 과학에 모범과 기반을 제공하던 유클리드기하학에서 불안정한 요소를 무의식적으로 감지하고, 그것을 제거하려는 시도라고 말해도 좋을 것이다. 수학의 엄밀함과 안정성에 누구보다 앞선 감각과 누구보다 강한 기준을 제시한 가우스도 이런 노력의 일환으로 평행선 공리를 연구했다. 그러나 그것을 증명하는 것이 불가능하며, 반대로 그것이 부정될 수도 있다는 것을 알고는 조용히 그 위험한 상자를 닫아버렸다. 그가 새로운 기하학의 가능성을 알고 있었다는 것은 유명한 사실이다. 또한 그 새로운 창안이 기하학의 기초를 뿌리째 흔들 거라는 사실도 잘 알고 있었다. 그래서 그것을 끄집어내기보다는 차라리 조용히 묻어버리는 길을 택했던 게 아닐까? 이런 이유가 아니라면 친한 친구 아들인 보여이의 연구에 대해 그토록 냉담했던 것은, 그의 인격이 매우 모질고 용렬했다는 가정을 하지 않으면 이해할 수 없다.

비유클리드기하학과 새로운 대수학

보여이나 로바체프스키가 창안했고, 뒤에 리만(G. F. B. Riemann)이 추가한 새로운 기하학은 수학적 진리에 대해 근본적인 질문을 던진다. 가령 칸트는 유클리드기하학이 가정하고 있는 공간을 경험과 무관하게 참이라고 보았고, 그렇기에 그것을 '선험적(先驗的)인 직관 형식'이라고 보았다. 쉽게 말해 그 공간은 경험적인 게 아니라, 경험(經驗)에 선행(先行)하는(그래서 선험적이라고 한다) 형식이고, 경험에 좌우되는 것이 아니라 경험을 좌우하는 형식이라는 것이다. 쉽게 말하면 모든 경험이 이 유클리드적인 공간 안에서만 이루어진다는 사실이, 진리가 존재한다는 말을 할 수 있도록 해준다는 것이다. 요컨대 칸트가 보기에 유클리드공간, 유클리드기하학은 일종의 절대적 진리였던 것이다.

그러나 평행선 공리가 다른 것으로 바뀔 수 있게 되면서, 유클리드기하학과 비유클리드기하학들이 공존하게 된다. 그러면 이제 유클리드기하학은 더는 절대적 진리의 위치를 유지할 수 없게 된다. 그것은 여러 가지 공간, 여러 가지 기하학 중 하나일 뿐이다. 따라서 유일하고 절대적인 공간이나 진리를 기하학에서 가정하는 것은 우스운 일이 된다. 이런 의미에서 새로운 기하학은 수학적 진리가 절대적이라는 기존의 통념을 뿌리째 뒤흔들었다. 이런 점에서 그것은 수학적 진리는 물론 수학 자체의 위기를 불러올 수도 있었다. 가우스가, 혹은 우리의 스트릭트 박사가 새로운 기하학을 거부하려고 했던 것은 바로 이런 사실을 잘 알았기 때문이 아니었을까?

하지만 다행인지 불행인지 새로운 기하학은 그 정도의 강한 충격과 위기를 불러오지는 않았다. 그것은 기하학의 기초에 대해 근본적인 질문을 던지는 것이었지만, 그것을 충분히 알아차리고 비난하는 사람은 그다지

많지 않았던 것이다. 보여이에게 가해진 저주가 여기서 다시 반복되진 않았던 셈이다. 가우스가 늦게나마 로바체프스키를 인정했던 것은, 아마도 그의 우려와는 다르게 이런 대세를 읽어낼 수 있었기 때문이 아니었을까? 어쨌든 새로운 기하학은 이런 점에서 해석학의 무한 개념과 달리 '위험'인 동시에 '기회'로 받아들여진 셈이다.

이와 유사한 일이 대수학에서도 일어났다. 아일랜드 수학자 해밀턴(W. R. Hamilton)은 사원수(四元數)를 창안했지만, 그 수의 경우 곱셈에 대해 교환법칙이 성립하지 않는다는 점 때문에 15년 동안 망설이고 고민했다. 하지만 15년 만에 과감한 결단을 내린다. 대수학에서 교환법칙이 성립한다거나 결합법칙이 성립하는 것을 기하학에서 공리처럼 간주하려 했던 것이다. 그렇다면 평행선 공리가 성립하지 않는 기하학을 생각하는 게 가능하듯이, 교환법칙이 성립하지 않는 수를 생각하는 것이 가능하다. 물론 그가 이런 식으로 추론한 것은 아니지만, 교환법칙이 성립해야 제대로 된 수라는 생각을 버릴 수 있는 것은 실질적으로 이러한 것과 크게 다르지 않은 발상이었다. 그 뒤에 그의 제자인 케일리(A. Cayley)는 곱셈에 대해 교환법칙이 성립하지 않는 새로운 수와 대수학을 창안해냈다. 행렬대수학이 바로 그것이다.

대수학을 기하학처럼 공리적인 방식으로 다루려는 시도는 19세기 중반 영국의 수학자들 사이에서 나타난다. 피콕(G. Peacock)은 수의 연산을 다루는 '산술적 대수학'과 구별되는 '상징적 대수학(symbolic algebra)'을 제안했다. 그것은 수와 무관하게 연산규칙이나 그 성질을 다루려는 첫 시도였는데, 이는 이후 대수적 구조를 연구하는 추상대수학의 탄생에 강한 촉발제가 되었다.

그래서인지 기존의 연산규칙에서 벗어나는 해밀턴의 연구는 '위기'로 간주되지 않았다. 그것은 새로운 창안으로 축복받으면서 태어났던 것이다. 그래도 그것이 새로운 기하학과 마찬가지로 대수학이 기존의 산술, 혹은 기존의 대수학에서 벗어나는 데 결정적인 역할을 했다는 것은 분명하다. 그 사원수가 벡터해석학이나 텐서해석학에 밀려 그다지 널리 이용되지 않았다는 사실은 이런 관점에서 보면 차라리 부차적이다.

이전의 개념 내부에서 온 것이든, 새로운 개념, 새 공리의 창안에서 온 것이든, 수학의 위기는 이처럼 새로운 수학적 사유를 촉발하고 자극함으로써 수학 전체의 혁신과 발전에 크게 기여했다. 물론 그것 역시 축적과 진화라는 도식과는 달리 상이한 수학적 태도, 서로 다른 수학자들의 갈등과 대립 속에서 만들어진 것이었다. 이제부터 보겠지만, 확실히 19세기 수학은 전체적으로 엄밀성과 안정성을 추구한다. 그러나 이러한 추구 속에서도 새로운 상상과 창안은 살아 움직이며 새로운 곳을 찾아 떠난다. 그 떠남이 아주 힘들고 고통스러운 것일지라도.

제7장

산수와 대수의 힘

수학의 천국으로 가는 길

1799년 가우스,「모든 1변수 유리정함수는 1차 또는 2차 인수로 분해될 수 있다는 것에 대한 새로운 증명」(박사학위 논문)

모든 변수 다항식에는 적어도 하나의 근이 존재한다는, 이른바 '대수학의 기본정리'를 증명했다.

1812년 코시,「대수적 해석학 강의」

해석학에서 엄밀함에 대해 강조하면서 많은 이들이 난감해하기 시작한 무한소 개념을 연속함수에 대한 대수적 정의로 대체하고 극한 개념을 도입했다. 해석학의 기초를 다지는 데 크게 기여했다.

1824년 아벨,「대수방정식에 대한 메모」

5차방정식에 대한 일반적 해법이 존재하지 않음을 증명했다.

1830~1832년 갈루아, 미출간 원고 및 친구 슈발리에에게 보낸 편지(유언장)

군의 개념을 도입했고, 이를 이용해 5차 이상의 방정식의 일반적 해법이 존재하지 않음을 증명했다. 이는 이후 군론(群論)을 필두로 하는 추상대수학의 모태가 되었다.

1879년 조르당,「치환 및 대수방정식에 관한 논고」

5차 이상 방정식의 일반적 해법이 존재하지 않음을 증명하며 등장한 치환 및 군 개념, 그리고 대칭성 개념을 이용하여 군론을 체계화했다.

1853년 해밀턴,「4원수 논고」

복소수를 2개의 실수의 순서쌍으로 정의하여 대수적 확장 가능성을 열었다. 3개로 된 수를 만들려다 실패하고, 1843년 4개로 된 수를 창안하여 10년 뒤 발표했다. 곱셈에 대해 교환법칙이 성립하지 않는 수가 처음 출현한 것이다. 이후 케일리가 창안한 행렬대수(1855)도 곱셈에 대해 교환법칙이 성립하지 않는 대수체계였다. 1873년 소푸스 리가 창안한 리 대수는 결합법칙이 성립하지 않는 대수체계였다.

1872년 클라인,「에를랑겐 대학 취임 강연」(에를랑겐 프로그램)

군론을 이용하여 유클리드기하학, 비유클리드기하학, 사영기하학 등을 정칙변환에 대한 불변성의 연구로 정의하여, 제각각의 진리로 발산하던 여러 기하학을 하나로 통합했다.

1861년경/1874년(출판) 바이어슈트라스,「강의 노트」

연속성과 미분가능성이 같지 않다는 점에 주목하여 모든 점에서 연속이지만 모든 점에서 미분 불가능한 함수에 대해 1861년부터 강의했고, 1872년 베를린아카데미에서 발표했다. 그의 노트를 1874년 폴 드 부아-레몽이 출판했다. 해석학의 증명을 산수화했다.

'끄달려선 안 된다'는 생각에 끄달리다

그날 나는 드디어 칼리가리(Caligari)의 예언서에 대해 알아낼 수 있었다. 피사 대학의 도서관을 몇 달째 뒤진 결과였다. 언제부터였는지도 어떤 책이었는지도 기억나지 않는다. 피하듯이 슬며시 내 눈앞을 스쳐간 몇 글자였다. 하지만 수학에 어울리지 않는 '예언서'라서 그랬을까? 아니면 '칼리가리'라는 이름이 특이해서였을까? 기이하게도 그것이 몇 번이고 다시 떠올랐다. 아마도 중세적인 신비주의자나 마술사 들의 장난이었으리라고 생각했는데도, 거듭 기억에 살아나는 것은 무엇 때문이었을까?

하지만 한참을 들여다보아도 세 개로 된 예언문의 내용을 도통 알 수가 없었다. 망설이던 끝에 스피리토 선생을 찾아갔다. 나의 스승인 그도 어떤 신비주의에 매혹되어 있었다. 그러나 방향은 많이 달랐다. 그는 마술이나 마술사, 연금술에는 아무런 관심도 없었다. 차라리 그의 신비주의는 동양적인 것이었다. 수학을 연구했지만, 수학에 머물지 않아야 한다고 말하곤 했다. 나로선 전혀 이해할 수 없는 소리였다. 내게 수학은 그저 수학일 뿐이었다.

그는 몇몇 제자를 앞혀놓고 걸핏하면 끌어다대는 중국의 선사(禪師) 이야기를 하고 있었다. 그날도 조주(趙州) 선사가 주인공이었다.

"조주 선사에게 한 스님이 물었다.

'무엇에도 끄달리지 않을 때는 어떻습니까?'

'응당 그래야 할 것이다.'

'그것이 바로 학인(學人)의 본분입니까?'

'끄달리는구나, 끄달려.'

여기서 이 스님은 학인이 세상일이나 그것이 주는 번뇌에 끄달리지 않아야 한다는 것을 잘 알고 있었다. 그러나 바로 그것이 사실은 '그래야 한다'는 어떤 생각에 끄달리고 있는 것일 수 있음을 조주는 보여주고 있다. 다시 말해 끄달려선 안 된다는 생각조차 일어나지 않을 때, 비로소 끄달리지 않을 수 있다는 것이다. 그렇다면 여기서 배워야 할 것은 '끄달림'에 대해서 아는 것과 끄달림은 전혀 다른 것이란 점이다. 논리적으로 끄달리지 않음에 이르는 것과, 실제로 끄달리지 않는 것은 전혀 다른 것이다. 수학이나 논리학에서 이를 잊어선 안 된다. 그것은 세상의 이치에 도달하는 길이지만, 그것에 머물고 집착하면 이치에 도달하지 못한다."

칼리가리의 세 예언

설강(設講)이 끝나는 데는 그리 오래 걸리지 않았다. 사람들이 물러간 이후 나는 그에게 내가 입수한 예언서의 내용을 간략히 설명해주었다. 그리고 예언서의 핵심을 이루는 세 개의 예언이 적힌 글을 보여주었다.

"첫 번째, 내가 너희에게 이르노니, 대지는 너무도 많은 구멍들, 너무도 작지만 너무도 많은 빈틈들로 가득하도다. 어느 날인가, 그 모든 구멍들에서 날카로운 칼들이 솟아오르리라. 이로써 아무도 편안히 설 곳이 없어지리니, 무릇 그것은 발 딛고 설 대지의 사라짐이라!"

"두 번째, 내가 너희에게 이르노니, 삐뚤어진 빛, 삐딱한 광선이 세상을 덮치리니, 온 세상이 삐뚤어진 선들로 가득 차고, 너희의 눈과 손마저 삐뚤어지리라. 더불어 진리를 말하는 입들은 늘어나지만, 그 모든 입들이 삐뚤어진 것이니, 무릇 그것은 진리의 사라짐이라!"

"세 번째, 내가 너희에게 이르노니, 감추어둔 모든 인간의 욕심보다 더 큰 거대한 수가, 마치 노아 시절의 거대한 홍수처럼 온 대지를 덮치리니, 인간이 만든 모든 것이 그 속에 잠기리라. 이로써 아비와 자식이 같아지고, 작은 것이나 큰 것이 다 같아지리니, 무릇 그것은 모든 분별의 사라짐이라!"

하지만 그는 이 글들에 그다지 놀라지도 않았고, 별다른 관심도 없는 것 같았다. 마치 잘 알고 있던 것이라도 되는 양 말이다. 그리고 그는 무얼 원하느냐는 듯이 나를 쳐다보았다. 나는 이 예언들이 무엇을 뜻하는지, 이 문장들의 수학적 의미는 무엇인지 여쭈었다. 노스승은 멀건 웃음을 띠면서 대답 대신 또다시 중국 선사의 이야기를 끄집어냈다.

"내가 좋아하는 조주 스님의 스승이 남전(南泉) 스님이지. 어느 날 그분이 보니 제자들이 동서로 나뉘어 고양이를 놓고 다투고 있었어. 그걸 보고 남전이 가서는 고양이를 잡아 들고는 말했네. '말해보라. 제대로 말하면 살릴 것이고, 그렇지 못하면 죽이겠다.' 그러나 제자들은 아무도 제대로 대답을 하지 못했어. 그래서 남전 스님은 고양이를 그 자리에서 죽여버렸다네. 저녁에 조주가 돌아온 후, 남전은 이 일을 그에게 말해주었지. 그랬더니 조주는 짚신을 벗어 머리에 이고 나가버렸다네. 그걸 보고 남전이 말했어. '네가 있었더라면 고양이는 목숨을 구할 수 있었을 것을……' 어떤가? 살생을 금하는 불가의 선승이 고양이를 죽인 이유가 무엇인지 알겠나? 또 그 이야기를 듣고 조주가 짚신을 이고 밖으로 나간 뜻을 알 수 있겠나?"

"선생님, 아시다시피 저는 그런 선문답에는 별로 관심이 없습니다. 제가 여쭈었던 건 저 예언이 무얼 뜻하는지 하는 건데요."

"다 물었으면 이만 물러가게."

'존재한다'는 것만으로도 충분한가?

그로부터 한 달가량 지나서였을까. 독일에서 수학을 공부하는 친구가 휴가를 보내려고 돌아왔다. 지금 유럽의 수학은 어차피 프랑스와 독일이 끌어가고 있으니, 친구한테서 어떤 단서를 찾을 수 있을지도 몰랐다. 하지만 예언서 이야기는 신중하기로 했다. 일전에 스피리토 선생에게 당한 이후 나는 누군가로부터 답을 찾는 것을 포기했다. 그건 바보짓일 뿐이었다. 그러나 그를 만나면 무언가 새로운 것을 얻을 수 있을 듯했다.

그는 괴팅겐 대학에서 공부하고 있다고 했다. 처음엔 베를린에 갔지만, 가우스의 명성이 독일 전역에 알려지면서 그에게 배우러 갔다고 했다. 만나자마자 그는 자기 선생 자랑을 늘어놓았다. 그의 어조에서 비어져 나오는 허세의 느낌이 거슬렸지만, 유럽 수학의 새로운 방향을 감지할 수는 있었다.

"우리 선생님은 어려서부터 신동으로 유명했지만, 세상에 이름을 알리기 시작한 것은 원을 17등분해서 정17각형을 작도하는 법을 발표하면서부터라고 하네. 하지만 그의 수학이 가진 독특한 개성은 지금은 '대수학의 기본정리'라고 부르는 것을 증명한 박사학위 논문(1799)부터라고 할 수 있을 거야. 대수학의 기본정리란 '모든 대수방정식은 적어도 하나의 근을 갖는다'라는 정리인데, 좀 더 나아가서 말하면 '모든 n차 대수방정식은 n개의 근을 갖는다'라는 명제를 포함하고 있지. 예를 들면 2차 방정식은 2개의 근을, 3차 방정식은 3개의 근, 10차 방정식은 10개의 근을 갖는다는 거야."

"기본, 근본을 추구하시는 분이구먼. 말하자면 수학에서 일종의 근본주의를 설교하시는 루터파 목사라도 되는가?"

"어, 그렇게 놀리듯 말할 게 아니야. 그건 지금, 그리고 내가 보기엔 향후 유럽 수학의 커다란 방향이 될 거라고. 좀 더 말해보지. 그 논문에서 정말 중요한 건 그 논문이 두 가지 점에서 이전의 수학과 크게 다른 면모를 보여주었다는 거야. 하나는 제목처럼 어떤 것이 '존재한다'는 사실의 증명, 어렵게 말하면 '존재성의 증명'에 처음으로 본격적인 관심을 보여주었다는 거지. 즉, 어떤 방정식의 근이 얼마인지를 찾는 게 아니라, 일반적인 형태로 근이 존재하는지를 증명한다는 것이 중요한 주제가 된 것인데, 이는 아마도 이후 수학의 영역에서 매우 중요한 주제가 될 거야."

"그런 건 이전에도 있지 않았나? 가령 페르마의 정리는 그 방정식을 만족시키는 정수근이 있는지 없는지를 증명하라는 게 아닌가?"

"그래, 이전에도 페르마의 정리처럼 어떤 방정식을 만족시키는 정수근이 존재하는지 아닌지를 문제로 한 경우가 있었지. 그러나 그것은 사실상 '어떤' 방정식을 만족시키는 근이 있는가 없는가를 찾아내는 것이었을 뿐이야. 그런데 가우스의 이 논문 이후에는 '일반적인 방정식의 근이 존재하는지, 미분계수가 존재하는지, 최소(最小) 상한(上限)이 존재하는지' 등처럼, '존재하는지'를 일반적으로 다루는 문제가 중요하게 되지."

"답이 무언지, 어떻게 구할 수 있는지와 상관없이 그저 존재하는지를 문제로 삼는다는 말 아닌가? 대체 왜 그런 식의 질문을 하는 거지? 구할 수 없는 답이 대체 무슨 의미가 있는 거야?"

"이는 그저 형식적인 계산을 해서 새로운 관계식이나 답을 마구잡이로 만들어내던 이전 수학에 대한 일종의 반성인 셈이지. 자네도 알겠지만 가령 답이 0도 되고, 1도 되고, $\frac{1}{2}$도 되는 무한급수는 수학적으로 무의미한 거고, 그 급수의 값(답)은 존재하지 않는 것이라고 해야 한다는 걸세. 이상한 답을 만들어내는 무한급수처럼, 모순을 담고 있는 것은 수학적으로 용인될 수 없는 거 아니겠나? 그렇다면 그처럼 모순된 관계식이나 답은 수학적으로 존재한다고 말해선 안 된다는 거야. 반대로 수학적으로 어떤 근이나 식이 존재한다는 것은 모순이 없어야 한다는 걸 뜻한다는 거야. 이는 가우스만이 아니라 적어도 19세기 이후 대부분 수학자들의 태도라고 해도 좋을 걸세. 이 점에서 가우스 논문의 주제는 19세기 수학의 전반적인 방향을 보여주는 지표가 된 셈이지."

"존재한다는 건 모순 없이 존재하는 것만을 뜻한다? 새로운 존재론을 발명했군."

"또 하나 가우스가 보여준 새로운 면모는 그가 증명 방법에서 보여준 논리적인 엄밀성과 엄격성이야. 무분별한 무한급수 연구가 보여주듯이, 엄밀성이 없는 형식적 계산과 엄밀하지 않은 증명은 수학 내부에 모순과 역설을 끌어들이는 통로가 된다네. 가우스의 그 논문은 이를 깨뜨려 모순을 일으키지 않는 새로운 엄밀성의 기준과 모범을 제시했다고 할 수 있지. 그는 자신의 논문에서 증명하려 했던 정리를 이후 여러 번에 걸쳐 더욱 엄밀하게 다듬었는데, 바로 이런 태도가 수학적 엄밀성에 대한 현대적 기준을 마련한 것이라는 데는 이론(異論)의 여지가 없다네. 이것도 그 논문을

19세기 수학의 방향을 보여준 이정표로 보는 데 충분한 또 하나의 이유라네. 그리고 2년 뒤에 라이프치히에서 출판한 『정수론 연구』로 그의 명성은 단숨에 유럽 최고의 높이로 올라갔지. '합동식'이라고 불리는 새로운 방법으로 정수(整數) 안에 존재하는 수학적 질서에 대해 아름답고 치밀한 연구를 보여주었다네. 이 책 역시 19세기 이후 수학에서 엄밀성의 새로운 기준을 확립하는 데 큰 역할을 했다고 말할 수 있어."

수학적 수수께끼의 단서들

오랫동안 예언서를 붙들고 씨름하던 끝에 나는 몇 가지 추측을 할 수 있었다. 첫째 예언의 '너무나 작지만 너무나 많은 구멍'이니 '빈틈'이니 하는 말은 아마도 무한소 개념과 관련된 것이리라고 생각했다. '너무나 작은'이라는 말이 '더할 수 없이 작은', '무한히 작은'이라는 말과 비슷했기 때문이다. 하지만 그것을 왜 '구멍'이나 '빈틈'이라고 했을까? 혹시 조밀한 유리수의 사이사이에 무리수가 끼어 있다는 것, 그래서 유리수는 연속이 아니라는 것과 무슨 관련이 있는 건 아닐까? 빈틈은 무리수를 뜻하는 것일까? 그런데 그게 무한소와 무슨 상관이란 말인가?

둘째 예언은 삐뚤어진 광선이니 선이니 하는 말로 보아 기하학과 관련된 것처럼 보인다. 그러나 삐뚤어진 빛으로 가득 차라는 말은 아직도 무슨 말인지 잘 모르겠다. 셋째 예언은 거대한 수에 관한 것인데, 수학에서 거대한 수라면 무한대를 뜻하는 것일 게다. 그러나 그 뒤에 오는 말들을 전혀 이해할 수 없었다. 더구나 무한소야 미적분학의 기초 개념으로 사용되었고, 무한대는 적분할 때 무한소 크기를 갖는 도형을 무한히 많이 더할 때 나타나긴 하지만, 무한소처럼 특별히 개념으로 사용하는 경우는 없지 않은가? 무한급수가 여러 개의 다른 답을 가져서 문제가 되는 경우가 있긴 했다. 그러나 큰 수와 작은 수, 아비와 자식이 같아진다는 말은 어떻게 해도 그것과 연결되지 않았다.

여하튼 나는 이 세 개의 예언이, 더구나 그 묵시록과 같은 어조로 보건대, 수학에서 어떤 위기가 닥치리라는 것을 예언하고 있음을 확신할 수 있었다. 그렇다면 수학에서 나타나고 있는 위기의 징후를 찾아본다면, 그것을 무한소, 기하학, 무한대와 관련해 추적한다면 예언의 수수께끼를 풀 수 있지 않을까?

가우스가 준 뜻밖의 선물

두 달 뒤 나는 독일로 갔다. 가우스를 만나러. 그를 만난다면 수학의 위기에 대해 좀 더 명확히 알 수 있을 것 같았다. 전에 만난 친구 말을 보건대, 엄밀성에 대해 그토록 집착한다는 것은, 무언가 그렇지 않으면 수학이 크게 흔들리지 않을까 하는 우려를 하고 있다는 말이고, 이는 어떤 위기를 예감하고 있다는 뜻이기 때문이다. 그 친구 덕분에 다행히 쉽게 가우스를 만날 수 있었다. 그는 점잖지만 무척이나 까다로운 느낌을 주는 사람이었다. 그래서 나는 수학의 위기라는 게 어떤 것인지만 간단히 물었다.

"글쎄요. '위기'라는 말이 엄밀하게 무엇을 뜻하는지는 모르겠군요. 하지만 지금 수학자들이 발 딛고 있는 지반이 그리 튼튼하지 않다는 건 분명합니다. 그게 무엇 때문인지 한마디로 말할 수는 없습니다. 아마도 일차적으로는, 많은 사람이 지적하듯이 '무한소' 개념과 관련된 것이겠지요. 해석학에서 사용되는 무한소라는 개념 말입니다. 무한급수 이론이 어이없는 역설들을 만들어냈다는 건 잘 아시지요? 저는 종종 '무한'이라는 말에서 거대한 공포를 느낍니다."

"그래도 최근에 프랑스의 수학자 코시가 극한과 수렴이라는 개념을 통해 무한소 계산을 해석학에서 없애버리지 않았습니까?"

"물론 코시가 무한급수가 타당하게 되는 조건을 제한하고, 해석학에서 무한소 개념을 몰아내는 데 큰 진전을 이루었음은 분명합니다. 그러나 그것으로 만족하기는 어렵습니다. '어디에 한없이 가까이 간다'는 식으로 정의되는 '극한' 개념은 무한소 개념에서 충분히 벗어나 있다고 말하기 힘들기 때문이에요."

확실히 첫째 예언은 무한소 개념과 관련된 것이라는 확신이 더욱 강해졌다. 나는 작은 구멍들에서 날카로운 칼들이 솟아나리라는 말이 무언지 알려고 좀 더 물었으나, 별로 신통한 대답을 듣지 못했다. 그가 너무 신중해서일까? 그래서 나는 기하학에 관한 예언과 연관된 이야기를 끄집어내려고 기하학 이야기로 넘어갔다.

"그럼 혹시 기하학의 경우는 어떻습니까? 많은 사람이 평행선 공리가 모호하다며 정리로 증명하려 애쓰고 있다고 하더군요."

"그건 증명할 수 없어요. 증명했다고 생각한 사람들은 대부분 평행선 공리와 동치인 다른 공리를 암묵적으로 가정하고 있었던 거예요. 저와 자주 충돌해서 말하긴 뭣하지만 르장드르(A. M. Legendre)의 『기하학 원리』 역시 이 점에서는 마찬가지예요. 증명하려는 시도가 계속 실패하니까 저는 한때 이런 생각을 해보기도 했어요. 오히려 그 공리를 다른 공리로 대체한다면 어떨까? 그건 유클리드기하학과 다른 종류의 새로운 기하학을 만들어내요."

"예? 새로운 기하학이요? 그건 어떤 거죠?"

"한 점을 지나면서 한 직선에 평행한 선이 오직 하나라는 게 유클리드 기하학의 공리인데, 그걸 무수히 많다고 바꿔버리는 거예요. 하지만 나는 벌여놓은 일이 많아서 그냥 메모로 남겨두었는데, 나중에 헝가리 친구 볼프강 보여이의 아들 야노스 군이 그런 내용을 편지로 적어 보냈더군요. 그에 대해선 저도 이미 오래전에 검토해보고 접어둔 터라, 좀 썰렁하게 답을 했던 셈인데, 후일 자기 부친의 책에 부록으로 달아 출판했다고 하더군요."

"선생님은 그에 대해 그다지 관심이 없으신 듯하군요?"

"재미있는 기하학이 만들어지긴 하지만, 그만큼 논란이 많을 위험한 상상이지요. 게다가 난감한 문제를 일으킬 수 있어요. 저는 그런 소란을 일으킬 그런 인물이 아닙니다. 하긴 이미 러시아의 로바체프스키가 이미 그것을 다룬 논문을 발표했으니 피할 수 없는 사태가 되고 말았지만……."

"난감한 문제라면 어떤……?"

"지금까지 유클리드기하학은 수학적 진리의 모델이었어요. 누구도 그것의 진리됨을 의심하지 않았지요. 그러나 그것과 전혀 다른 기하학이 동시에 성립하게 된다면, 이젠 그 자리를 내놓아야 해요. 그렇게 되면 유클리드기하학은 진리인지, 아니면 둘 다 진리인지, 혹은 둘 다 진리가 아닌지 하는 문제가 생겨난다는 거예요."

갑자기 그의 말이 귀에 들리지 않았다. 그래, 바로 이 문제가 둘째 예언에 관한 것이었다. 그것은 기하학에서 발생할 위기에 대해 예언하고 있었다. '진리를 말하는 입들은 늘어나지만, 그 모든 입들이 삐뚤어진 것이니, 무릇 그것은 진리의 사라짐이라!'라는 둘째 예언이 떠올랐다. 하지만 삐뚤어진 선, 삐뚤어진 광선은 무얼까? 나는 과감하게 직설적인 질문을 던져보기로 했다.

"혹시 그 기하학에서는 선들이 많은 경우 휘어지기도 하나요?"

"그렇소. 그건 곧은 공간이 아니라 휘어진 공간을 가정하는 것이기에, 거기서는 모든 직선이 유클리드식의 관점에서 보면 휘어져 나타나지요. 그래서 직선이란 말 대신 '측지선'이라는 개념을 사용하지요."

"그 측지선이 혹시 광선과 무슨 관련이 있습니까?"

"당신도 그런 기하학에 대해 감각이 좀 있는 거 같구먼. 그래, 당신 말대로 측지선이란 빛이 이동하는 경로를 뜻하기도 하지. 빛은 어디든 최단시간에 이동하기 때문에, 빛이 이동하는 경로가 바로 직선과 비슷한 측지선이 되는 거요."

나는 어이없는 이 소득에 미칠 것 같았다. 크게 웃음이라도 터뜨리고 싶었다. 둘째 예언의 수수께끼가 완전히 풀린 것이다. 그러나 이미 경계의 눈초리마저 보이고 있는 저 완고하고 신중한 사람 앞에서 그건 어떻게든 눌러 참아야 했다. 표정을 관리하고자 했지만, 그게 어디 쉬운 일이던가.

"갑자기 무슨 좋은 일이라도 있소? 측지선이 빛의 경로라는 게 무슨 특허거리 발명의 재료라도 되는가?"

"아, 아닙니다. 저는 그저, 빛이 휘어진다는 말이 신기해서요."

마지막으로 셋째 예언에 대해, 거대한 수에 대해 질문했지만, 그것에 대해서는 아무것도 모르는 듯했다. 그것으로 충분했다. 독일까지 먼 길을 온 것이 충분히 가치 있었다. 가우스의 선물, 그래, 나는 이 인색하고 신중한 사람에게서 뜻밖의 선물을 하나 받은 셈이다.

기하학의 기초, 기하학의 분열

그 뒤에도 나는 이 흥미로운 수수께끼를 풀기 위해 많은 곳을 헤맸고, 많은 사람을 만났다. 그것은 유럽 수학의 전반적인 방향과 내용을 아는 데 큰 도움이 되었다. 그러나 그 수수께끼 같은 예언에 대해서는 더 이상 아무런 진전도 없었다.

그로부터 몇 년 후 나는 괴팅겐 대학에서 수학 공부를 하고 있는 친구와 다시 만났다. 오랜만에 고향에 돌아온 그는 일전에 내가 찾아갔기 때문인지 내게 좀 더 적극적인 관심을 보였다. 그와 나는 기하학에서 발생하고 있는 새로운 조류에 대해 토론했다. 로바체프스키의 기하학은 이미 1840년에 독일어로 출판되었기에 나도 어느 정도 공부를 해둔 바 있었다. 사실 둘째 예언의 의미는 가우스와의 만남에서 충분히 해명되었지만, 나는 그것이 수학의 커다란 위기라는 것조차 잊어버린 듯이 거기에 머물고 있었다. 하긴 내가 그것을 극복할 능력이 있으리라고는 나 스스로도 믿지 않았다고 해야 정직하겠지만 말이다. 그 친구도 새로운 기하학이 흥미롭다고 하긴 했지만, 그것이 위기라는 점을 심각하게 받아들이지는 않고 있는 듯했다. 칼리가리 박사의 예언은 마술사의 연기처럼 위기를 꾸민 과장이었을까?

그래서일까? 친구는 그날 괴팅겐 대학에서 자신이 들었던 리만의 강사

취임 강연이 기념비적이니 어쩌니 하면서 떠들었지만, 문제가 이미 풀린 뒤라서 그랬는지 예전 같은 강한 관심을 끌진 못했다. 나는 별로 대꾸하지 않고 그냥 그가 말하는 대로 두었다.

"그 강연의 제목은 '기하학의 기초를 이루는 가설에 관하여'였다네. 제목부터 심상치 않았지. '기하학의 기초를 이루는 가설'이라니 말이야. 예전에는 자명한 공리라고 했던 것을 이젠 가설의 일종으로 다루고 있는 것일세. 로바체프스키가 했던 일의 의미가 이로써 분명해지는 느낌이었지. 그는 모든 평행선이 두 점에서 만난다는, 다시 말해 이전에 사용하던 의미에서 평행선은 없다는 가정을 공리로 끌어들였지. 그뿐만 아니라 모든 직선은 한없이 연장할 수 있다는 공리마저 부정했다네. 즉, 직선은 끝이 없는 것이지만, 그것이 무한한 것은 아니라는 것일세. 예를 들면 지구상의 적도나 경선은 끝이 없지만 유한하다는 것과 같은 거지. 지구와 같은 구의 표면에 그려지는 직선은 사실 그런 거대한 원의 일부일 뿐이야.

리만은 거기서도 더 나아갔다네. 그는 구처럼 곡률이 일정한 공간이 아니라 곡률이 국지적으로 달라지는 임의의 공간에 대해서도 적용할 수 있는 기하학을 제시하고 있었다네. 이는 가우스의 곡률이론을 미분 개념을 이용해 더욱더 멀리 밀고 나간 것이었는데, 이것이 장차 미칠 파장은 기하학은 물론 공간에 대한 개념마저 완전히 뒤흔들어놓을 것처럼 보여."

하지만 당시 내가 전혀 감지하지 못한 것이 하나 있었다. 그건 리만의 강연으로, 아니 적어도 그것이 그의 사후에 출판되면서 기하학의 분열이 명백하게 되었고, 그 분열은 가속화될 전망이었으며, 이로써 수학적 진리가 피할 수 없는 위기에 봉착하게 되리라는 사실이었다. 그의 논문이 출판된 후에도 나는 그보다는 로바체프스키의 기하학을, 곡률이 음(陰)인 의구

수학의 모험

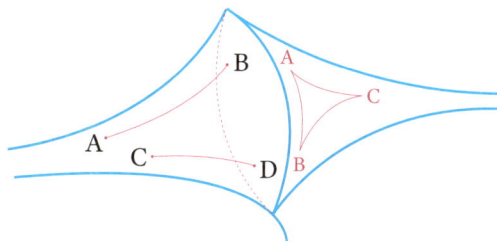

[그림 7.1] 벨트라미의 의구와 의구상의 직선, 도형

(擬球)를 통해 가시적으로 보여준 벨트라미(E. Beltrami)의 논문「비유클리드기하학 해석 시론」(1868)에 더 관심이 있었다.

  리만의 논문으로 기하학의 분열을 치유하고 기하학에서 수학적 진리를 구해야 하는 문제가 중요하게 떠올랐다. 그러한 관심들은 나에게도 어떤 식으로든 전해졌다. 그래, 이젠 해결책을 찾아볼까? 아니야, 첫째 예언의 구체적인 뜻도 아직 모르고, 셋째 예언에 대해서는 전혀 소식이 감감하잖아. 그게 먼저 아닐까?

  그러나 이런 생각에도 현실적인 힘은 결여되어 있었다. 다만 과거의 어떤 기억들이 그저 멀뚱하게 교차하는 것일 뿐이었다. 왜 그랬을까? 애초의 관심과 열정마저 모두 어디로 빠져나간 것일까? 그건 이미 20년이 다 되도록 해결하지 못한 데서 오는 무력감 때문이었을까? 아니면 그나마 간신히 '풀었다!' 싶은 게 이미 충분히 가시화되었지만, 예언서의 말처럼 '위기'로 느끼는 이들이 별로 없다는 사실에서 오는 실망감 때문이었을까?

  갑자기 작년에 작고하신 스피리토 선생이 떠올랐다. 그는 수학이나 논리학을 신(神)에 도달하는 통로라고, 아니 중국식으로 말해 도(道)에 이르는 길이라고 했다. 그것은 통로여서 없어선 안 되지만, 또한 통로일 뿐이기에 거기에 매달리거나 머물러선 안 된다는 게 그의 독특한 생각이었다. 도에 이르는 길, 그건 뭔가 혼동되어 있는 말들 같았다. 수학을 통해 도에 이른다는 말은 중국인들이 들어도 이상할 것 같았다. 그런데 이처럼 수학이나 자신의 삶의 문제와 결부되어 나타나면 어김없이 스피리토 선생이 떠오른다. 그게 그가 말하려던 거였을까? 대체 뭘 말하려 했던 거지? 아니면 야단이라도 치려고? 하지만 내가 떠올리는 것인걸.

마술사 칼리하리를 만나다

무기력증 때문인지 허탈감 때문인지, 뭔가 빠져나간 듯한 일종의 슬럼프를 벗어나기 위해 여행을 떠나기로 했다. 잊었나 싶어 다시 예언서를 보았다. 한 번 보는 것으로 족했다. 노래처럼 춤추며 글자들이 되살아났다. 다시 독일로 갔다. 이번에는 수학자나 과학자가 아니라 숨어 살면서 간신히 명맥을 유지하고 있는 연금술사나 마술사 같은 신비주의자들을 찾아보기로 했다. 과학자나 수학자는 그동안 가우스가 제공한 것 말고는 별다른 도움이 되지 않았기 때문이다.

이곳저곳을 떠돌다가 '칼리하리(Calihari)'라는 마술사를 만난 것은 독일의 오래된 도시 하이델베르크의 시장에서였다. 그는 시장 한구석에 판을 벌여 사람을 모아놓고는 마술을 보여주고 있었다. 투명한 용액에 액체 몇 방울이 떨어진다. 아무런 변화가 없다. 그러다 어느 순간 갑자기 용액 전체가 화려한 보랏빛으로 변해버린다. 아이들은 신기해서 환성을 질렀고, 둘러선 사람들은 박수를 쳤다. 정말 연금술사였던 것이다. 그리고 사람들이 그를 칼리하리라고 부르는 것을 들었을 때, 내 정신이 온통 그리로 쏠리는 것을 느꼈다. 예언자 칼리가리와 너무 비슷한 이름이었기 때문이다.

해가 저물고 장이 끝나길 기다렸다가 짐을 싸기 시작하는 그에게 슬며시 물었다.

"혹시 칼리가리라는 분을 아십니까?"

나를 쳐다보는 그의 눈빛에는 호기심과 경계심이 반쯤씩 섞여 있었다. 이럴 때는 솔직한 게 낫다는 걸 나는 경험으로 알고 있었다. 다시 물었.

"저는 칼리가리 박사를 아시는 분을 찾아다니고 있습니다. 이름이 아주 비슷해서 혹시나 하고 물어본 겁니다."

"왜 그를 찾지요?"

"그가 남긴 예언의 수수께끼를 풀려고 오랜 세월을 이리 돌아다녔습니다. 혹시 아신다면 한 수 배우고 싶습니다."

그는 아무 말 없이 계속해서 짐을 쌌다. 나는 그의 집으로 쫓아갔다. 부정하거나 거부하는 눈치는 아니었기 때문이다. 아니나 다를까, 그의 집은 잘 수 있는 침대 하나를 제외하곤 이상한 실험기구들로 가득했다. 뭔지 이름도 모르는 음식을 저녁으로 얻어먹고, 세 예언에 대해 이야기했다. 내가 해명한 부분까지도. 사실 그거야 이미 현실이 되어 굳이 비밀로 삼을 것도 없었기 때문이다. 그는 무겁게 입을 열었다.

"맞소. 나는 칼리가리 박사의 맥을 잇고 있는 사람이오. 내 스승 칼리다리는 칼리가리 박사의 수제자였던 칼리나리 박사의 수제자였지. 그러니 나는 칼리가리의 증손자뻘이 되는 셈이오. 나도 그 예언서를 알고 있다오. 그 예언서뿐인가, 칼리가리 박사는 아마 지난 세기가 시작된 이래 최대의 마술사이며 최고의 학자라오. 다만 과학만이 살 길이라며 그와 다른 지식이나 생각을 내치고, 마녀 사냥을 반복하며 마술사들을 핍박하는 세상을 떠나 은거한 채 그는 오직 마술의 세계에 전념했지. 덕분에 대부분의 사람들 뇌리에서 잊혔지만, 그것 역시 그가 짐작하던 바였고, 또한 그가 바라는 것이기도 했지. 다만 노파심에서 얼치기 학자들의 쓸데없는 집착이 야기할 여러 가지 화에 대해 예언서를 만들어두었는데, 그중 수학에 관한 예언서가 바로 당신이 보았다는 그 문서일 거요."

"또 다른 예언서들이 있다는 건가요?"

"그렇소. 예를 들면 세계는 세 개로 분열될 것이라며, 어디나 혼돈이 지배하게 되리라는 예언도 있었고, 인간이 기계가 되고 기계 또한 인간이 되리니, 기계가 인간을 대신하는 만큼 인간이 기계를 대신하리라는 예언도 있었소. 하지만 그게 무엇을 뜻하는지는 전혀 짐작도 못 하고 있지요."

"그럼 혹시 수학에 관한 세 예언에 관해서는 아시는 게 없습니까?"

"사실 나는 그 예언서들에 별로 관심이 없다오. 그건 마술을 짓밟고, 마술적인 상상력에 저주를 퍼부어 성공한 근대 과학의 운명일 뿐이니까. 차라리 그게 빨리 온다면 짓밟히고 억눌려 급속히 소실되어 가는 마술적 상상의 세계가 되살아날지도 모르는 일이지."

"그럼 예언서에 기록된 문장의 의미라도 혹시 알고 계신다면……?"

"그건 관심 있는 사람이 스스로 찾아 해결해야 의미가 있는 거요. 당신도 아마 그걸 알아내려고 다니면서 수학 공부 좀 하게 되지 않았던가?"

"20년 동안 아무 진전 없이 그걸 계속했다고 생각해봐요."

"나라고 뭐 특별한 게 있겠소? 예언에 대해서야 알지만, 누가 그걸 내게 가르쳐준 것도 아니고, 내가 관심을 갖고 찾아다닌 것도 아니고. 다만

제7장. 산수와 대수의 힘

단서라면, 예전에 스승인 칼리다리 선생과 프랑스를 여행할 때, 아미앵(Amien) 대성당 앞에서 성당의 서쪽 정면을 한동안 쳐다보시더니, 저게 바로 수학의 첫째 예언과 관련된 것이라는 말씀을 지나가듯이 하셨다는 거지."

"아미앵 대성당이라……."

나도 전에 그 성당의 모습을 본 적이 있었다. 프랑스를 떠올 때, 가장 인상적인 것 가운데 하나가 파리와 아미앵, 루앙, 샤르트르 등지에 있는 고딕 양식의 대성당들이었다. 하지만 그게 무한소나 해석학과 무슨 상관이

[그림 7.2] 아미앵 대성당 파사드

있는 걸까? 셋째 예언에 대해서도 다시 물었다. 잘 모른다면서 빼던 그는 '수의 수'에 대한 거라는 칼리다리의 이야기를 못 이기듯 던져주었다. '수의 수'라, 이건 또 무슨 소리일까? 그러나 그는 더는 모른다며 입을 꾹 닫아버렸다.

메피스토 왈츠

새로운 단서가 생기고 마음을 당기는 뭔가가 슬쩍 드러난 듯했다. 그러자 내 신체 속에는 새로운 힘과 의지가 약동하기 시작했다. 며칠을 달라붙어 칼리하리를 졸랐다. 하지만 그는 정말 모른다면서 대신 자신의 친구 한 사람을 소개해주었다. 그는 라이프치히에서 약품 장사를 하고 있었다. 칼리하리와 달리 그는 매우 소탈하고 명랑했다. 내 이야기를 하니까 자신은 그런 건 별 관심이 없어서 잘 모른다며 말을 돌렸다. 이거야 예상했던 수순 아닌가. 집요하게 물고 늘어지자 그는 귀찮다는 듯이 말했다.

"그건 메피스토에게나 물어보시구려. 나는 그런 거 손 놓은 지 오래라 잘 몰라."

"메피스토요? 아니 그건 전설이나 소설 속에 나오는 악마 아니오?"

"왜 아니겠소. 캘큘러스 박사의 전설도 모르시우? 미적분법을 최초로 메피스토에게서 배웠지만, 무한소 개념의 난점 때문에 포기했다는 그 전설 말이우."

"그거야 소설 같은 이야기지, 그게 어디……."

"원하신다면 내 만나게 해드리리다. 그러나 알다시피 약간의 대가는 필요해요. 보통은 영혼을 달라고 하더군."

"그거야 죽은 뒤 이야기인데, 살아 있는 나와 무슨 상관이 있겠소. 그가 예언의 수수께끼를 모두 가르쳐주고 그 해법까지 일러준다면, 기꺼이 그러리다."

"그래요? 너무 쉽게 말하는 게 약간 걸리는구먼……. 알았소, 이건 당신 일이니 잘 알아서 하시우."

그리고 그는 문 두 개 너머의 방으로 들어갔다. 잠시 후 문이 열리고 그가 검은 망토를 걸치고, 얼굴에는 허옇게 분칠을 한 사나이와 함께 초연히 나타났다.

"그래, 나를 찾는 게 저 사람인가?"

"그렇다우. 칼리가리의 예언에 끌려다니는 아마추어 수학자이시네."

왠지 기분이 나빠졌다. 들은 이야기 때문이려니 싶었다. 그리고 물었다. 하지만 긴장해서인지, 아니면 무의식적인 두려움 때문이었는지 약간 과장된 표현이 튀어나오고 말았다. 상대방이 알아챘을까?

"당신이 악마든 악당이든 나는 별로 상관없소. 나는 칼리가리 박사의 예언을 알고 싶고, 그것을 넘을 방도에 대해 알고 싶소. 그것만 알려준다면, 사후의 영혼이야 당신이 가져가도 상관하지 않겠소."

"호오, 진리를 위해 영혼을 바치시겠다? 용기 있는 분이시군. 그래, 좋아, 내가 좋아하는 스타일이야. 무언가에 자신을 걸 줄 아는 사람 말이야. 나는 그 용기에 대한 대가를 당신이 현실적으로 받을 수 있도록 해줄 용의가 있지. 그거야 뒷일이니 접어두고 먼저 당신이 바라는 것부터 말해주지. 단, 발생하지 않은 사실에 관한 한, 모든 것을 자세히 알지는 못해. 누구도. 아는 것을 최대한 이용할 수 있길 바랄 뿐이야."

"좋아요. 먼저 세 예언의 의미를 알려주시오."

"첫째 예언은 무한소 개념에 관한 거란 걸 아시겠지? 그걸 넘으려는 시도들이 있었지. 특히 프랑스인 달랑베르와 코시는 여기에 큰 기여를 했어. 그러나 코시의 방법조차 '어디에 한없이 가까이 간다'는 식의 개념에서 벗어나지 못하고 있어. 뾰족한 점을 갖는 그래프는 그 뾰족한 점에서 미분 불가능하다는 건 잘 아시지? 그런데 만약 모든 점에서 연속이지만 모든 점에서 미분 불가능한 함수가 있다면 어떨까? 그럼 뾰족하게 날선 곡선이 모든 점들을 가득 채우고 있는 그런 함수라면 말이야. 좌 미분계수가 얼마인지, 우 미분계수가 얼마인지, 어떤 점에서도 알 수 없는 그런 곡선 말이야. 기억하시는가? 너무나 작지만 너무도 많은 그 모든 구멍들에서 날카로운 칼들이 솟아오르리라는 말이."

나는 강한 전율에 사로잡혔다. 피부의 모든 모공에서 살이 솟아나는 듯

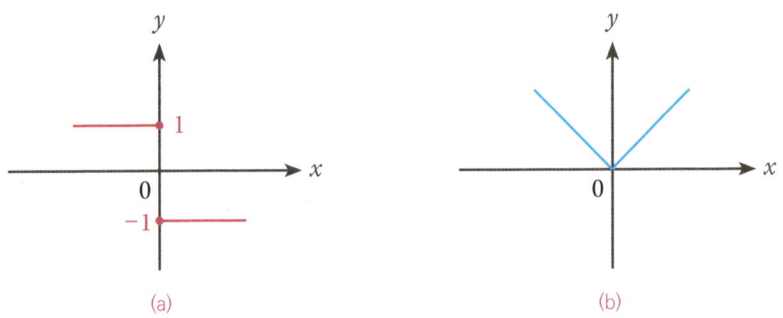

[그림 7.3] 불연속 함수, 미분 불가능한 함수의 그래프

(a)는 $x=0$에서 그래프가 끊어졌다. 즉 그 점에서 불연속이다. 불연속인 그 점에서는 미분계수가 정의되지 않는다. (b)는 $x=0$에서 연속이지만, x가 왼쪽에서 접근할 때 미분계수(접선의 기울기)는 -1이지만, 오른쪽에서 접근할 때 미분계수는 1이다. 이처럼 미분계수가 하나로 일치하지 않을 때, 미분 불가능이라고 한다. 즉 미분계수가 '존재하지' 않는다는 것이다.

한 전율. 그거였구나! 그걸 찾아낸다면 기존의 해석학을 완전히 위기로 몰아넣을 수 있다는 말인데, 그러나 그런 함수가 대체 어디 있단 말인가? 하지만 메피스토는 그건 직접 찾아야 한다고 말했다. 둘째 예언에 관한 건 내가 아는 것과 다르지 않았다.

"셋째 예언은 아직 있지도 않은 일이고 있지도 않은 수학에 관한 것이라, 나도 아직은 정확하게 말할 수 없고 당신도 알아듣지 못할 거야. 하지만 대략이나마 말할 수 있는 건, 그게 수의 수를 세는 문제와 관련된 거라는 거야."

"그 소리는 칼리하리에게서 들었소. 하지만 수의 수를 센다는 게 대체 뭐요?"

"예를 들어 자연수의 수와 정수의 수 가운데 어떤 게 더 많을까? 자연수와 유리수는?"

"그거야 당연히 자연수보단 정수가 많고, 정수보단 유리수가 많지."

"글쎄. 자연수와 짝수는 어떨까? 자연수를 n이라고 표시하면, 짝수를 $2n$이라고 표시할 수 있지. 그러면 자연수 하나에 모든 짝수가 하나씩 대응하지. 그럼 자연수와 짝수는 수가 같다고 해야 하지 않을까?"

"그건 궤변이야. 자연수는 짝수와 홀수의 합이니 당연히 자연수의 수가 더 많지."

"무한대에 2를 곱하면 무한대의 2배가 되나?"

거기서 나는 당황했다. 무한대에 2를 곱해도 무한대는 마찬가지지. 하지만 무한대를 수처럼 비교한다는 게 대체 무슨 궤변인가? 말도 안 되는 소리처럼 들렸다. 그러나 어쨌든 저 사내의 말은 칼리가리의 세 번째 예언과 표면적으로 매우 비슷했다. 거대한 수가 덮칠 것이며, 그로써 작은 것과 큰 것이 같아지리라는 예언. 한참을 논쟁했지만 서로의 주장이 너무 팽팽한 나머지 똑같은 이야기가 반복되었다. 그래서 일단 넘어가기로 했다. 그래, 이건 내가 반박할 문제가 아니라 좀 더 생각해볼 문제인 것이다.

해석학의 산수화

메피스토의 대답이 심상치 않다는 것을 아는 데는 별로 시간이 필요하지 않았다. 캘큘러스의 전설이 정말 사실이었을까? 나는 예언된 위기의 해결책을 묻기로 했다.

"해결책? 두세 가지가 있을 수 있지. 하나는 수, 혹은 산수로 환원하는 거야. 산수, 지극히 간단하고 명료해서 누구도 확고하다는 것을 의심하지 않는 게 바로 산수 아닌가? 자네들이 좋아하고 찬탄하는 수의 질서, 그건 바로 산수에서 나오는 거지. 해석학을 산수의 일종으로 만든다면 해석학의 모든 문제는 사라지지 않겠나?"

"결국 해석학을 산수화하는 것이 핵심이라는 거군요?"

"두말하면 잔소리지. 자, 가령 '극한'을 어떻게 정의하던가? 'x가 a에 한없이 가까이 갈 때, $y=f(x)$가 b에 한없이 가까이 간다면 b를 $x=a$에서 함수 $y=f(x)$의 극한값'이라고 하지? 그런데 이 말을 이렇게 바꾸면 어떨까? 'x가 a 근방에 있는 수일 때, $f(x)$가 b의 근방에 있는 수라면, 이때 b를 $f(x)$의 극한값'이라고 말이야. 그럼 반대로 뒤집어서 $f(x)$가 극한값을 가질 조건을 이렇게 말할 수 있을 거야. '$f(x)$를 b의 근방에 있는 어떤 수가 될 수 있도록 하는 x를 a의 근방에서 찾을 수 있다면, $f(x)$는 극한값을 갖는다'라고. 이러면 '한없이 가까이 갈 때'와 같은 말은 '근방에 있는 수'라는 말로 충분히 바꿀 수 있지."

"그건 단지 말 바꾸기일 뿐이잖소?"

"엄밀한 걸 좋아하는 수학자들이 주로 하는 일이 바로 이거지. 모호한 말, 여러 가지로 해석될 수 있거나 모순적인 의미를 담을 수 있는 말을 수학에서 내쫓고, 데카르트의 말처럼 '명료하고 뚜렷한' 말로 바꾸는 것 말이야. 게다가 이렇게 바꾸면, 이제 무한소 계산이나 극한 계산을 부등식 문제로 바꾸어버릴 수 있지. 다시 말해 해석학을 산수로 환원할 수 있다는 말이지."

"그게 어떻게 부등식 문제가 된다는 거죠?"

"b의 어떤 근방을 그리스 문자 엡실론(ε)을 써서 표시하고, a의 어떤 근방을 그리스 문자 델타(δ)를 써서 표시하자고. 그러면 x가 a의 δ 근방에 있다는 말은 x가 $a-\delta$와 $a+\delta$ 사이에 있다는 말이 되고, $f(x)$가 b의 ε 근방에 있다는 말은 $f(x)$가 $b-\varepsilon$과 $b+\varepsilon$ 사이에 있다는 말이 되지. 알다시피 이는 각각 다음과 같은 부등식으로 표시할 수 있어. $a-\delta<x<a+\delta$, $b-\varepsilon<f(x)<b+\varepsilon$. 이렇게 하면 어디에 한없이 가까이 간다는 식의 표현을 해석학에서 완전히 몰아낼 수 있지. 해석학은 이제 산수의 일종이 되는 셈이야. 이거면 아마도 해석학의 위기를 해결하는 데 충분할 걸세."

절묘하다고 해야 할까? 아니면 속은 듯한 느낌이라고 해야 할까? 당시로서는 그가 제시한 방법이 무얼 뜻하는지 명료하게 이해되지 않았다. 극한계산으로 할 것을 부등식으로 바꾸는 것뿐 아닌가? 하지만 그걸 가지고 더 물어볼 수는 없었다.

다음 날 저녁 메피스토는 기하학의 위기를 해결하는 방법을 두 가지 가

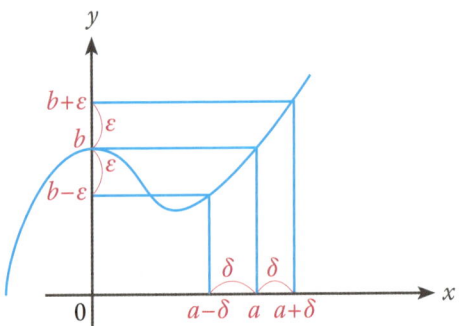

[그림 7.4] 엡실론-델타를 활용한 극한의 정의

르쳐주었다. 하나는 간단히 말하면 어떤 변환에서 불변성에 관한 문제, 불변성을 확보하는 문제로 보는 것이었다. 다양한 변환에도 불구하고 불변적인 어떤 성질이 있다면, 그것은 새로운 안정성의 중심이 될 수 있을 것이며, 확고한 기초를 제공할 수 있다는 것이다. 다른 하나는 매우 고전적인 방법이었는데, 유클리드가 했던 것처럼 모든 수학을 정의와 공리, 정리 등으로 체계화하여, 모순이 생길 여지를 없애버리는 방법이었다. 이를 그는 '공리주의'라고 불렀다.

이틀 동안 이해하기에는 너무나 많고 어려운 내용이었다. 그것을 이용하기 위해서는 내가 먼저 충분히 이해해야 했고, 그걸 이해하기 위해서는 충분한 시간이 필요했다. 나는 그와 헤어져 집으로 돌아왔다. 그러나 호사다마(好事多魔)라고 했던가, 아니면 악마의 힘을 빌렸던 탓이었을까. 집에 돌아왔을 때는 언제나처럼 떠돌던 나를 기다리던 아내가 마차 사고로 죽은 지 일주일이 지난 뒤였다. 성당에서 장례를 치러주긴 했지만 아이도 없었고, 저 먼 남부 시칠리아 출신이라 가족들도 없는 사람이었기에, 남편마

저 없는 장례는 더욱더 쓸쓸했을 것이다. 이해할 수 없는 나의 방랑벽을 감당하고 자신의 품에 안으려고 애쓰던 사람이었는데, 그만 그렇게 그녀를 보낸 것이다. 하지만 정말 이상한 건 슬픈 마음도, 미안한 마음도 그다지 일어나지 않았다는 사실이다. 내가 원래 이리 모진 놈이었던가? 평생을 좇던 수수께끼에 홀려서 그런 것일까? 아니면 머물 곳, 끊임없이 되돌아오게 되는 어떤 곳이 사라졌기 때문일까? 아니면 이미 악마가 내 영혼의 일부를 가져갔기 때문일까?

변환의 불변성과 기하학

친구는 간략히 써 보낸 내 편지에 커다란 흥미를 보이면서 가능하다면 괴팅겐을 다시 방문해달라고 부탁했다. 그 문제로 함께 토론하자는 사람들이 있다는 것이었다. 괴팅겐으로 다시 향하는 발걸음은 너무나 가벼웠고 들떠 있었다. 전에는 배우고 찾으러 갔지만, 이번에는 가르쳐주고 알려주러 가는 것이다.

친구의 소개로 이 사람 저 사람을 만났다. 가장 먼저 만난 사람이 관심을 갖고 있던 것은 기하학이었다. 그래, 괴팅겐은 기하학과 인연이 많은 곳이지. 먼저 불변성에 대해 설명을 해야 했다.

"가령 유리수와 무리수는 상반되는 성격의 수이지만, 아시다시피 덧셈이나 곱셈과 같은 연산을 할 때 불변적인 어떤 공통된 성질을 갖고 있지요. 예를 들면 결합법칙이나 교환법칙이 성립한다든가, 덧셈에 대해서는 0을, 곱셈에 대해서는 1을 항등원으로 갖는다든가 하는 특징 말입니다. 그런 점에서 상이한 수이지만 동일한 성질을 갖는다는 점을 주목할 필요가 있어요. 이건 아마 그 수들이 어떤 불변적인 '구조'를 공유하고 있다는 걸 뜻하지 않을까요? 한편 케일리가 발명한 행렬대수는 곱셈에 대해 교환법칙이 성립하지 않지요. 그런 점에서 앞의 수와는 다른 구조를 갖는다고 해야 할 겁니다."

"노르웨이의 아벨(N. H. Abel)이나 프랑스의 광인 갈루아(E. Galois)가 그와 비슷한 이야기를 쓴 적이 있어요. '군(群, group)'이라는 개념을 써서 이론화(군론)한 건데, 덧셈과 곱셈에 대해 결합법칙이 성립하고 항등원과 역원이 각각 존재하면, 그걸 군이라고 불렀지요. 거기다 교환법칙이 성립되는 구조를 가지면 그건 가환군(可煥群) 또는 아벨군이라고 하지요."

"아, 그렇습니까? 그러면 상이한 기하학들도 그런 식으로 다룰 수는 없을까요?"

"하지만 기하학에는 덧셈, 곱셈과 같은 연산이 없지 않습니까?"

"대신 '변환'이 있지요. 예를 들어 축에 대해 대칭이동을 하거나, 원점을 축으로 회전이동을 하거나 하는 변환도 있고, 비례관계를 유지하면서 길이를 바꾸는 '닮음변환'도 있고, 빛을 비추어 그림자를 만드는 '사영변환'도 있고 말입니다. 그런데 만약 원점을 축으로 회전이동을 해도 선분의 길이나 각의 크기, 도형의 면적이나 형태는 전혀 변하지 않지요. 그래서 이런 변환을 '합동변환'이라고 하지요. 그렇지만 닮음변환은 길이나 면적은 모두 변하지요. 그러나 각의 크기나 형태, 평행성과 수직성 등은 변하지 않습니다."

"변환을 대수학의 연산처럼 생각해서 불변적 특징을 찾아낸다 이거죠?"

"그렇습니다. 사실 대수적 연산도 일종의 변환이라 할 수 있지요. 유클리드기하학이 합동변환에 대해 변하지 않는 성질을 연구하는 기하학이라고 할 수 있다면, 로바체프스키 기하학은 전체 곡률이 음인 말안장 같은 의구(擬球) 공간에서 합동변환을 실시해도 변하지 않는 성질을 연구하는 것이라고 말할 수 있습니다. 리만의 기하학은 전곡률이 양인 구와 같은 공간에서 합동변환을 수행했을 때 불변적인 성질을 연구하는 기하학이라고 할 수 있겠지요."

"그렇다면 그것들은 합동변환에 대해 불변성을 연구하는 기하학의 부분들이 된다는 거군요?"

"그렇지요. 이렇게 되면 유클리드기하학이나 로바체프스키 기하학, 리만 기하학처럼 전혀 다른 공리를 갖는 기하학을 하나로 꿰어 질서정연하게 재배열하고 재정리할 수 있게 되지요. 즉, 그건 곡률이 다름에 따라 달라지는 특수한 기하학들일 뿐이고, 그 기하학들이란 모두 주어진 조건에서 어떤 불변적인 성질을 연구하는 학문이라는 정의 안에 포함되는 겁니다. 그렇다면 이젠 수학이나 기하학은 다시 진리라는 개념을 되찾을 수 있게 돼요. 유클리드기하학이나 다른 기하학은 조건에 따라 달라지는 특수한 진리를 갖는 것이 되고요."

모든 점에서 연속인데 모든 점에서 미분 불가능한 함수

첫째 예언과 셋째 예언에 관해서도 토론했다. 해석학의 문제에 관심이 많은 사람이 있어서 토론은 흥미로웠다. 내가 모든 점에서 연속이면서 미분 불가능한 함수가 있을 수 있다는 이야기를 했을 때, 그는 경악했다. 그러곤 깊은 생각에 빠져드는 것 같았다. 하지만 나는 그것을 적절한 수학적 형식으로 표현할 수 없었다. 다음 날 그가 들고 온 그림을 보고서 이번에는 내가 경악했다. 정말 아미앵 대성당처럼 뾰족한 선들로 빽빽이 둘러친 그림이었다. 그는 이러한 조작을 계속해나가면 모든 점들이 뾰족한 첨점들로 가득한 곡선이 만들어진다고 했다. 실제로 그런 함수가 있었던 것이다.

사실 극한 계산을 산수로 바꾸는 문제에 관해 나는 그다지 강한 흥미를 느끼지는 못했다. 그건 어떻게 보면 쉬운 말들을 어려운, 그러나 엄밀한 말로 바꾸는 언어 조작 같은 느낌이 들었기 때문이다. 그건 무언가를 새로이 산출한다기보다는 이미 알고 있는 것을 엄밀하게 정리하는 형식처럼 보였다. 하지만 뜻밖에도 함께 토론한 그 사람은 해석학을 산수화한다는 발상에 지대한 관심을 보였다. 그 역시 산수의 자명함과 확고함을 확신하고 있

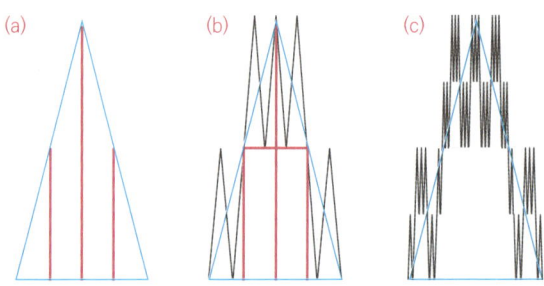

[그림 7.5] 바이어슈트라스의 함수

이등변 삼각형의 밑변인 x축을 4등분한다(a). 각각의 사선을 (b)와 같이 3개의 지그재그 사선으로 나누어 연결한다. 그렇게 만들어진 모든 이등변 삼각형의 밑변을 또다시 (a)처럼 4등분한다. 그리고 (b)처럼 다시 각각의 사선을 지그재그 사선으로 나누고 연결한다(c). 이런 식의 과정을 무한히 계속하면 모든 점이 삼각형의 꼭짓점처럼 연결된 미세한 톱니선들로 가득 찬 그래프가 그려진다.

었던 것이다. 산수로 환원되는 모든 것은 확고한 기초를 얻을 수 있으리라는 생각, 그것이 바로 그의 생각이었다.

수의 수를 비교하는 문제에 대해서 대부분 사람들은 어이없다는 반응이었다. 예전의 나와 비슷하게 그들도 무한대를 비교하려는 시도 자체가 무의미하다고 보았다. 그러나 그와 달리 공리주의에 대해서는 매우 강한 관심을 보였다. 모든 수학적 명제들을 공리적 질서에 따라 정리하는 방법은 사실 이미 충분히 익숙한 것이기도 했거니와, 어떤 수학적 이론을 체계화하려는 순간 누구도 피할 수 없는 현실적 문제이기도 했기 때문일 것이다. 그들은 비유클리드기하학은 물론 대수학이나 해석학도 그렇게 정리될 수 있는가에 대해 구체적으로 토론했다.

수학과 도(道)

토론을 하면서 내가 느낀 것은, 그들의 관심사가 무엇을 새로 고안하는 것이라기보다는 기존에 발견된 것을 어떻게 하면 모순 없이 엄밀하고 체계적으로 정리할 수 있을까 하는 것이었다는 사실이다. 하긴 수학의 위기란 어찌 보면 다양하고 창의적인 고안들이 서로 충돌하거나 내부의 모순이 드러나면서 직면하는 것이었으니, 위기에 대처하려는 사람들로서는 모순 없이 '명료하고 뚜렷하게' 정리하는 방법에 관심을 갖는 것은 어쩌면 당연한 일인지도 모른다. 하지만 엄밀성과 무모순성에 대한 추구가 실제로 야기한 것은, 모순을 일으키는 것들을 '존재하지 않는 것'으로 내쫓아버리거나, 유용하고 중요해서 쫓아버릴 수 없는 것은 엄밀해 보이는 다른 말로 바꾸는 것은 아니었나 싶었다.

　그러나 그들이 잊고 있던 것은 '엄밀성'이란 무엇인지를 먼저 엄밀하게 정의하는 것이 아니었을까? 대체 '어디에 가까이 간다'는 말은 모호하고, '어디 근방의 수'라는 말은 엄밀하다는 게 얼마나 모호하고 자의적인가? 이는 사실 세 개의 예언을 쫓아 반평생을 헤매온 나 자신이 도달한 지점이기도 하다. 엄밀성과 무모순성, 이건 지금까지 '위기'에서 벗어나야 한다는 막연한 생각에서 내 스스로 그 주위를 돌며 떠나지 못했던 중력의 중심이었던 게 아닐까? 그물로 고기를 잡을 수 있는 것은 거기 뚫린 구멍들 때문이지. 적절한 구멍. 왜 나는, 그리고 수학자들은 그런 구멍이 있다는 걸 참을 수 없었던 것일까?

　토론의 끝에서, 내가 만난 사람들을 보면서 내가 도달한 지점은 바로 여기였다. 그래서였을까? 갑자기 스피리토 선생이 예전에 했던 질문이 갑자기 떠올랐다. 이름은 잊었지만, 어떤 스님이 고양이를 놓고 논란을 벌이는 제자들 앞에서 갑자기 고양이를 들고 죽여버린 그 이야기가. 끄달리지 않아야 한다는 생각에서조차 자유로울 때 비로소 끄달리지 않는 것이라는 말도. 엄밀성과 무모순성, 그건 어쩌면 가우스 이래 수학자들을 사로잡았던 집착이요 끄달림이 아니었을까? 위기를 막기 위해 모든 구멍을 막고 메워 없애려는 집요한 집착이야말로 위기의 원인이 아니었을까?

　나는 메피스토에게 배운 것과 토론을 통해 얻은 결과를 논문으로 발표하려던 생각을 던져버릴 수 있을 것 같았다. 중요한 건 못을 뽑아버리는 것인데, 나는 반대로 커다란 못을 새로 박으려 하고 있는 게 아닐까? 그걸로 나는 명예를 얻을 수 있겠지만, 사람들은 커다란 못을 얻게 되겠지. 그건 모두 진리의 이름으로 자신의 이름을 남기겠다는 욕심과 허영의 산물은 아닐까? 수학을 하되 수학에 매여서는 안 된다는 스승의 말이 생각났다. 그건 자유로운 삶에 이르는 방편 중 훌륭한 하나이지만, 내가 자유로워질 수 있는 건 바로 그것조차 버릴 수 있을 때라는 말이었던 것이다. 도(道). 그리고 예언서를 보고 무심히 나를 쳐다보던 스승의 얼굴이 떠올랐다.

제8장

집합론, 무한을 셈하다

무한집합의 역설들

1632년 갈릴레오, 「두 가지 주요 세계관에 관한 대화」

"자연수가 제곱수보다 많은가?"라는 사그레도의 물음에 살비아티는 자연수는 제곱수와 일대일로 짝을 지을 수 있다는 점에서 "그렇지 않다"고 답한다. 무한의 크기에 대한 비교, 그때 나타나는 역설이 처음 지적된다.

1874년 칸토어, 「모든 대수적 실수의 핵심적 특징에 대하여」

무한집합론에 대한 첫 번째 논문이다. 이후 1897년까지 무한집합과 초한수(무한의 '크기'를 표시하는 수)에 대한 논문을 연이어 발표한다.

1897년 부랄리-포르티, 「초한수에 관한 질문」

초한서수의 역설을 발견한다. 이는 사실 1885년 칸토어가 발견했으나 발표하지 않았던 것이다. 1897년에는 초한기수 역시 유사한 역설에 빠진다는 사실을 칸토어는 발견한다(서수는 첫 번째, 두 번째……, 기수는 1, 2, 3……이다. 초한수는 무한의 크기를 표시하는 수이다).

1908년 체르멜로, 「집합론의 기초 연구」

이 논문에서 칸토어의 집합론은 공리화된다. 그러나 그의 공리계는 결함이 있음이 지적되었고, 1922년 아브라함 프랭켈이 공리를 추가하여 체르멜로-프랭켈 공리계(ZF 공리계)가 만들어진다. 그 뒤 또 다른 공리가 추가되어 ZFC 공리계가 완성된다. '선택(choice)공리를 채택한 ZF공리계'라는 뜻인데, 집합론의 표준적 공리계이다. 이를 '약간' 확장한 NBG(노이만-베르나이스-괴델) 공리계도 있다.

19세기의 수학 정신

19세기 수학자들에게 무한소라는 개념은 두려움과 증오의 대상이었다. 마치 기독교도에게 악마가 그렇듯이. 무한소는 미분과 적분을 통해 매우 유용하고 효과적인 수학을 가능하게 했지만, 너무도 모호한 개념이어서 금방이라도 사고를 일으킬 것 같았다. 그들이 보기에는 오히려 150년 동안 사고를 일으키지 않았던 것이 이상할 정도였다. 무한급수에서 나타난 모순은 이러한 사고의 중요한 징후였다.

해석학에서 나타난 이런 사건이나 불안 때문이었을까? 19세기 수학자들은 수학 자체의 안정된 기초를 확보해야 한다는 생각을 갖고 있었다. 가우스 자신이 잘 보여주듯이, 새로운 연구의 경우에도 안정적인 기초를 확신하기 전에는 발표하는 데 신중했고, 또한 모든 수학 연구에 극도의 엄밀성을 요구했다. 심지어 비유클리드기하학처럼 극히 창조적이고 중요한 착상이나 창안조차도 수학의 기반을 흔들 소지가 있다면 발표하지 않거나, 보여이의 창안을 침묵 속에 가두어두었던 가우스의 태도는 이러한 무의식적 경향을 잘 보여주는 것이었다. 19세기 이후 수학적 엄밀성의 새로운 기준을 제시한 것이 가우스였다는 점은 바로 이런 태도까지 포함하는 것이다.

이런 태도가 단지 가우스에게서만 보이는 것은 아니었다. 해석학의 기초에 대해 엄밀한 연구가 필요함을 인식했던 라그랑주에 이어 해석학에 수학적 엄밀성을 부여하려는 기획을 본격적으로 수행했던 코시, 또 가우스와 자주 부딪치며 역시 엄밀성을 확보하려 했던 르장드르, 해석학의 기초가 터무니없이 허약하다는 것을 지적했던 아벨 등 19세기 초반의 수학자 대부분이 이러한 태도를 공유하고 있었다.

그들에게 수학은 우주의 질서를 연구하거나 표시하는 단순한 계산 기술이 아니라, 우주의 질서 그 자체였다. 절대적이고 객관적인 지식, 그래서 가우스의 말처럼 집중하여 몰두한다면 누구든 도달할 수 있는 것이 수학적 진리라고 생각했다. 이런 점에서 수학은 어떤 식을 다른 식으로 바꾸고 변환시키는 형식적 기술이 아니라, 확고하고 안정된 기반 위에 선 진리이고 질서여야 했다.

그러나 그런 수학적 질서가 무엇인지에 대해서는 단지 막연한 감이 있었을 뿐, 뚜렷한 수학적 정의를 내리지 못하고 있었다. 그리고 그것이 분명하지 않은 한, 해석학에서처럼 불안정하고 불명료한 개념을 안정적이고 명료한 기초 위에 바로 세울 수 없다는 것은 분명했다. 이런 맥락에서 보면, 수학의 안정적이고 믿을 만한 기초를 찾으려는 수학자들의 노력이 객관적이고 불변적인 질서를 찾아내려는 방향으로 나아갔던 것은 매우 자연스러워 보인다. 수학적 질서란 그처럼 객관적이고 불변적인 '실재'여야 했던 것이다.

19세기 전반기에 이러한 태도는 크게 두 가지 형태로 나타났다. 하나는 모든 수학적 지식의 근원이자 기초를 수와 수적인 질서에서 발견할 수 있으리라는 생각이다. 이는 가우스의 경우에 선구적으로 나타난다. 이런 점에서도 가우스는 19세기의 수학적 '정신', 수학적 태도를 대표한다고 할 수 있을 것이다. 하지만 이 역시 가우스만의 것은 아니었다. 라그랑주, 르장드르, 코시 등 엄밀성에 관심을 가졌던 수학자들이 모두 수론에 관심을 갖고 연구했다는 것은 매우 시사적이다. 그렇지만 이것은 명확하게 의식된 것이 결코 아니었다. 다만 무의식적으로 근본적이고 근원적인 질서를 찾으려는 태도가 수적 질서 자체에 대한 연구로 그들을 이끌었다고 해야 정확할 것이다.

또 하나의 태도는 수학적인 질서, 수학적 구조의 불변성을 찾아내려는 방향으로 나아갔다. 물론 모두가 수학의 기초를 찾으리라는 명료한 의식을 갖고서 그런 노력을 했다고 말한다면 명백하게 과장일 것이다. 하지만 구조와 불변성에 대한 연구가 19세기 중반에 처음으로 싹텄다는 것은 시사적이다. 즉, 그것은 구조와 불변성에서 안정적인 기초를 찾고자 하는 태도와 무관하다고 말하기 어렵다는 것이다. 이는 대수학을 수나 계산 기술과는 전혀 다른 종류의 수학으로 나아가게 했다. 그것은 수와 계산이라는 예전의 영토, 즉 고향을 떠나 어떤 추상적인 구조와 불변성을 찾아 나서는 새로운 흐름을 만들었다.

이처럼 대수학을 수와 계산에서 분리하여 추상적인 구조에 대한 연구로 바꾸는 데 결정적인 역할을 했던 것은 영국학파라고 불리는 여러 수학자들이었다. 피콕, 드모르간(A. de Morgan), 불(G. Boole), 해밀턴, 케일리, 실베스터(J. J. Silvester) 등이 그들이다. 다른 한편, 수학에서 추상적 구조를 연구하는 데 핵심적인 군 개념의 발전에 결정적인 역할을 했던 것은 노르웨이의 아벨과 프랑스의 갈루아였다. 이 두 사람은 천재였고 불행했으며 요절했다는 공통점 외에, 5차 이상의 방정식에 대한 일반적 해법이 '없다'는 것을 증명하는 데도 관심을 보였다는 공통점이 있다.

표준해석학과 범기하학

기초와 근원에 대한 이 무의식적 노력은 19세기 후반이 되면 더욱 분명해지면서 의식적이고 명시적인 노력으로 발전한다. 수적인 질서에서 확고함과 안정성의 기초를 찾으려는 시도는, 당시 가장 취약하다고 여겼던 해석학을 수의 질서를 다루는 산수라는 영역으로 환원하려는 기획으로 나타났다. 또 하나의 중요한 시도는 불변적인 구조를 다루는 방법을 통해 여러 개로 분열된 기하학을 위기에서 구하려는 기획으로 나타났다.

독일의 수학자 바이어슈트라스(K. Weierstrass)는 해석학을 산수라는, 수학의 단순하고 확고하며 충분히 '명료한' 영역으로 환원하려고 시도했다. 이러한 기획은 이후 '해석학의 산술화'라고 불린다. 그것은 해석학의 모든 문제를 엡실론-델타(ε-δ) 방법이라고 부르는 부등식 문제로, 즉 산수 문제로 바꾸어버리는 발상법을 보여준다. 이는 수 자체의 질서를 찾아내고, 이로써 수학의 확고하고 엄밀한 기초를 확보하려는, 앞서 말했던 무의식적 발상과 긴밀히 연관되어 있다고 말해도 좋을 것이다.

이로써 해석학에서 무한소 개념을 몰아내려는 시도는 완전히 성공한 것처럼 보였다. 바이어슈트라스의 이론은 현재까지 '표준해석학'이라는 이름으로 불린다. 그러나 어떤 악마도 그처럼 쉽게 물러나지는 않는다는 걸 잊어선 안 된다. 어찌 됐든 어떤 수학 이론을 산수로 귀착시켜 안전한 기초를 확보할 수 있다는 생각은, 바이어슈트라스의 발상 이후에 명확하게 인식되고 의식되었다.

다른 한편 독일의 수학자 클라인(F. Klein)은 에를랑겐 프로그램(Erlangen program)이라는 기획을 통해 다양한 기하학을 하나의 넓은 기하학, 범기하학으로 통합·통일시키려 했다. 즉, 구조와 불변성을 찾아내는 방법을 통해 비유클리드기하학이 야기한 혼돈을 치유하고, 그것을 새로이 안정된 토대 위에 세우려고 했던 것이다. 클라인은 기하학을 어떤 변환군에 대해 불변인 성질을 연구하는 것으로 새로 정의했고, 좀 더 추상적인 이 정의를 통해 유클리드기하학과 비유클리드기하학들, 나아가 사영기하학까지 하나의 거대하고 통일적인 질서 속에 재배열했다. 이로써 기하학의 새로운 질서가 탄생했다. 여러 개의 기하학, 여러 개의 진리에 위협받던 수학적 진리는 이로써 새롭게 확장된 안전한 영토 위에 자신의 자리를 찾게 되었다.

이러한 클라인의 기획은 추상대수학을 통해 새로운 질서 속에 기하학들을 편입시키려는 것이었다는 점에서, 굳이 말하자면 '해석학의 산술화'와 대비해 '기하학의 대수화'라고 명명할 수 있을 것이다. 이후 이탈리아 수학자인 페아노(G. Peano)처럼, 기하학적 용어나 개념을 대수적인 기호와 식으로 대체했던 '대수화'의 시도와도 무관하다고 할 수 없을 것이다. 이 경우 정리의 유도는 기호와 공식에 따라 진행되는 대수적 과정이 되고, 정리의 증명은 그 대수적 과정의 적절성(무모순성)을 보여주는 형식적 절차가 된다. 물론 페아노의 경우에는 클라인과 달리 불변성보다는 논리적이고 추상적인 구조에 더 관심을 갖고 있었다는 점을 추가해야 하지만 말이다.

그러나 기억력이 좋은 독자라면 '기하학의 대수화'라는 기획을 이미 본 적이 있음을 알 것이다. 그렇다. 그것은 기하학적 증명과 풀이를 대수적 연산으로 환원했던 데카르트의 기획에서 보았던 말이기도 하다. 그렇지만 19세기에 다시 나타난 이 '기하학의 대수화'는 17세기에 데카르트가 추구했던 것과는 그 의미가 전혀 다르다. 즉, 17세기의 대수화는 좀 더 쉽고 간편하게 계산하고 증명하기 위해 직관적인 내용을 수로 환원하려는 것이었다면, 19세기의 대수화는 논리적이고 추상적인 구조로 직관적인 내용을 대체하려는 것이었다. 이는 17세기의 대수학이 수와 계산에 관한 연구였던 것에 비해, 19세기 후반의 대수학은 대수적인 구조나 논리적인 구조 등을 연구하는 것이었다는 점을 염두에 둔다면 쉽게 이해할 수 있다. '기하학의 대수화'라는 기획, 또는 그것과 연관된 대수학 자체의 이러한 차이는 17~18세기와 19세기의 수학자들이 수학에 대해 가졌던 태도와 생각, 또는 발 딛고 선 지점의 차이를 보여주는 한 단면이라고 할 수 있다.

칸토어 박사, 판도라의 상자를 열다

엄밀한 근거, 확고한 기초를 찾으려는 19세기 수학자들의 노력은 결국 산수와 대수, 혹은 그것들의 기초에 있는 수 자체를 향해 나아갔다. 수학이 수를 다루고, 수적인 질서를 다루는 것인 한, 기초를 찾으려는 노력이 수를 향해 나아간 것은 어쩌면 당연하고 자연스러운 것인지도 모른다. 해석학을 산술화하고, 기하학을 대수화하려는 노력과 다른 차원에서 수 자체의 질서를 근본적으로 검토하고 정돈하려고 했던 칸토어의 시도가 자리 잡고 있는 것도 바로 이런 전반적 흐름 속이었다. '집합'이라는, 수학의 가장 기초적인 개념이 탄생한 것도 이런 맥락에서였다. 이런 점에서 그것은 근본주의적 발상을 더욱 근본으로 밀고 나가려는 것이었다.

하지만 그가 그러한 노력을 통해 끄집어낸 것은 전혀 뜻밖의 것이었다. 그가 19세기 수학의 주문을 외우며 열었던 상자는 감당할 수 없는 괴물이 숨겨져 있던 '판도라의 상자'였다. 그것은 어쩌면 어이없을 만큼 당혹스럽고 자유분방한 상상력의 이름이었는지도 모른다. 덕분에 그는 이해해주

제8장. 집합론, 무한을 셈하다

는 사람도 별로 없는 신기한 수학 속에서 조금씩 미쳐갔으며, 결국 정신병원에서 한 많은 생을 마쳐야 했다. 명예와 영광은 그가 기다릴 때는 찾아오지 않았고, 그것이 찾아왔을 때는 그가 그것을 알아보고 향유할 수 없을 때였다. 하지만 오늘 칸토어 박사는 우리를 위해 신기한 집합론의 요지를 강의해주기로 했다. 그 장소가 정신병원이라는 게 무슨 대수랴. 청중이 여

CANTOR
1845-1918

러분 말고는 없다는 것도 그리 큰 문제가 아닐 것이다. 여러분마저 들어주지 않는다면 그는 정말 돌아올 수 없는 강을 건널지도 모른다.

자연수만이 실재한다?

새롭고 창조적인 연구가 수학을 발전시켜왔다는 건 잘 알고 있겠지? 그래, 그게 수학에서 가장 중요한 거야. 새로운 사고의 문을 여는 것, 새로운 개념을 만들어내고, 새로운 연구 영역을 만들어내는 것. 하지만 그것은 기존의 것, 낡은 것, 지배적인 사고와 지배적인 태도에 매여서는 불가능해. 이런 점에서 '수학의 본질은 자유'라고 할 수 있지. 그렇다고 수학자들이 새로움과 창의적인 연구에 호의적이거나 열려 있다고 생각하면 큰 착각이야. 그들은, 다는 아니겠지만 대개는 새로운 창안이 자기가 믿고 있는 수학적 신념, 자기가 옳다고 알고 있는 수학 이론에 충돌한다면 언제든지 그것을 비난하고 매장할 자세가 되어 있는 사람들이지.

나를 매장하려고 했던 크로네커(L. Kronecker)는 이런 점에서 아주 두드러진 사람이었어. 그가 그토록 격렬하게 반대하지만 않았어도 나는 저 촌구석의 할레 대학이 아니라 베를린 대학의 교수가 되었을 것이고, 걸핏하면 나를 미치게 만드는 끔찍한 우울증에 시달리지 않았을지도 몰라. 그뿐만 아니라 그는 내 논문이 크렐레(A. L. Crelle)가 창간한 『순수수학 및 응용수학 잡지』에 실리는 것을 가로막으려 했고, 자신이 생각하는 수학적 신념과 충돌한다는 이유로 공개적인 비난을 서슴지 않았어. 그 덕분에 나는 터무니없는 사실을 떠벌리고 다니는 아주 악명 높은 사람이 되었지. 사실 그는 베를린에서 강의하던 바이어슈트라스를 비롯해 거의 모든 수학자와도 충돌했다고 해도 과언이 아니야.

나도 한때는 그의 강의를 듣고 그 밑에서 공부를 했지. 나도 그처럼 가우스의 정수론에 매혹된 적이 있었고, 대수적 수(대수방정식의 근이 될 수 있는 복소수)에 관한 이론에 몰두하기도 했어. 그는 끔찍이 싫어하지만, 1874년에 발표한 집합론의 첫 논문은 대수적 수와 관련된 것이었지. 그러나 그는 모든 대수적 수의 집합이 정수의 집합과 같은 수(농도)의 원소를 갖는다는 내 주장을 결코 받아들일 수 없었던 거야. 그래, 그는 "신은 자연수를 만들었다. 다른 모든 수는 인간이 만든 것이다"라면서 자연수 말고는 모두 실재하지 않는 수, 거짓된 수라고 생각했으니까.

이와 비슷한 생각은 아마 『정수론 연구』를 쓸 때 가우스도 막연하게나마 갖고 있었는지 몰라. 크로네커는 확실히 일종의 '가우스주의자'였음이 분명하니까. '수'란 '실재'라는 것이고, 또 '실재하는 것'이어야 한다는 강한 '실재론'을 그는 고수하고 있었지. 그는 비록 해석학을 산술화하려는 바이어슈트라스의 기획에 반대했지만, 수적 질서, 혹은 산술로 환원하여 수학적 안정성을 확보할 수 있다는 발상만은 공유했다고 할 수 있어. 다만 그는 바이어슈트라스와 달리 그 수란 실수가 아니라 그가 생각하는 실재적인 수, 즉 자연수여야 한다고 생각했지. 하지만 이 얼마나 편협하고 자연스럽지 못한 태도야.

그러나 알다시피 그처럼 정수와 같은 불연속적인 수만으로는 미분 개념조차 정의할 수가 없어. 그러니 바이어슈트라스에게 크로네커의 비판은 수학의 대부분을 포기하라는 답답하기 짝이 없는 주장처럼 보였던 거고, 반대로 크로네커에게 바이어슈트라스가 꿈꾸는 산술화의 기획은 실현 가능성이 없는 공상처럼 보였던 거지.

수란 무엇이며 무엇이어야 하는가?

사실 '산술화한다'는 기획은 처음부터 쉽지 않은 문제를 안고 있었어. 그건 수나 산수로 환원하려 하는 순간 '수란 대체 무엇인지'가 그리 명료하고 엄밀하지 않다는 것이 드러나면서 분명해졌지. 특히 무리수란 대체 무엇인지, 제대로 정의조차 안 되어 있었어. 그래서 바이어슈트라스는 무리수란 무엇인지, 수란 무엇인지를 정의하는 작업으로 넘어갔지. 또한 그것은 바로 내가 묻고 싶은 것이기도 했고, 거의 유일하게 나를 이해해준 친구 데데킨트(R. Dedekind)의 관심사이기도 했어. 그가 쓴 가장 중요한 논문 가운데 하나가 바로 「수란 무엇이며 무엇이어야 하는가?」(1888)였지.

최근에 밝혀졌지만, 대부분의 수학적 체계는 실수체계의 안정성, 즉 실수체계의 무모순성에 의존하고 있어. 예를 들면 벨트라미는 유클리드기하학에 모순이 없다면 비유클리드기하학 역시 모순이 없다는 걸 증명했지. 이는 비유클리드기하학의 무모순성은 유클리드기하학의 무모순성으로 환원할 수 있다는 것을 뜻해. 그리고 유클리드기하학은 실수체계로 다시 환원할 수 있어. 즉, 실수체계가 무모순이면 유클리드기하학도 무모순이란 거지. 그러면 덩달아 비유클리드기하학도 무모순이란 걸 입증하는 게 되겠지? 지금은 대부분의 수학이 실수체계로 환원될 수 있다는 게 입증되었어. 따라서 실수체계가 무모순임을 증명하면 그 모든 것이 무모순이라는 것을 증명하게 되는 셈이지. 그거면 이제 수학은 확고부동한 기초 위에서게 되는 거지.

그러니 실수체계가 무모순인지 아닌지를 증명하는 건 수학 전체의 명운이 걸린 아주 중요한 문제야. 그러나 크로네커는 실수를 믿지 못했어. 오직 자연수만이 확고하고 자명하다고 본 거지. 그러나 이 경우 방금 말했듯이 해석학이나 기하학처럼 연속성이 중요한 수학은 모두 포기해야 해. 대체 그게 어떻게 가능하겠어? 바보 같은 짓이지. 바보 같은 크로네커. 하지만 그는 멀쩡한 나를 바보로 만들었지. 나쁜 자식 같으니라고!

미안, 미안. 원래 늙은이들은 이렇게 종종 옆으로 새기 마련이야. 이해하시게. 어쨌든 이처럼 실수와 자연수 사이에는 커다란 심연이 있어. 그 심연은 사실 무리수 때문이야. 정수와 유리수는 자연수로 만들어지는 것이니 자연수만큼 확고하다고 할 수 있지. 그런데 무리수는 달라. 그건 자연수만 가지고서는 만들 수 없고, 자연수만으로는 정의되지 않지. 애초에 그리스의 수학이 피타고라스학파가 무리수를 발견하면서 일대 위기에 빠져들었는데, 이런 면에서 보면 그 문제가 다시 반복되고 있는 건지도 몰라.

무한을 세는 방법

나는 우리가 보통 알고 있는 수를 검토하는 것에서 시작해야 한다고 생각했어. 일단 자연수와 실수를 비교하는 게 첫 번째 과제가 되겠지? 그런데 그러려고 하자마자 '무한'을 세고 계산하는 방법이 아직 없었다는 걸 알았어. 자연수의 개수는 무한히 많잖아? 실수도 마찬가지지. 자연수와 실수는 어떤 게 더 많을까? 아니, 자연수의 집합과 실수의 집합 중 어떤 게 더 많은 원소를 가질까? 누구나 실수가 많다고 하겠지. 자연수는 실수의 일부분이니까. 그런데 어때? 그렇게 되면 자연수의 무한보다 실수의 무한이 더 크다는 말인데, 그렇다면 무한에도 서로 다른 크기가 있는 걸까? 무한히 많다는 것만으로는 부족하다는 말이 되지. 그러면 무한은 대체 어떻게 세고, 비교하거나 계산할 수 있을까? 바로 이게 핵심적인 문제였어.

일단 비교하려면 자연수나 정수, 실수 등을 하나의 묶음으로 만들어야 했어. 그걸 '집합'이라는 개념으로 표현했지. 자연수의 집합, 정수의 집합, 실수의 집합. 그 집합을 이루는 각각의 수들을 '원소'라고 부르고 말이야. 이런 식으로 집합이라는 개념은 어떤 원소들을 하나로 묶어서 다루기에 편리했어. 그 뒤로 집합이라는 말 없이는 수학을 생각할 수 없을 정도로 중요하고 기초적인 개념이 되었지. 덕분에 나는 '집합론'의 창시자가 되었고 말이야. 생각지도 않았던 곳에서 창시자 대접을 받는 것도 기분 좋은 일이지. 게다가 나중엔 집합론을 통해 수학의 모든 개념이나 체계를 다시 정리하려는 흐름이 만들어지기도 했어.

이런 또 옆길로 샜군. 다시, 자연수의 개수나 실수의 개수는 그 각각의 집합에 포함된 원소의 개수일 텐데, 그게 유한하다면 1개, 2개, 100개처럼 '개수'로 세는 게 유의미하지만, 무한하다면 그렇게 할 수가 없겠지? 일단 유한한 집합과 구별해서 자연수나 실수처럼 원소의 개수가 무한한 집합을 '무한집합'이라고 부르기로 했지. 그리고 유한한 집합을 셀 때 사용하는 '개수' 대신 '농도'라는 말을 쓰기로 했어. 자연수의 농도, 유리수의 농도처럼 말이야. 이젠 얼마나 '진한가'를 계산하는 문제가 남았지.

그러면 농도를 어떻게 세고 계산하며 비교할 것인가? 무한집합의 원소를 센다는 게 어떻게 가능할까? 그러려면 먼저 '센다'가 뭔지 생각해보자고. 잘 생각해봐, 여러분이 수를 셀 때 어떻게 하지? 자루 속에 있는 사과를 하나 꺼내서 '하나' 하고 번호를 붙이지. 그리고 또 하나 꺼내서 둘이라고 번호를 붙여. 이런 식으로 하나씩 꺼내서 1부터 차례대로 하나씩 번호를 붙여가지. 정확히 센다는 건 빠짐없이 꺼내서 하나하나마다 번호를 붙여주는 거야. 차례대로, 하나씩, 그리고 하나도 빼지 말고.

이건 사과와 숫자를 하나씩 빠짐없이 짝을 짓는 것과 똑같아. 즉, 세려는 물건을 하나씩 나열하면서 순서대로 배열된 숫자를 하나씩 '대응'시키는 거지. 두 집단의 크기를 비교하는 것도 비슷해. 예를 들어 어떤 이태리 여행단에 속한 남자와 여자의 숫자가 같은지 알려면 남자 하나에 여자 하나를 짝을 지어보면 되지. 물론 어떤 사람도 중간에 빠뜨리면 안 되고, 어떤 사람도 두세 번 중복해서 짝을 지어주면 안 돼. 남자 하나, 여자 하나를 빠짐없이 짝을 지어서, 남는 사람이 없으면 숫자가 같다고 말하고, 남자가 남아 있으면 남자가 많다고 말하고, 여자가 남으면 여자가 많다고 말하지. 그럼 두 집합을 비교할 때도 이렇게 하나씩 짝을 지어보면 되지 않을까?

이처럼 하나씩 짝을 찾아 대응시키는 것을 '일대일 대응'이라고 하지. 그렇다면 어떤 두 집합을 비교할 때, 원소들 사이에 일대일 대응을 시킬 방법이 있다면, 그건 원소의 개수가 같다고 말할 수 있겠지? 무한집합이라면 두 집합의 '농도'가 같다고 할 수 있고. 그럼 이 방법을 써서 자연수와 정수, 실수와 같이 서로 다른 집합들의 농도를 비교할 수 있지 않겠어?

셀 수 있는 무한, 셀 수 없는 무한

자, 그럼 자연수와 실수를 비교할 준비가 일단 끝났다고 해도 좋아. 이제 무한집합들을 비교해보자고. 먼저 자연수와 100의 배수라면 어떨까? 가령 1부터 100억까지 유한한 집합이라면 당연히 자연수가 많을 거야. 그러나 둘 다 무한히 계속된다면 쉽사리 그렇게 말할 수 없겠지? 방금 말했지? 일대일 대응을 시킬 방법이 있는지를 유심히 찾아보라고. 자, 이렇게 써보면 어떨까?

자연수: 1,   2,   3,   4, ……, n, $n+1$, ……
            ↓   ↓   ↓   ↓   ↓   ↓
100의 배수: 100, 200, 300, 400, ……, $100n$, $100(n+1)$, ……

어때? 일대일 대응을 시킬 수 있지? 이런 식으로 자연수와 짝수를 일대일로 대응시킬 수 있어. 3의 배수나 1억의 배수도 모두 자연수와 같은 농도를 가져. 자연수가 3의 배수보다 3배 많으리라는 생각을 아직도 떨쳐버리지 못했나? 그건 유한집합에 해당되는 일이라니까. 그래서 내 친구 데데킨트는 아예 무한집합이란 '그 진부분집합과 농도가 같은 집합'이라고 정의했지. 짝수는 자연수의 진부분집합인데, 자연수의 집합과 농도가 같잖아. 이게 바로 무한집합의 특징이지. 여기선 부분이니 전체니 하는 구별이 무의미해.

그럼 자연수와 정수의 농도도 같으리라는 걸 짐작할 수 있겠지? 이렇게 써보면 일대일 대응을 시킬 수 있어.

```
자연수:   1,   2,   3,   4,   5,  ……
          ↓    ↓    ↓    ↓    ↓
정수:     0,   1,  -1,   2,  -2,  ……
```

따라서 자연수와 정수의 농도는 같다, 이게 답이야.

이런 시시한 문제는 그만 집어치우고, 좀 더 깊숙이 들어가볼까? 자, 자연수와 유리수라면 어떨까? 여러분 짐작대로 농도가 같아. 이걸 어떻게 증명할 수 있을까? 차례로 나열하는 방법만 찾으면 되는데……. 자, 해보자고. 유리수는 분수로 표시할 수 있지? 그럼 분모가 1일 때 나올 수 있는 모든 수를 차례로 늘어놓고, 그다음 줄에는 분모가 2일 때 나올 수 있는 수를 차례로 늘어놓는 거야. 이러면 유리수를 빠짐없이 나열할 수 있지. 그리고 화살표 방향에 따라서 0에다 1을, $\frac{1}{1}$에 2를, $\frac{1}{2}$에 3을……하는 식으로

$$0, \ \frac{1}{1}, \ \frac{2}{1}, \ \frac{3}{1}, \ \frac{4}{1}, \ \frac{5}{1}, \ \cdots\cdots$$
$$\frac{1}{2}, \ \frac{2}{2}, \ \frac{3}{2}, \ \frac{4}{2}, \ \frac{5}{2}, \ \cdots\cdots$$
$$\frac{1}{3}, \ \frac{2}{3}, \ \frac{3}{3}, \ \frac{4}{3}, \ \frac{5}{3}, \ \cdots\cdots$$
$$\frac{1}{4}, \ \frac{2}{4}, \ \frac{3}{4}, \ \frac{4}{4}, \ \frac{5}{4}, \ \cdots\cdots$$
$$\frac{1}{5}, \ \frac{2}{5}, \ \frac{3}{5}, \ \frac{4}{5}, \ \frac{5}{5}, \ \cdots\cdots$$

차례로 짝을 지어가는 거야. 아, 물론 겹치는 수는 빼고 말이야.

따라서 '자연수와 유리수의 농도는 같다'가 바로 답이지.

지금까지 보았듯이, 어떤 무한집합과 자연수 사이에 일대일 대응을 만들 수 있다는 것은 그 집합의 원소 하나하나에 차례로 1, 2, 3,……의 수를 붙여가는 것과 똑같아. 마치 사과를 꺼내서 하나씩 번호를 붙여가듯이 말이야. 물론 무한히 붙여가야 하는 게 다르지만. 그렇다면 1, 2, 3,…… 하고 번호를 붙여갈 수 있는 집합의 농도는 자연수와 같은 농도를 갖는다고 할 수 있겠지? 다시 말해 번호를 붙일 수 있는 집합은 자연수와 일대일 대응이 되는 집합이라는 뜻이야. 이처럼 번호를 붙일 수 있는 집합을 '가부번집합(可附番集合)' 또는 '가산집합(可算集合)'이라고 해. 가부번집합은 글자 그대로 '번호(番號)를 붙이는[附] 게 가능(可能)한 집합'이고, 가산집합은 '셀 수 있는[可算] 집합'이지. 이 집합의 농도는 당연히 '번호 붙일 수 있는 무한', '셀 수 있는 무한'이지. 100의 배수의 집합이나 정수의 집합이나 유리수의 집합은 모두 번호를 붙일 수 있는 집합, 즉 가산집합이야. 가산집합은 자연수와 같은 농도를 갖지.

이렇듯 번호를 붙일 수 있는 집합이 무한집합 가운데 가장 작아. 즉, 번호를 붙일 수 있는 무한, 셀 수 있는 무한은 자연수와 같은 농도를 가지며, 이게 무한 가운데 가장 작은 거야. 그럼 이제 가산집합의 농도, 또는 자연수 집합의 농도를 어떤 문자로 표시하자고. 자주 등장하니까 간단하게 표시하는 게 편리하지. 그런데 알파벳이나 그리스 문자는 수학에서 워낙 많이 사용하니까, 무한집합을 계산할 때는 남들 잘 안 쓰는 글자를 쓴다면 좋지 않을까? 이리저리 궁리하다가 히브리어가 떠올랐어. 히브리 문자의 첫 글자가 알레프(ℵ)인데, 이걸로 무한집합의 농도를 표시하기로 했지. 좀 튄다고? 특이한 모양이나 이국적인 낯섦이 낯선 세계인 무한을 표시하는 데 적절하다는 생각 안 들어? 내가 유대인이라는 사실에서 처음으로 덕을 본 셈이지. 무식한 사람 기죽이게 생겼다고? 그럼 잘됐군. 기 좀 죽으라고 쓴 거니까 말이야.

오오, 이런 또, 미안허이. 다시 돌아가지. 가산집합의 농도, 즉 자연수 집합의 농도는 무한집합 중에서 가장 작잖아. 이런 자연수 집합의 농도를 알레프 제로($\aleph_0$)라고 표시하자고. 그럼 그다음 농도가 있으면 알레프 원($\aleph_1$)이라고 쓰고, 그다음 농도가 있으면 알레프 투($\aleph_2$) 하는 식으로 쓸 수 있겠지.

대각선을 공략하라!

그런데 실수의 경우에는 가산집합이 아니야. 다시 말해, 실수의 수는 셀 수 있는 무한, 번호 붙일 수 있는 무한이 아니라고. 자연수가 셀 수 있는 무한이라면, 실수는 셀 수 없는 무한이란 말이지. 둘 다 무한이지만 질이 다른 무한이지. 심지어 0과 1 사이에 있는 실수만으로도 자연수보다 큰 농도를 갖지. 왜 그러냐고? 하긴 유리수처럼 '조밀한' 수도 셀 수 있는 무한이었으니······.

이건 보기보다는 쉬우니까 얼지 말고 잘 봐. 일단 실수의 농도가 셀 수 있는 무한이라고, 즉 자연수 농도와 같다고 가정해보자고. 그리고 0과 1 사이에 있는 모든 수를 무한소수 꼴로 나타내자고. 가령 0.33333······이나 0.1233333······ 같은 순환소수나 순환하지 않는 무한소수, 즉 무리수는 원래 그렇게 나타낼 수 있지. 그런데 예를 들어 0.5 같은 수는 0.50000……로, 0.72는 0.720000……로 쓸 수 있어.

그럼 이제 소수점 뒤에 있는 각 자리의 숫자를 문자로 표시하면 $0.a_{11}a_{12}a_{13}……$식으로 나타낼 수 있지. 예를 들어 0.333……은 $a_{11}=3$, $a_{12}=3$, $a_{13}=3,……$인 경우지. 번호를 둘이나 붙인 건 이런 수를 여러 줄로 표시해야 해서 그런 것뿐이니 얼 것 없어. 그러면 처음의 가정대로 0과 1 사이의 모든 실수가 가산집합이라면, 그 실수 전체는 자연수와 짝을 지어 대응시킬 수 있겠지? 적절하게 대응시킨 것이 이렇다고 해보자고.

자연수	0~1 사이의 실수
1 ——	$0.a_{11}$ a_{12} a_{13} a_{14} ……
2 ——	$0.a_{21}$ a_{22} a_{23} a_{24} ……
3 ——	$0.a_{31}$ a_{32} a_{33} a_{34} ……
4 ——	$0.a_{41}$ a_{42} a_{43} a_{44} ……
…	………………………………

그럼 왼쪽에는 자연수가 빠짐없이 나열될 거고, 오른쪽에는 0과 1 사이의 실수가 빠짐없이 나열될 거라고 해야지. 다시 말해 0과 1 사이 실수가 가산집합이라고 가정했으니까, 여기 나열된 것 말고 다른 수가 오른쪽에 더 있으면 안 돼. 그런데 여기서 a_{11}, a_{22}, a_{33}……과 같이 대각선 방향에 있는 숫자를 잘 공략하면 새로운 숫자가 얼마든지 나와. 즉, 대각선에 있는 어떤 숫자 a_{kk}를 골라내서 다른 숫자로 바꾸는 거야. $a_{kk}=1$이면 그거

대신 2나 3이라고 쓰고(이를 b_k라고 하자), $a_{kk} \neq 1$이면 1이라고 쓰는 거야. 가령 $a_{11}=1$이면 그걸 2로 바꾸고(이 수가 b_1이다), $a_{22}=5$면 그걸 1로 바꾸는 거야(이 수가 b_2다). 이런 식으로 얻은 새 숫자들을 소수점 뒤에다 연이어 붙이면 새로운 소수를 만들 수 있지. 즉,

$0.b_1 b_2 b_3 b_4 \cdots\cdots$

이 수는(오른편에 있는 수 중) 첫째 줄에 있는 수($0.a_{11}a_{12}a_{13}\cdots\cdots$)와는 소수 첫째 자리에서 다르고, 둘째 줄에 있는 수($0.a_{21}a_{22}a_{23}\cdots\cdots$)와는 소수 둘째 자리에서 다르고, k번째 줄에 있는 수와는 소수 k번째 자리에서 다른 수지. 다시 말해 이 수는 위에서 오른쪽에 나열된 어떤 수와도 다른 수라는 걸 알 수 있겠지? 그런데 이런 수는 얼마든지 많이 만들 수 있어. $a_{kk}=1$일 때 2나 3은 물론, 4, 5 등 1이 아닌 어떤 수로도 바꾸어도 되니까. 그렇다면 자연수와 짝지어서 오른쪽에 나열될 수 있는 수 말고도 얼마든지 많은 수가 있다는 말이 되지? 그렇다면 0과 1 사이의 실수가 가산이라는, 즉 자연수와 농도가 같다는 가정은 잘못된 것이겠지?

대각선에 있는 수를 골라서 공략하는 이 방법을 '대각선 논법'이라고 해. 내 이름을 붙여서 '칸토어의 대각선 논법'이라고 하기도 하고. 이름을 이렇게 붙여놓으니 좀 쑥스럽기는 하지만 말이야.

길고 짧은 건 재보면 똑같다

0과 1사이의 실수가 그렇다면 실수 전체 집합의 농도는 그보다 더 크다고 해야 할 것 같지? 하지만 그건 또 아니야. 0과 1 사이의 실수의 농도와 실

수 전체의 농도는 같아. 여기서도 실수 전체의 집합은 자신의 진부분집합과 같은 농도를 갖는다는 점에서 무한집합의 정의에 딱 들어맞지. 하지만 그건 셀 수 없는 집합이기 때문에, 자연수처럼 번호를 붙이는 걸로는 증명할 수 없어. 어떻게 하면 좋을까?

자, 실수는 양쪽 방향으로 뻗어나간 연속된 수직선 위의 모든 점으로 표시할 수 있다는 건 알지? 한편, 0과 1 사이의 실수는 0과 1을 연결하는 선분 위에 있는 모든 점이라고 할 수 있지. 그렇다면 이 선분 위에 있는 점과 양쪽으로 무한히 뻗은 수직선 위의 점 사이에 일대일 대응이 존재한다면 양자의 농도는 같다고 말할 수 있겠지?

이는 그림만 하나 잘 그리면 쉽게 알 수 있어. 하지만 먼저 모든 선분 상에 있는 점들의 농도가 같다는 것부터 보자고. 아래 그림을 봐.

(a)에서처럼 선분 AB와 CD의 양끝을 연결하는 보조선을 그리고, 그 두 선이 만나는 점을 O라고 하자고. 그리고 점 O와 선분 CD상의 모든 점을 연결하는 직선 l을 그리면, 이 선은 AB상의 한 점을 반드시 지나지. 직선 l이 연결되는 CD상의 점이 달라지면, 통과하는 AB상의 점도 달라지지.

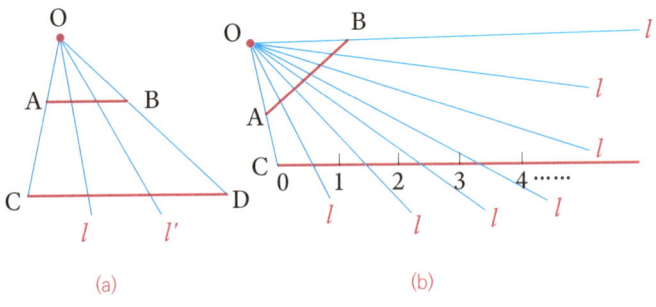

[그림 8.1]

그렇다면 AB상의 모든 점과 CD상의 모든 점 간에는 일대일 대응이 존재한다고 할 수 있겠지?

자, 다음에는 (b)에서 1과 0의 선분하고, 한쪽 방향으로만 뻗어나가는 수직선을 비교해보자고. 이것도 보조선만 적절히 그리면 (a)와 똑같이 연결되지. 먼저 A와 C를 연결하는 보조선을 그리긴 쉽지. 그러나 D가 끝이 없으니 B와 D를 연결하는 보조선이 문제야. 그런데 만약 O와 B를 연결하는 보조선이 C에서 시작된 직선과 평행하게 그려진다면 어떻게 될까? 그럼 그 보조선과 OC 사이에서 아까처럼 직선 *l*을 얼마든지 그릴 수 있겠지? 그럼 선분 AB상의 모든 점과 C에서 시작하는 직선상의 모든 점 사이에는 일대일 대응이 존재한다는 걸 알 수 있지?

마지막으로 0과 1 사이의 선분과 양쪽으로 뻗은 수직선 차례지? 그건 반쪽짜리 선분과 한쪽 방향 수직선을 방금 했듯이 짝짓는 걸 두 번 하면 되겠지? 선분을 자르기 싫다면 이렇게 그리면 돼. 아래 그림이면 설명하지 않아도 충분할 거야.

뭐? 그렇다면 모든 선분의 길이와 모든 직선의 길이가 같아지는 거 아

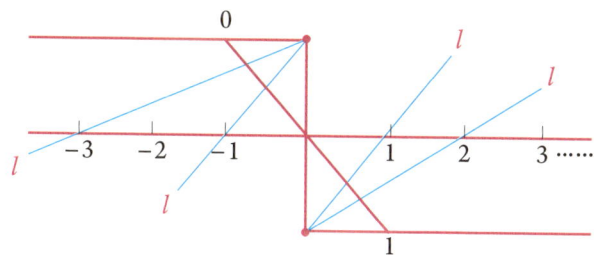

[그림 8.2] 0-1 선분과 수직선의 대응

니냐고? 그건 아니야. 어떤 길이의 선분이든 직선과 동일한 만큼의 점을 갖는다는 건 사실이지만, 점은 길이를 갖지 않기 때문에 길이가 같다는 걸 뜻하는 건 아니야.

연속체의 농도

요컨대 자연수의 농도는 셀 수 있는 무한인데, 실수의 농도는 셀 수 없는 무한이라는 거야. 그런 점에서 자연수와 실수 사이에는 거대한 심연이 있다고 해야겠지. 그건 사실 유리수와 실수 사이에 있는 심연이야. 그럼 유리수와 무리수는 어떤 게 더 많을까? 그래, 무리수의 농도에 대해서는 지금까지 말한 적이 없지. 하지만 이미 충분히 말한 셈이야. 자, 만약 셀 수 있는 무한에 셀 수 있는 무한을 더하면 어떻게 될까? 그래, 그건 셀 수 있는 무한일 뿐이야. 짝수 전체와 홀수 전체를 더하면 자연수가 되는데, 자연수도 똑같이 셀 수 있는 무한이듯이. 그런데 유리수는 셀 수 있는 무한이었지? 유리수에 무리수가 추가되어야 실수가 되지? 실수는 셀 수 없는 무한이고. 그럼 무리수는 셀 수 있는 무한이어선 안 되겠지? 맞아, 유리수는 셀 수 있는 무한이지만, 무리수는 셀 수 없는 무한이야. 무리수가 유리수보다 훨씬 더 많다는 말이지.

이는 불연속적인 수와 연속적인 수의 차이이기도 하지. 유리수는 조밀하기는 하지만 연속이 아니라는 건 알지? 무리수가 더해져야 연속이 되지. 반면 실수는 연속적인 수지. 연속적인 수와 그렇지 않은 수 사이에는 이토록 커다란 차이가 있는 거야. 0과 1사이에도 연속적인 수는 수직선 전체

만큼의 점이 있는데, 바로 이렇게 많은 점이 연속해서 이어져 있기 때문에 미분이나 적분이 가능했던 거야. 사실 이처럼 연속적인 수를 전제하지 않으면, 즉 실수를 전제로 하지 않으면 미분이나 적분에 기초한 해석학의 모든 개념과 이론은 불가능해. 자연수나 정수 같은 불연속적인 수로는 절대로 미적분을 정의할 수 없지. 이게 바로 크로네커가 그토록 비난해도 바이어슈트라스나 대부분의 수학자들이 미적분을 포기하지 못하는 한 실수를 포기할 수 없는 이유야.

또 약간 옆으로 샜지? 자, 다시 농도 이야기로 돌아가자고! 실수는 연속적인 수라는 점에서, 실수 전체 집합의 농도를 '연속체의 농도'라고 부르는데, 이를 보통 $\aleph$라고 표시하지. 이 농도가 자연수의 농도(셀 수 있는 무한: $\aleph_0$)보다 크다는 건 아까 증명됐지? 그럼 부등호를 써서 이렇게 수학적으로 표시할 수가 있을 거야.

$$\aleph_0 < \aleph$$

그런데 이 두 농도 사이에 중간 농도가 있을까? 자연수나 유리수보다 많고, 실수보다는 적은 그런 무한집합이 있을까? 나는 없을 거라고 생각했어. 하지만 아무리 애를 써도 그걸 증명할 수 없었어. 그래서 그저 '가설'로만 남아 있지. 이걸 수학적으로 표시하면 "$\aleph_0 < x < \aleph$를 만족하는 x는 존재하지 않는다"라는 가설이 돼. 이 가설을 연속체에 관한 가설이란 뜻에서 '연속체 가설'이라고 불러. 이걸 좀 더 확장한 것을 '일반 연속체 가설'이라고 부르지(참고로 말하면, 이는 $\aleph_n = 2^{\aleph_{n-1}}$로 표시될 수 있다). 이 가설은 수학 공부를 계속하면 자네들도 머지않아 다시 만나게 될 거야.

수학의 모험

우주공간의 모든 점들을 바구니 안에 담는 방법

하지만 나 자신도 결코 믿을 수 없는 사태가 벌어졌어. 선분상의 점들과 직선상의 점들이 같은 농도를 갖는다고 말했지? 그런데 만약 직선상에 있는 점의 농도와 평면상에 있는 점의 농도를 비교한다면 어떨까? 이건 비교를 해보기로 한 이상 당연히 비교해보아야 할 문제였지. 더 나아가 평면상의 점과 공간 안에 있는 점은 또 어떨까?

나는 솔직히 말해서 그건 모두 다를 거라고 예상했어. 직선과 평면은 차원이 다르잖아. 평면과 공간도 그렇고. 그렇지만 아무리 해도 다르다는 걸 증명할 수가 없었어. 그래서 반대로 생각해보았지. 같다고 말이야. 그런데 놀랍게도 증명에 성공했어. 사실 그건 내가 증명한 거지만 나도 믿을 수 없었어. 공간상의 점과 평면상의 점이 농도가 같고, 평면상의 점과 직선상의 점이 농도가 같다면, 아까 보았듯이 직선상의 점은 임의의 선분상의 점과 농도가 같으니, 결국은 우주공간의 모든 점들이 1cm도 안 되는 짧은 선분상의 점과 농도가 같다는 말이 되는데, 이걸 대체 어떻게 믿을 수 있

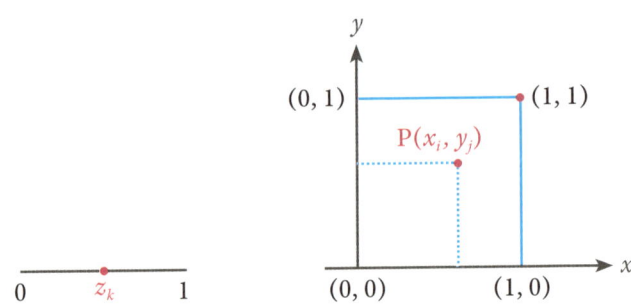

[그림 8.3]

겠어? 그래, 재미있을 것 같지? 이해하기 쉽도록 약간 단순화해서 말할 테니 한번 들어봐.

선분상의 점과 수직선 전체의 점이 같다는 걸 보았으니까, 여기서도 0~1까지 선분과 그것을 한 변으로 하는 정사각형의 점의 농도를 비교하면 되겠지?

이런 식의 증명은 이젠 익숙하지? 먼저 평면상의 점을 순서쌍 (x_i, y_j)로 표시할 때, 그 점들과 선분상의 점들 사이에 일대일 대응이 존재한다는 걸 보여주면 되는 거야. 자, 선분이나 평면상의 점을 표시하는 수 x_i, y_j는 아까처럼 각각 무한소수로 표시할 수 있겠지? 그럼 일단 순서쌍 (x_i, y_j)에서 x_i와 y_j는 각각

$x_i = 0.x_1 x_2 x_3 x_4 \cdots\cdots$

$y_j = 0.y_1 y_2 y_3 y_4 \cdots\cdots$

라고 표시할 수 있겠지? 물론 소수점 뒤에 오는 숫자 $x_1, x_2 \cdots\cdots$나 $y_1, y_2 \cdots\cdots$ 등은 0부터 9까지의 자연수지. 그런데 여기서 x_i와 y_i를 가지고 이런 식의 수를 만들 수 있을 거야.

$0.x_1 y_1 x_2 y_2 x_3 y_3 x_4 y_4 \cdots\cdots$

여기서 $x_1, x_2 \cdots\cdots$나 $y_1, y_2 \cdots\cdots$ 등은 0부터 9까지의 자연수니까, 이 새로 만들어진 수는 0보다는 크지만 1을 넘지 않는 어떤 소수일 거야. 다시 말해서 0과 1 사이에 있는 어떤 수라는 말이고, 0과 1 사이의 선분상에 있는 어느 한 점이라는 거지. 소수점 이하의 수들이 0부터 9까지 아무거나 와도 되기에, 이 새로 만들어진 수는 0과 1 사이의 모든 수를 표시할 수 있어. 따라서 평면상의 점 (x_i, y_j)와 선분상의 점 z_k 사이에는 일대일 대응이 존재한다고 말할 수 있겠지?

3차원인 공간에 대해서도 마찬가지야. 가령 모서리 길이가 1인 3차원 공간 속의 모든 점을 (u, v, w)로 표시할 수 있다는 걸 안다면, 앞서와 똑같이 u, v, w를 정의하면,

$u = 0.u_1 u_2 u_3 \cdots$

$v = 0.v_1 v_2 v_3 \cdots$

$w = 0.w_1 w_2 w_3 \cdots$

라고 표시할 수 있고, 이 수를 이용해서 만든 수 $0.u_1 v_1 w_1 u_2 v_2 w_2 \cdots$는 아까처럼 0과 1 사이에 있는 어떤 수지. 즉, 0과 1 사이의 선분상의 점과 마찬가지로 일대일 대응을 하지. 그렇다면 이런 식으로 하면 3차원 공간, 4차원 공간 등 모든 차원의 공간이 선분상의 점과 농도가 같다는 걸 증명할 수 있어. 이런 식으로 우리는 우주공간의 모든 점들을 조그만 바구니 안에다, 아니 조그만 선분상에다 담을 수 있게 되지. 이 조그만 좁쌀 한 톨에 온 우주가 다 담겨 있나니……

초한수, 무로부터 나온 무한들

자네들, 수에는 여러 가지 종류가 있다는 건 알고 있겠지? 명목상 붙이는 수도 있고, 순서만 정하는 수도 있고, 어떤 척도에 의해 측정되는 수도 있다는 것 말이야. 특히 순서를 세는 데 사용되는 서수(序數)와 어떤 척도를 공통의 기준으로 삼아 계산하고 계량해서 크기를 비교할 수 있는 기수(基數)가 있지. 보통 제1, 제2, 제3…… 등은 서수이고, 1, 2, 3…… 등은 기수라고 하지.

그러면 무한집합의 농도를 표시하는 것도 수라고 할 수 있지? 자연수의 농도 $\aleph_0$, 연속체(실수)의 농도 $\aleph$와 같은 것 말이야. 여기서 그치는 게 아니라, 이를 이용해서 얼마든지 더 큰 수를 만들 수 있어. 이런 수를 '초한수(超限數)'라고 부른다네. 한계(유한)를 넘어간 수, 즉 무한에 관한 수라는 뜻이지.

사실 초한수는 농도를 표시하는 수이고, 따라서 서로 비교되고 계산될 수 있는 수야. 이런 수를 계산하는 방법도 나는 찾아냈지. 이런 점에서 초한수는 기수와 비슷하다고 할 수 있지. 그런데 기수와 서수 비슷하게 초한수와 관련된 서수가 있을 수 있지 않겠어? 무한을 수로 만들려면 이것까지 생각해야지 제대로 했다고 말할 수 있지. 그래서 나는 무한집합과 연관된 서수, 즉 '순서수'를 연구했어. 그럼 순서수를 만들려면 어떻게 해야 할까?

자네들 '공집합(空集合)'이라고 들어봤나? 빈[空] 집합, 즉 원소가 없는 집합이야. 기수로 치면 0과 비슷한 거지. 아무것도 없어도 공집합은 존재하지. 서수도 바로 여기서 시작해야 해. 먼저 공집합을 0이라고 하자고. '0순위'라는 뜻이라고 해두지. 그러면 그다음에는 0을 원소로 하는 집합을 생각할 수 있겠지? 이것을 1이라고 하는 거야. 그럼 이젠 0과 1이 생겼으니까, 이 둘을 원소로 하는 집합을 만들 수 있겠지? 이것을 2라고 부르자고. 그럼 이번에는 0, 1, 2를 원소로 하는 집합을 만들 수 있을 거고, 이는 3

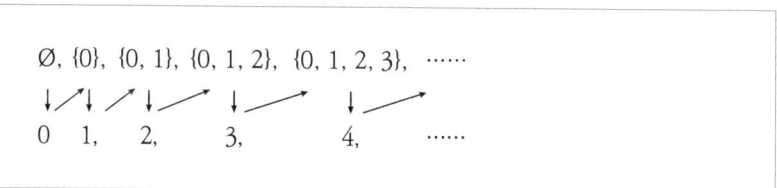

이라고 불러도 될 거야. 이걸로 또다시 그 다음 집합을 만들고 등등. 자, 이걸 위 박스처럼 표시할 수 있지.

박스의 위에 있는 집합들을 순서수라고 불러. 그 아래 있는 숫자는 그 순서수의 이름이지. 그런데 이런 과정을 무한히 계속한다면 자연수 전체를 원소로 하는 순서수가 만들어지겠지? 즉, $\{0,1,2,3,\cdots\cdots\}$. 이 집합의 이름을 오메가(ω)라고 부르자고. 그리스 알파벳의 제일 끝에 있는 문자지.

그런데 이렇게 해서 ω라는 순서수가 정해지면 그다음 수도 정할 수 있잖아. 즉, $\{0,1,2,3,\cdots\cdots,\omega\}$가 그것이지. 그럼 이 순서수의 명칭은 $\omega+1$이라고 해야지. 그럼 그다음 순서수는 $\omega+2, \omega+3, \cdots\cdots$으로 계속해나갈 수 있을 거야. 이 과정을 계속가면 앞서 1, 2, 3에서 ω에 도달했듯이, 이젠 $\omega+\omega$에 도달할 거야. 그렇다고 거기서 멈출 이유는 없어. 바로 다음에 $\omega+\omega+1$이 있고, 그 다음엔 $\omega+\omega+2$가 있으니까. 또다시 $\omega+\omega+\omega$에 도달하는 건 쉬운 일이야. 만약 $\omega+\omega=\omega\times 2$라고 쓴다면(이는 $2\times\omega$와 다르니까 순서를 바꾸면 안 돼), $\omega+\omega+\omega=\omega\times 3$이라고 쓸 수 있지.

그 뒤에도 순서수를 계속해서 만들어가면, $\omega\times 4, \omega\times 5, \omega\times 6,\cdots\cdots,$ $\omega\times\omega$에 이를 거야. 그럼 다시 $\omega\times\omega=\omega^2$이라고 쓰자고. 그리고 다시 계속하는 거야. 어디까지 가는가 해보는 거지. 그럼 $\omega^3, \omega^4, \omega^5, \cdots\cdots$을 거쳐 결국 ω^ω에 이르겠지? 그렇다고 여기서 멈출 수 있나. $\omega^{\omega+1}, \omega^{\omega+2}, \cdots\cdots, \omega^{\omega+\omega}$에 이르고, 이는 또 $\omega^{\omega\times 2}, \omega^{\omega\times 3}, \cdots\cdots, \omega^{\omega\times\omega}$에 이르게 되고, 여기서 다시 $\omega^{\omega^2}, \omega^{\omega^3}, \cdots\cdots, \omega^{\omega^\omega}$까지 간다고. 이런 과정을 계속하면 $\omega^{\omega^{\omega^\omega}}$와 같이 끝없이 계속 나갈 거야. 이처럼 처음에는 무(無)에서, 즉 공집합에서 시작했는데, 이걸로 만들어낸 순서수는 끝도 없이 계속해서 늘어나게 되지. 예전에 사람들은 무로부터 아무것도 창조되지 않는다고 말했지만, 나는 이처

럼 무로부터 엄청난 수들을 만들어냈고, 그 수들의 질서를 찾아냈지.

자랑 같지만 이렇게 재미있고 신기한 수학은 아마 들어보지 못했을걸. 그래, 맞아. 수학의 본질은 자유라는 말을 이런 맥락에서도 이해할 수 있을 거야. 이 재미있고 창조적인 수학을 크로네커는 왜 그리도 못 견뎌 하고 못살게 굴었는지……. 그러니 억울하고 분한 생각이 안 들 수가 있겠니?

솔직히 말하면, 바로 여기서 아주 난감한 문제가 하나 튀어나왔어. 수학의 근본 전체를 뒤흔드는 거대한 괴물 말이야. 덕분에 나는 감당하지도 못할 괴물을 불러낸 마술사가 된 셈이지.

집합론의 역설

그건 어떻게 보면 너무 간단한 것인데, 그래서 더 난감한 문제이기도 했어. 순서수를 만드는 방법은 간단하지? 그래, 0부터 어떤 순서수 a까지 사이에 있는 모든 순서수를 하나의 집합으로 만들면, 그 집합에 $a+1$이라는 명칭을 붙이는 거야. 그럼 이번에는 모든 순서수를 모아서 하나의 집합 A를 만들면 어떻게 될까? 그건 '모든 순서수의 집합'이겠지. 즉,

A={0, 1, 2,……, ω, $\omega+1$,……, $\omega \times 2$,……, $\omega \times 3$,……, ω^2,……, ω^3,……, ω^ω……, ω^{ω^ω},……}

이 '모든 순서수의 집합'에도 이전에 그랬듯이 하나의 명칭을 붙일 수 있을 거야. 모든 순서수의 집합이니 어쩌면 가장 끄트머리에 있는 순서수일 거야. 그럼 이 순서수의 이름을 그리스 문자의 마지막 글자를 대문자로 써서 오메가(Ω)라고 쓰자고. 그럼 이 수 Ω 역시 순서수이니까 '모든 순서

수의 집합'인 A의 원소여야 하지? 원소를 표시하는 기호를 쓰면 $\Omega \in A$라고 쓰지.

그런데 집합 A는 Ω보다 작은 모든 순서수를 모아서 만든 집합이기 때문에, A의 모든 원소는 Ω보다 작아야 해. 무슨 소리냐고? 잘 봐. 순서수 3은 집합 {0, 1, 2}로 만들었지? 그럼 이 집합 안에 있는 수는 모두 3보다 작겠지? $\omega+1$은 {0, 1, 2,……, ω}로 만들었지? 여기서도 이 집합의 모든 원소는 $\omega+1$보다 작겠지? 다시 말해 $\omega+1$은 그 집합의 원소가 아니라는 말이야. 원래 주제로 다시 돌아가면, Ω도 마찬가지로 A의 원소가 아니란 말이 되지. 즉, $\Omega \notin A$야.

그래. 자네들 말대로 모순이야. Ω는 A에 속해야 하지만, 동시에 거기에 속하면 안 돼. 이건 단지 순서수에 관해서만 나타나는 건 아니야. 기수와 같은 무한집합의 농도에서도 똑같은 모순이 나타나.

자네들, '부분집합'이 무언지는 알지? 그래, 어떤 집합의 원소 일부분을 빌려서 만드는 집합이지. 가령 집합 {0, 1, 2}의 부분집합은 {0}, {1}, {2}, {0, 1}, {0, 2}, {1, 2}가 있는데, 원소를 하나도 안 빌리고 만드는 방법도 있으니까 공집합 { }도 부분집합이고, 또 모든 원소를 다 빌려 만드는 방법도 있으니까 {0, 1, 2}도 부분집합이야.

그러면 이제 원소가 3개인 {0, 1, 2}로 만들 수 있는 부분집합의 수는 모두 8개, 즉 2^3개야. 그래, 잘 알고 있군. 자네들 말대로 원소가 n개인 집합의 부분집합은 모두 2^n이지. 그럼 n보다 2^n이 더 크다는 것도 알고 있겠지? 즉, $n < 2^n$이라는 거 말이야. 이는 무한집합의 경우에도 똑같이 성립해. 즉, 원소의 농도가 $\aleph_0$인 자연수로 만들 수 있는 부분집합의 농도는 $2^{\aleph_0}$야. 여기서도 $\aleph_0 < 2^{\aleph_0}$이야.

자, 이젠 '모든 집합의 집합'을 만들어보는 거야. 이 집합을 M이라고 하면, 여기에는 {0, 1, 2} 같은 집합도 들어가고, 자연수 전체의 집합, 정수의 집합, 실수의 집합, 무리수의 집합 등 모든 집합이 다 들어가는 거대한 집합이 되겠지. 이 집합의 농도를 알파(α)라고 하자고. 그런데 이 집합 M의 모든 부분집합을 원소로 하는 집합을 생각할 수 있을 거야. 이 집합을 M′이라고 하자고. 그럼 M′의 농도는 2^α이겠지? 그럼 아까 말했듯이 $\alpha < 2^\alpha$이지.

그런데 이 집합 M′ 역시 집합이니까, '모든 집합의 집합'에 속하겠지? 즉, M′의 원소들은 이미 '모든 집합의 집합'인 M의 농도를 계산할 때 함께 합산되었을 거야. 그러므로 M′의 농도(2^α)는 M의 농도인 α보다 작거나 같아야 해. 따라서 이번에는 $2^\alpha \leq \alpha$가 돼. 이건 $\alpha < 2^\alpha$이라는 앞의 내용과 완전히 모순되는 결론이지.

정말 난감한 모순이었어. 이걸 사람들은 내 이름을 따서 '칸토어의 역설'이라고 불러. 어딘가에 이름이 붙는다는 건 기분 좋은 일이지만, 이 경우는 좀 사정이 달라. 사실 나는 이 역설들을 발견한 뒤에도 오랫동안 발표하지 않고 나름대로 해결해보려고 애썼지. 이건 내가 평생 동안 만들고 발전시킨 집합론 전체를 뒤흔들 수 있는 모순이었기 때문이야. 그러나 나는 이 역설을 해결하는 데 성공하지 못했어. 그래, 실패했지. 실패, 실패였어. 실패란 말이야! 내 인생은 실패였다고! 훌륭한 직업도 얻지 못했고, 세상의 인정도 받지 못했으며, 오직 하나 독창적으로 발전시켜왔던 집합론은 결국 역설에 처박혀버렸어! 끔찍한 실패야.

오, 주여, 왜 이토록 모진 고통을 제게 주시는 건가요? 차라리 수학을 하지 않았어야 했나요? 그러나 수학을 할 능력을 주신 것도 당신의 뜻이 아니었던가요? 그렇다면 잘할 수 있도록 기회를 주실 수는 없었나요? 제가 무한을 넘보았다고, 당신의 영역을 넘보았다고 생각하시나요? 그래서 크로네커처럼 악마 같은 자들로 제 몸을, 제 삶을, 제 평생을 둘러싸고, 그들의 비난으로 제 머리를 눌러놓으려 하셨나요? 당신은 이, 우아, 과우……(그의 말은 점점 알아들을 수 없는 소리로 바뀌어갔다. 굉음, 신체를 울려서 만들어내는 굉음, 신체를 짜내는 듯한 굉음. "저건 사람의 소리가 아니야!" 그건 신체의 소리, 그 고깃덩어리가 울리며 만들어내는 소리였다).

제9장

역설 없는 수학을 찾아서

수학기초론의 세 가지 길

1872년 데데킨트, 『연속성과 무한』

실수 집합의 '절단'을 통해 무리수를 유리수로 환원하여 정의했고, 실수체계의 기초를 확보하려 했다. 1888년 「수란 무엇이며 무엇이어야 하는가」에서 데데킨트는 칸토어의 집합론을 바탕으로 무한집합을 정의했고, 자연수에 대한 공리적 기초를 제안한다.

1884년 프레게, 『산수의 기초』

논리학을 통해 수학의 기초를 확보하려는 시도인데, 이는 1893년 『산수의 기본 법칙』으로 이어지며, 다시 10년 후 이 책의 2권이 나온다. 그런데 인쇄 직후 러셀의 역설을 담은 편지를 받는다. 이 역설은 프레게의 시도 전체에 치명적인 것이었다.

1889년 페아노, 『산술의 원리』

순서수와 수학적 귀납법을 이용해 자연수를 공리화했다.

1897년 부랄리-포르티가 집합론의 역설 발견, 1903년 러셀의 역설 발견

수많은 논리적 역설이 발견되면서 수학의 기초가 동요하는 시대가 시작된다.

1899년 힐베르트, 『기하학의 기초』

직관적으로 당연시되는 것들이 끼어드는 것을 저지하기 위해, 구체적 내용을 추상적 기호로 대체하고, 이 기호 문장들만으로 수학을 체계화할 것을 주장했다. 이후 수학적 문장은 '해석'할 수 없는 기호열이 되는데, 이는 해석과 무관한 기호열의 무모순성이 수학적 진리를 제공한다는 생각에 따른 것이기도 하다. 이는 후일 공리들의 독립성, 공리계의 완전성(공리만으로 진위를 증명할 수 있음), 무모순성을 원칙으로 하는, '형식주의'라 불리는 수학기초론으로 발전한다.

1907년 브라우어르, 『수학의 기초에 대하여』

논리주의와 형식주의에 반대하여 '직관주의'라고 불리는 수학기초론의 입장을 정립했다. 수학은 논리학이 아니라고 볼 뿐 아니라 '배중률'을 거부한다는 점에서 논리주의와 대립하고, 칸토어처럼 무한을 실재로 취급하는 것을 비판하며, 단지 '존재한다'는 것의 증명은 무의미하고, 실제로 계산할 수 있는 방법을 '구성'해내야만 수학적으로 유의미하다고 보는 점에서 형식주의와 대립한다.

1910년 러셀과 화이트헤드, 『수학 원리』

러셀은 프레게에게 알려준 역설을 발견한 이후에도, 그와 비슷하게 모든 수학은 기호논리학이기에, 수학의 기초를 확고히 하려면 수학을 논리학으로 환원해야 한다는 입장을 견지했다. 이를 '논리주의'라고 하는데, 이 책에서 그는 화이트헤드와 함께 논리주의 입장에서 수와 연산을 정의하고 증명하려 했다.

무한소의 역설에서 무한대의 역설로

수학에서 가장 큰 스캔들은, 19세기 초에는 무한소 개념이 불러일으킨 역설과 모순이었다면, 19세기 말에는 칸토어의 집합론이었다. 예전에는 그것이 무한히 작은 양 때문에 발생했다면, 이번에는 무한히 큰 양 때문에 발생했다. 다른 점이 있다면 뉴턴이나 라이프니츠의 '악마적인' 수학은 대단한 환영과 찬사, 영광을 얻었던 반면, 칸토어의 '악마적인' 수학은 처음부터 배척과 비난, 핍박을 받았다는 것이다.

베를린 대학에서 칸토어를 가르치기도 했던 크로네커의 비난은 도를 지나쳤다. 그는 칸토어가 베를린 대학에 취직하는 것을 막았을 뿐 아니라, 칸토어의 논문이 잡지에 실리지 않도록 힘을 썼으며, 수학자 사이에서나 학생들 앞에서 공개적인 비난과 인신공격조차 아끼지 않았다. 이는 크로네커가 죽는 날까지 계속됐다. 그는 이로써 "집합론을 쓰레기통으로 보낸 것이 아니라 불쌍한 칸토어만 정신병원으로 보냈을 뿐이다".

칸토어의 지적 생산력이 가장 활발했던 1874~1884년 사이, 독일에서는 오직 데데킨트만이 그를 지지했으며, 프랑스의 에르미트(C. Hermite)나 스웨덴의 미타크-레플러(M. G. Mittag-Leffler) 등 극소수만이 그의 지지자가 되어주었다. 확실히 19세기 수학자의 시선은 독창적인 창안이 뻗어나갈 하늘보다는 안정적이고 확고한 대지를 향해 있었던 것이다. 칸토어 역시 수의 대지를 향해가는 걸로 시작했다. 그러나 확고함을 위해 대지를 파헤치던 그는 아무도 생각지 못한 무한의 심연을 찾아냈고, 그 심연 속으로 들어가 무한을 계산하기 시작했다. 역설로 가득한 심연을 계산하려는 그의 시도는 대부분의 수학자들이 보기에 이해할 수 없는 '미친 짓'이었을 뿐 아니라 자신들이 발 딛고 선 확고한 기반 자체를 와해시킬 위험으로 가득 찬 것이었다.

그러나 칸토어가 떠들썩한 사고를 일으키면서 돌파하려고 했던 지점은 19세기 후반의 가장 중요한 수학적 방향에 비추어보면, 어떤 수학자도 피해갈 수 없는 중심적이고 근본적인 곳이었다. 앞 장에서 보았듯이 불안정하게 동요하는 수학의 안전한 대지로 떠오른 것은 수의 체계였다.

해석학을 산술화하려는 바이어슈트라스의 기획은 이 점에서 선구적이었다. 페아노나 힐베르트(D. Hilbert)처럼 기하학을 대수화하거나 실수론으로 환원하려는 입장 또한 이러한 방향 안에 있었다. 방식은 달랐지만 크로네커가 발 디디려 했던 것도 바로 수론이었다. 물론 그에게 천국의 열쇠는 오직 '신이 준 수', 자연수뿐이었다는 점에서 달랐지만.

어쨌든 그 덕분에 대부분의 수학이, 실수 체계가 무모순이라면 그 이론들도 무모순이라는 것이 증명되었다. 해석학은 물론 위기에 처한 수학 전체가 실수론의 대지로 대피한 것이다. 이는 수학의 전반적인 안정성이 실수론 체계에 의존하고 있다는 것을 의미한다. 실수론은 '천국으로 가는 계단(stairway to heaven)'이었던 것이다.

자연수와 실수 사이의 심연

칸토어가 파고들어간 곳은 바로 그 실수론의 지반이었다. 앞서 보았듯이 해석학에서 문제가 되었던 것은 무한소 개념이었고, 그것은 연속성과 긴밀한 관계를 갖는 것이었다. 그런데 실수의 가장 중요한 성질이 바로 연속성이었고, 그것이 다른 수학적 문제를 실수론으로 환원하고 바꿔놓는 것을 가능하게 했던 것이다. 여기서도 연속성은 무한의 개념과 밀접하게 결부된 것이었다. 따라서 기하학이나 해석학 등을 실수론으로 환원하여 기초를 확보하려는 생각은, 좋든 싫든 실수의 가장 중요한 속성인 연속성과 무한 개념을 피할 수 없었다. 이를 직시하지 않는 한, '해석학의 산수화(바이어슈트라스)'나 '기하학의 실수화(힐베르트)'라는 기획은 그저 '무한소'라는 말을 제거한 말장난에 불과한 것이었다.

여기서 결정적인 분기점은 '무리수' 개념이었다. 무리수를 통과해야만 수는 연속적인 것이 될 수 있기 때문이다. 자연수와 정수는 불연속적이다. 수학자들은 이를 '이산적(離散的)'이라고 말한다. 유리수는 자연수나 정수와 달리 매우 조밀하지만 결코 연속적이지 않다. 수직선 위에는 틀림없이 $\sqrt{2}, \sqrt{3}, \pi, e$ 등과 같은 무리수의 자리가 있고, 그런 만큼 그것이 없다면 수로 채워지는 수직선은 연속이 될 수 없기 때문이다.

따라서 실수론을 체계적으로 발전시키고, 실수란 무엇인지, 어떤 성질을 갖는지를 알아야 하는 만큼 무리수에 대해 정확하게 알 필요가 있었다. 유리수는 두 정수의 몫 $\frac{q}{p}$(p, q는 정수이고 $p \neq 0$)로 일반적으로 표시할 수 있다. 즉, 정수를 이용해 유리수를 만드는 법을 일반적으로 정의할 수 있다. 그러나 무리수는 그럴 방법이 없다. 무리수(나누어지지 않는 수)는 '유리수(나누어지는 수)가 아닌 것'으로 부정적으로 정의되었을 뿐, 어떤 수이며 어떻게 만들 수 있는지는 정의된 적이 없다. 무리수에는 $\sqrt{2}, \sqrt[3]{7}$ 등과 같은 '대수적인 수' 외에 π, e 같은 '초월수'가 있는데, 가령 $3^{\sqrt{5}}$ 같은 수는 대수적 수인지 초월수인지조차 알지 못하고 있었다(1934년 초월수임이 밝혀진다). 바이어슈트라스나 데데킨트, 칸토어가 무리수의 새로운 정의를 찾아내는 데 몰두했던 것은 이런 맥락이었다. 따라서 '수란 무엇인가?'가 새로운 문제로 떠오르게 된 것은 차라리 너무도 때늦은 것이었는지도 모른다.

앞서 무한을 셈하려는 칸토어의 연구는 자연수와 정수, 유리수가 모두 동일한 농도를 갖는다는 것을 보여주었다. 반면 '연속체'인 실수는 그와 다른 농도를 갖는다는 것을 보았다. 실수가 정수나 유리수와 전혀 다른 농도를 갖는다는 것은 바로 무리수가 유리수와는 비교할 수 없을 만큼 많다는 것을 뜻한다. 그리고 그것이 실수의 연속성을 가능하게 한다는 것을 의미한다. 다시 말해 연속적이지 않은 수와 연속적인 수의 경계, 그 심연은 바로 유리수와 무리수 사이에 있었던 것이다. 그것은 가산집합의 무한과 연속체의 무한 사이에 있는 심연이기도 했다.

결국 대부분의 수학 체계를 실수론으로 환원함으로써 확고하고 안정된 대지를 찾으려던 시도는 실수와 그것의 '연속성'이라는 깊은 강을 건너야 했다. 다행히 그 강을 무사히 건너 모순 없는 대지에, 그 수학적 낙원에 도착한다면 모든 문제가 해결될 것이지만, 그러지 못한다면 이는 어쩌면 더욱더 극심한 수학의 위기로 몰고 갈 수도 있었다. 즉, 실수론의 깊은 강을 건너는 데 실패한다면, 실수론을 통해 확고한 기반을 확보했던 모든 수학 이론도 함께 익사할 위험에 처한 셈이다.

칸토어의 탁월한 점은, 그가 의식을 했든 아니든, 바로 이것을 문제로 포착하고, 그 문제를 향해 쏜살같이 달려갔다는 점이다. 그는 19세기 수학 전체가 응집되던 지점을 예리하게 포착하고, 거기서 필요한 것이 무언지를 정확하게 간파한다. 그리고 거기서 과감하게 주사위를 던진다. 그는 저 무한의 깊이를 가진 심연 속으로 뛰어들어 무한 자체를 들여다보고, 그것을 계산하고 정렬함으로써 심연을 돌파하고자 한다. 무한이라는 개념, 연속이라는 조건을 포기할 수 없는 수학자라면 칸토어의 이 돌진을 뒤따를 수밖에 없다. 그런 의미에서 힐베르트는 나중에 엇비슷한 구도의 전선(戰線)에서 이렇게 말한다. "누구도 칸토어가 만들어준 이 낙원에서 우리를 쫓아낼 수는 없다." 그러나 니체라면 이렇게 말했을지도 모른다. "그대가 오랫동안 심연을 들여다보고 있으며, 심연 또한 그대 안으로 들어가 그대를 들여다본다."(『선악의 저편』) 즉 심연을 들여다본다는 것은 심연에 의해 사로잡혀 추락할 위험을 감수해야 한다고…….

다른 방향에서지만 이런 상황을 재빨리 포착했다는 점에서 크로네커 역시 예리하고 선구적이었다. 그는 여기서 칸토어와 정반대로 간다. 그는 누구도 그 심연을 건널 수 없다는 걸 알았는지도 모른다. 그래서 그 강을, 그 강의 저편을 수학에서 지워버린다. 무리수와 연속, 무한이라는 세이렌의 유혹을 피하기 위해 오디세우스처럼 눈을 가리고 귀를 틀어막는다. 크로네커가 극단적일 정도로 무리수를 거부하고 오직 자연수나 그것으로 구성된 수만으로 수를 제한하려 했던 것이나, 칸토어의 집합론을 마치 악마를 대하듯 성직자의 태도로 비난했던 것을, 오직 그의 인격적 결함 탓으로만 돌릴 수는 없는 일이다.

칸토어의 돌진은 독창적이고 과감한 것이었지만, 그것이 결과의 성공을 보장해주지는 않았다. 무한을 계산하는 칸토어의 기발하고 독창적인 방법이나, 그것을 가능하게 해준 집합의 개념은 광기 어린 충동의 힘처럼 극한적인 방향으로 쭉쭉 뻗어나갔다. 그러나 그것은 결국 '칸토어의 역설'이라는 난관에 봉착한다. 모든 순서수의 집합, 모든 집합의 집합을 정의하려 하자마자 해결할 수 없는 모순, 역설이 튀어나온 것이다.

순진한 판도라가 열었던 상자에서는 질병과 근심, 절망이나 원한과 같은 모든 나쁜 것이 먼저 튀어나오고 마지막에야 눌려 있었던 희망이 튀어나왔다. 반면 칸토어가 열었던 집합론의 상자에서는 경이로운 사고들이 먼저 튀어나오며 당혹과 더불어 새로운 희망을 주었지만, 결국에는 역설이라는 난감한 괴물이 튀어나옴으로써 또다시 수학 전체를 위기와 궁지로 몰고 간다. 새로이 수학의 위기가 시작된 것이다. 그것의 가장 끄트머리에서. 이로 인해 우리는 수학자들이 아예 수학의 기초를 다지는 '수학기초론'이라는 영역을 만들고 기초를 다지는 작업에 또다시 전념하는 것을 보게 된다. 천국의 열쇠는 과연 있는 것일까?

역설의 시대

칸토어가 초한순서수에 관한 역설을 발견했던 것은 1895년이었다. 칸토어는 자신이 발견한 역설에 대해 가까운 친구에게 써 보냈지만, 그것을 발표하지는 않았다. 그로부터 2년 뒤 이탈리아의 수학자 부랄리-포르티(C. Burali-Forti)는 같은 역설을 발견해 발표했다. 그래서 모든 순서수로 만들어진 순서수에 관한 역설은 종종 '부랄리-포르티의 역설'이라고 불린다. 한편 모든 집합의 집합에 관해 발생한 역설은 1899년에 역시 칸토어가 발견했다. 그러나 칸토어는 이것도 발표하지 않고 해결책을 오랫동안 모색한다. 그때는 이전의 절대적 고독에서 벗어나 집합론의 지지자들이 점차 늘면서 자리를 잡아가던 시기였다. 그런 만큼 집합론 전체를 다시 내동댕이쳐버리게 할지도 모를 역설을 그는 차라리 감추고 싶었던 것이리라.

강력한 반대와 논란이 시작되긴 했지만, 1900년을 지나면서 집합론은 수많은 수학자를 지지자로 얻을 수 있었다. 여러 가지 이유로 잘 알려진 수학자 러셀(B. Russell)도 이러한 사람들 가운데 하나였다. 하지만 1903년 그도 칸토어가 발견했던 역설을 다른 방식으로 재발견한다. 차이가 있다면, 칸토어가 발견한 것은 집합론 안에서 발생한 것인 반면, 러셀이 발견한 역설은 좀 더 일반적이어서 논리학에서 빈번히 발생한다는 사실이었다. 이로써 집합론을 위기에 몰아넣은 역설이 단지 집합론만의 문제가 아니라 논리학이나 수학 전반에서 나타날 수 있는 중요한 문제라는 것이 분명해졌다. 바로 이 역설 하나 때문에 논리학으로 산수(수학의 기초가 되는 수학)의 기초를 엄밀하게 다지려던 프레게(G. Frege)의 책은 출판 직전 실패작이 되고 말았다.

그 뒤에 여러 가지 역설들이 여기저기서 튀어나오기 시작했다. 리샤르(Richard)의 역설, 그렐링(Grelling)의 역설, 베리(Berry)의 역설 등등. 확실성, 엄밀성을 추구하던 수학은 이제 자신의 발밑에 끔찍한 적들이 있음을 직시해야 했다. 어떻게 하면 수학의 기초를 이루는 이 땅에서 저 끔찍한 병균들, 저 역설들을 몰아낼 수 있을 것인가? 어떻게 하면 수학의 기초를 엄밀하고 확고부동한 것으로 만들 수 있을까? 이 편집증적인 질문이 정말 본격적으로 수학의 전면적 관심사가 된다. 그리고 급기야 그것을 다루는 '수학기초론'이라는 새로운 수학이 탄생한다.

이발사의 역설, 거짓말쟁이의 역설

한 마을에 이발사가 있었다. 장사를 잘하려면 좀 튀어야 한다고 생각한 그는 어느 날 재미있는 생각이 나서 자신의 이발소 앞에 이렇게 광고를 써 붙였다. "저는 스스로 면도하지 않는 모든 사람의 면도를 해줍니다." 재미있는 문구 때문일까? 손님은 늘었고, 들어오는 사람마다 그에 대해 한마디씩 던졌다. 그는 덕분에 그 마을의 명물이 되었다. '그럼, 면도하는 것도 머리를 써야지.' 그러던 어느 날 한 손님이 물었다. "그럼 당신 수염은 누가 깎아주지?" 이발사는 뭐라고 대답했을까?

이발사가 자기 스스로 면도하지 않는다면, 그는 광고문에 써 붙인 사람에 속하므로 그 사람의 면도를 해주어야 한다. 즉, 자기 스스로 면도해야 한다. 반대로 자기 스스로 면도한다면, 그는 광고 문구에 있는 사람에서 벗어나므로 그 사람의 면도를 해주면 안 된다. 즉, 그는 스스로 면도를 하면 안 된다. 따라서 그는 스스로 면도할 수도 없고, 스스로 면도하지 않을 수도 없는 난감한 궁지에 처한다. 이것이 이발사의 역설이다.

각자 한 번 더 연습해보자. 반장을 모아서 따로 가르치는 이상한 학교가 있었다. 그 학교의 모든 반에는 반장

이 있다. 그런데 그 반장들은 자신의 학급이 아니라 따로 만든 반장반에서 공부해야 한다. 그럼 이 반장반의 반장은 어디서 공부해야 할까?

이발사를 이용해 만든 러셀의 역설은 사실 수학적인 것이고, 수학적인 표현을 갖고 있었다. 앞의 상황을 떠올리면 다음에 설명하는 역설이 이발사의 역설과 같은 것임을 알 수 있을 것이다. 질문은 이것이다. "자기 자신을 원소로 갖지 않는 집합 전체를 U라고 할 때, 집합 U는 U에 포함되는가?"

무슨 소리인지 알쏭달쏭할 것이다. 이발사 이야기보다 확실히 어려워 보인다. 그러나 그렇게 보일 뿐이다. 예를 들어 모든 '추상적 개념의 집합'을 A라고 할 때, 이 집합 A 자체가 추상적 개념이라고 하면 이 집합은 자기 자신을 원소로 갖는다. 반대로 '구체적 개념의 집합'을 B라고 하고, B는 추상적 개념이라고 말하면, B는 자기 자신을 원소로 갖지 않는다. 이처럼 자기 자신을 원소로 갖지 않는 모든 집합을 U라고 하면, 이 U 자신은 U에 포함되는가, 아닌가? 포함된다고 말하면 U는 자기 자신을 원소로 하는 집합이 되어 가정과 달라진다. 또 포함되지 않는다고 하면 U는 자기 자신을 원소로 하지 않는 집합이 되니 U에 포함되어야 한다. 어떻게 해도 모순이 된다.

러셀의 역설을 약간 변형시킨 것이 그렐링의 역설이다. 그는 모든 형용사를 자기서술적인 것과 그렇지 않은 것으로 나눈다. 예를 들어 '짧은'이란 말은 짧기 때문에 자기서술적이지만, '긴'이란 말은 길지 않기에 자기서술적이지 않다. '슬픈'이란 말은 슬프지 않기에 자기서술적이지 않으며, '기쁜'이란 말도 마찬가지다. 대부분의 말은 아마도 자기서술적이지 않다. 그런데 '자기서술적이지 않은'이라는 말은 어디에 속할까? 그것이 만약 자기

서술적이지 않다면 자기서술적인 것이 된다. 반대로 자기서술적인 것이라면 자기서술적이지 않은 것이 된다.

이런 역설 가운데 가장 오래되고 고전적인, 또한 가장 간단한 것은 에피메니데스라는 크레타인이 고안한 역설이다. 그것은 거짓말쟁이의 역설이라고 불리는데, 다음과 같다.

"모든 크레타인은 거짓말쟁이다."

이 말을 한 사람은 앞서 말했듯이 크레타인이다. 따라서 그의 말이 참이라면, 그의 말은 거짓말이 된다. 만약 그의 말이 거짓말이라면, 즉 크레타인이 거짓말쟁이가 아니라면 그의 말은 참이 된다. 따라서 그의 말은 참이라고 하면 거짓말이 되고, 거짓말이라고 하면 참이 된다는 점에서 러셀의 역설과 유사하다.

이와는 조금 다른 리샤르의 역설이 있는데, 이를 간명하게 표현한 것이 베리의 역설이다. 가령 '25자 이내의 문자로 표시할 수 없는 자연수'를 생각해보자. 이런 숫자는 많다. 123456789012345678901234567890은 30자나 된다. 이보다 더 많은 숫자로 표시되는 수를 여러분은 얼마든지 만들 수 있다. 그런데 이 모든 숫자는 앞서처럼 '25자 이내의 문자로 표시할 수 없는 자연수'라는 말로 표시할 수 있다. 그런데 그 글자 숫자는 25자가 안 된다. 즉, 그것은 25자 이내로 표시할 수 있는 자연수인 것이다. 따라서 이는 처음에 한 말과 모순되는 역설이다.

자기에 대해 말하지 말라

별로 수학적이지 않은 문제 하나. 잘 살펴보면 이 모든 역설에서 공통된 특징을 찾을 수 있다. 관찰력을 발동해보시길.

답은 모두 다 '자기 언급'으로 인해 역설이 생긴다는 것이다. 이발사의 역설은 이발사와 손님 사이에서는 발생하지 않는다. 이발사 자신이 면도할 때, 즉 이발사 '자신'이 손님에 속하는지 아닌지가 문제될 때 발생한다. 자기 자신을 원소로 갖지 않는 집합 U는 '자기 자신'인 U를 원소로 포함하는지, 아닌지 묻는 것도 그렇다. 그렐링의 역설도 그렇다. '자기서술적이지 않은'이란 말은 '자기서술적이지 않은가'와 같이 자기 자신에 대해 언급하고 있다. 거짓말쟁이도 그렇다. 거짓말쟁이라는 말이 말한 사람 자기 자신으로 소급되면 거짓말쟁이라는 말은 거짓말이 된다. 이는 칸토어의 역설에서도 마찬가지다. '모든 집합의 집합'이 '모든 집합의 집합'에 속하게 될 때 역설이 나타난다.

이러한 사실들에서 여러분은 역설을 피하는 방법을 고안할 수 있다. 즉, 자기 언급을 피하면 역설을 피할 수 있으리라는 것이다. 러셀이 역설을 피하기 위해 선택한 방법도 바로 이것이었다. 그것을 그는 '유형이론'이라고 불렀다. 예를 들면 '모든 집합의 집합'이라는 말에서 앞의 집합이라는 말과 뒤의 집합이라는 말은 다른 단계(유형)에 속한다는 것이다. 뒤의 집합은 앞의 집합을 통해 정의되는, 다음 단계(유형)의 개념이다. '자기 자신을 원소로 갖지 않는 집합들의 집합'에서도 앞의 집합과 뒤의 집합이라는 말은 다른 줄에 속하는 것이다. '모든 크레타인은 거짓말쟁이다'라고 말하는 크레타인(에피메니데스)과, 그의 말 속에 들어 있는 크레타인 역시 다른 단계(유형)에 속한다. 이 단계(유형)와 줄을 혼동하는 데서 모든 역설이 발생한다. 따라서 그것을 혼동하지 않고 명확하게 구별해 정의하면 역설을 피할 수 있다는 것이다.

이를 이용해 그는 역설을 피하면서 수학의 기초를 다시 한번 엄밀하고 확실하게 세우려고 했다. 그러나 말들을 각각의 층으로 나누고, 그 층계에 따라 배열하려는 러셀의 요구는 그의 생각만큼 명료하지는 않으며, 층계를 쉽사리 넘나드는 우리의 언어에 관한 한 무력한 요구다. 다음 그림을 보자.

프랑스의 초현실주의 화가 마그리트(R. Magritte)의 그림이다. 그림 속 글씨는 '이것(Ceci)은 파이프가 아니다'라는 뜻이다. 이 문장에서 '이것'은

[그림 9.1] 마그리트, '이것은 파이프가 아니다'

과연 무엇을 지시할까? 이 '이것'은 '파이프'와 동일한 유형에 속할까? 혹은 '파이프'를 정의하는 데 적절한 단계(유형)에 속할까? '이것은 파이프가 아니다'라는 말은 참일까, 거짓일까?

다음으로, 내가 이 책의 서문에서 "이 책에서 내가 하고 싶었던 것은 이것이다"라고 썼는데, 여기서 두 번 나오는 '이 책'은 같은 유형에 속할까 아니면 다른 유형에 속할까?

염두에 둘 것은 분명히 그 두 말이 하나의 동일한 대상을 가리키고 있다는 점이다. 더 근본적인 것은 러셀에 따르면 '이 책에서'라는 말은 이 책에 대한 언급인 만큼 실제로 이 책에서는 언급되어선 안 된다. 이 책을 다루는 다른 책이나 다음 단계에 속하는 '메타-책'에서나 언급할 수 있는 말이 되기 때문이다. 게다가 그에 따르면 자기 언급의 위험이 있는 한, '나'라는 말을 이처럼 쉽게 사용해서는 안 된다.

'돈이 돈을 낳는다'는 말이 있다. 여기서 '돈을 낳은 돈'과 '돈이 낳은 돈'은 같은 돈인가 다른 돈인가? 경제학자라면 당연히 앞의 돈은 자본이고, 뒤의 돈은 이윤이나 이자라고 말할 것이다. 그러나 그것은 어느새 하나가 되어 또다시 돈을 낳는 돈으로 하나가 된다. 최초에만 구분되는 이 두 가지 '돈'은 즉시 통합되어 하나의 동일한 돈이 된다. 거기에는 아무런 문제도 없고, 그런다고 해서 아무런 문제도 나타나지 않는다. 돈은 그저 돈일 뿐이다. 은행의 계정에서 원금과 이자를, 단계(유형)를 구분하지 않고 합산하고, 그 합산된 돈에 새로이 이자를 계산하는 것은 과연 수학적으로 잘못된 것일까?

내용 없는 형식으로서의 수학

집합론과 역설들의 출현에 맞닥뜨린 수학자들은 수학의 기초를 다지는 작업을 본격적으로 시작했다. 엄밀성(엄격성!)과 확실성, 확고부동함을 갖춘 새로운 수학의 낙원을 찾아 나선 것이다. 하지만 그전에 먼저 알아두어야 할 것은 '공리주의'다. 알다시피 유클리드기하학은 5개의 공리를 기초로 모든 정리를 이끌어내고 체계적으로 배열된다. 거기서 다섯 번째 공리인 평행선의 공리가 다른 것으로 대체될 수 있다는 것이 발견되기는 했지만, 그 경우에도 다섯 개의 공리에서 모든 명제를 체계적으로 이끌어내고 정돈한다. 이처럼 어떠한 수학 이론도, 모든 명제를 기본적인 최소한의 공리에서 이끌어내고 체계적으로 정돈해야 한다는 생각을 보통 '공리주의'라고 한다.

　기하학에서 시작된 이러한 생각은 기하학을 넘어서 다른 모든 수학의 영역으로 확장된다. 힐베르트가 여기서 큰 역할을 했다. 그는 점, 선, 면 대신 컵, 의자, 테이블을 가지고도 마찬가지로 말할 수 있어야 한다는 말로 유명하다. 하지만 그 말을 곧이곧대로 믿었다가는 낭패를 본다. 이 말은 아무 말로나 바꾸어도 좋다는 말이 아니라 점, 선, 면이라는 말을 듣자마자 우리가 즉각 떠올리게 되는 직관적인 내용을 없애야 한다는 말이다. 이런 생각에서 현대의 공리주의는 컵, 의자, 테이블이 아니라(이 말들은 또 다른 직관적 내용을 떠올리게 한다), 직관적 내용을 완전히 제거한 용어들, 즉 x, y, z, A, B 등과 같은 문자나 기호로 모두 바꾸어버린다. 덕분에 우리는 수학책을 보아도 아무것도 알 수 없게 된다. 바로 그게 직관적 내용을 제거한 목적이기도 한 것이니까.

내용이 완전히 제거된 수학, 거기에는 대체 무엇이 남을까? 아무런 내용도 없는데 참이니 거짓이니, 역설이니 뭐니 하는 게 무슨 의미가 있을까? 그러나 수학자들이 그렇게 순진하지는 않다. 문제를 일으키는 내용을 그처럼 싹 제거하고 나면 남은 것은 그 문자들 사이의 형식적 관계다. 즉, 직관적 내용이 제거된 말들 사이에도, 공리주의적 정합성(무모순성)을 마찬가지로 발견할 수 있으면, 그것은 올바른 수학적 이론이요, 참일 수 있다는 생각인 것이다. 아마도 무슨 소리인가 알 수 없을 것이다. 그럼 직관적 내용이 제거되고 오직 문자들의 형식적 관계만 남는 게 어떤 건지 예를 한번 보아두는 것도 좋을 것이다. 미리 말해두는데, 무슨 소리인지 모르겠다고 불평하지는 말라. 무슨 소리인지 모르라고 그렇게 쓰는 것이니까. 마음을 비우고 문자들의 관계가 어떤지만 쫓아가보라. 마음이 약해지면 단전에 힘을 모으고 예전에 가르쳐준 주문을 외우라. "수리수리 마하수리 수수리 사바하, 수리수리 마하수리 수수리 사바하……." 그리고 세 개의 공준으로 만들어진 이 형식적 관계가 무엇을 뜻하는지 한번 '상상'(!)해보라(그래도 정 안 되겠으면 그냥 넘어가라. 할 수 없는 일이니).

공준 1: $a \neq b$이면, aRb또는 bRa다.
공준 2: aRb이면 $a \neq b$다.
공준 3: aRb이고, bRc이면, aRc다.

여기서 가장 단순한 정리를 하나 유도해보자.

정리 1: aRb면 bRa다.

증명: aRb와 bRa가 동시에 성립한다고 가정하자. 그럼 공준 3에 의해 aRa다. 그런데 공준 2에 의하면 aRa면 $a \neq b$여야 한다. 즉, 모순이 발생한다. 따라서 aRb와 bRa가 동시에 성립한다는 가정은 잘못되었다. 즉, 정리 1은 증명되었다.

형식체계의 무모순성은 해석에 의존한다

이런 식으로 모든 정리를 공리로부터 증명하여 체계화한다. 이처럼 형식적 관계만 남겨서 체계화한 것을 '형식체계'라고 한다(물론 이런 식으로 일상언어를 사용한 문구들이 형식화된 수학책에 등장할 거라곤 기대하지 말라). 형식체계란 무엇을 뜻할까? 아무것도 뜻하지 않는다. 다만 무엇을 뜻하는지는 문자를 적절한 말로 바꾸어서, 즉 내용을 불어넣어서 적절하게 '해석'할 수는 있다. 단, 그때 내용상의 모순이 나타나지 않는 말을 선택해야 한다.

예를 들어 a, b, c 등을 동창회 회원이라고 하고, =를 '동기'라는 말로, R을 '선배'라는 말로 바꾸면 어떨까?

공준 1: a와 b가 동기가 아니라면, a가 b의 선배거나, b가 a의 선배다.
공준 2: a가 b의 선배라면, a와 b는 동기가 아니다.
공준 3: a가 b의 선배이고, b가 c의 선배라면, a는 c의 선배다.
정리 1: a가 b의 선배라면, b는 a의 선배가 아니다.

여기서 문자를 말로 바꾸었을 때 아무런 문제나 모순이 나타나지 않았다. 이처럼 형식체계의 문자항들에 어떤 내용을 대응시켜 바꾸는 것을 '해석'이라고 부른다. 하지만 이런 하나의 해석만이 있는 것은 아니다. 가령, 다른 걸 똑같이 두고 R을 '후배'라는 말로 바꾸어도 똑같이 성립한다. 또 다른 해석도 얼마든지 있을 수 있다. 가령, a, b, c를 정수라고 하고, R을 '(a보다 b가) 더 크다'로 바꾸면 어떨까? 그럼 위의 형식적 문장은 이렇게 바뀐다.

> 공준 1: $a \neq b$이면, a보다 b가 더 크거나($a<b$), b보다 a가 더 크다 ($b<a$).
> 공준 2: a보다 b가 더 크면($a<b$), $a \neq b$다.
> 공준 3: a보다 b가 더 크고($a<b$), b보다 c가 더 크면($b<c$) a보다 c가 더 크다($a<c$).
> 정리 1: a보다 b가 더 크면($a<b$), b보다 a가 더 크지 않다($b \not< a$).

위의 문자 가운데 R을 '크다'가 아니라 '작다'로 바꾸어도 위의 체계는 똑같이 타당하게 성립한다. 혹은 a, b, c 등을 수직선상의 점이라고 하고, R을 '~보다 ~이 더 오른쪽에 있다'로 바꾸어도 마찬가지로 타당하게 성립한다. 오른쪽 대신에 '왼쪽'이라고 바꾸어도 마찬가지이고.

이처럼 내용을 제거하고 오직 형식적 관계만 남겨서 공리주의적으로 정돈하는 방법을 '형식적 공리주의'라고 한다. 여기서 중요한 것은 수학적 참이란 이처럼 형식적 관계에 있다는 점이다. 이 형식적 체계 안에 모순이 없다면(이를 '무모순성'이라고 한다), 그리고 어떤 (형식적) 정리도 공리만으로 참/거짓을 결정할 수 있다면(이를 '결정가능성'이라고 한다), 그 형식체계는 참이라고 할 수 있지 않을까? 그렇다면 이젠 형식체계의 '무모순성'과 '결정가능성'(결정가능한 체계를 '완전하다'고 한다. '완전성')을 입증하기만 하면 엄밀한 수학적 진리를 확보할 수 있지 않을까? 이것이 내용을 모두 지우고 이런 식으로 정돈하는 이유다.

하지만 결정적인 문제가 있다. 첫째, 앞서 예시한 형식체계에서 만약 a, b, c를 토끼, 사자, 코끼리라고 하고, 등호를 '같다'는 말로, R을 '더 크다'는 말로 바꾸면 어떻게 될까? 방금 위에 크기 관계로 해석한 것에 비추어 보면 토끼보다 사자가 더 크고, 사자보다 코끼리가 더 크다는 공준 3의 관계를 만족하고, 다른 공준이나 정리와도 부합한다. 그런데 R을 '잡아먹다'라고 해석하면 어떻게 될까? aRb는 '사자는 토끼를 잡아먹는다'가 된다. 좋다. 그러나 bRc는 '코끼리는 사자를 잡아먹는다'고 해석해야 하는데, 이는 잘 알겠지만, 맞지 않는다! 즉, 이는 적절한 해석이 아니다. 이런 해석에 대해 이 형식체계는 올바른 관계, 참된 관계를 제시하지 못한다. 형식체계상으로는 모순이 없지만 해석하는 순간, 해석하기 위해 문자를 대체하는 것이 무엇인가에 따라 맞을 수도 있고 틀릴 수도 있다. 그렇다면 형식체계의 진위는 결국 해석에 의존한다는 말이 된다. 즉, 동물학적 개념으로 바꾸면 동물학 지식에 의존하게 되고, 화학의 개념으로 바꾸면 화학 지식에 의존하게 된다.

둘째, 해석에 좌우되지 않는 경우, 즉 형식적 관계만 볼 때, 어떠한 형식체계도 '무모순성'과 '완전성(결정가능성)'을 가져야 한다. 그러나 나중에 다시 보겠지만, 어떠한 형식체계도 공리만으로 참/거짓을 결정할 수 없는 명제를 포함하고 있다. 또한 어떠한 형식체계도 자신의 무모순성을 입증할 수 없다는 게 증명된다. 이를 '괴델의 정리'라고 하는데, 이는 직관적 내용을 제거한 형식화를 통해 수학적 진리를 확보하려던 모든 시도가 결정적으로 실패했음을 의미한다.

형식주의, 논리주의, 직관주의

이러한 형식적 공리주의는 현대 수학의 정돈과 체계화에서 매우 중요하게 여겨진다. 그것은 모든 벽과 바닥, 천장에 흰 페인트를 칠해서, 역설과 모순, 오류와 거짓과 같은 것이 침투할 수 없도록 하는 방법, 혹은 침투한 경우에는 그것을 금방 찾아낼 수 있는 방법처럼 여겨졌다. 그러나 형식적 공리주의를 이용할 경우에도, 수학 전체의 기초가 되는 확고한 땅이 무엇인지, 또 그 땅 속의 공리에서 나무를 키우기 위해 사용해야 할 규칙들이 무엇인지는 다시 또 정해야 한다. 20세기 초, 바로 이 기초가 되는 땅이 무엇인지, 나무를 키우는 올바른 규칙은 무엇인지를 둘러싸고 크게 세 가지 다른 입장이 논란을 벌인다. 프레게나 러셀, 화이트헤드(A. N. Whitehead)로 대표되는 논리주의, 힐베르트가 이끌었던 형식주의, 브라우어르(L. E. Brouwer)가 이끌었던 직관주의가 그것이다.

먼저 논리주의는 논리학의 사고 법칙이 수학을 비롯해 인간 사고의 산물인 모든 이론에 기초가 된다고 보았다. 그래서 논리학의 기본 법칙과 집합론을 통해 수학의 모든 이론을 도출할 수 있으리라고 보았다. 러셀이 말한 유형이론을 써서 칸토어의 집합론에서 역설을 제거하고, 동일률, 모순율, 배중률이라는 논리학의 기본 법칙과 삼단논법 등에서 시작하여 수론, 산수, 기하학 같은 모든 수학을 도출한다면, 엄밀하고 확고한 땅 위에서 수학의 숲을 엄밀하고 확실하게 정돈할 수 있으리라고 보았다.

비록 러셀의 역설로 인해 출판 직전에 무효화되긴 했지만, 프레게가 쓴 『산수의 기본 법칙』은 이러한 생각을 가장 먼저 실행한 연구였다. 논리주의의 기획을 가장 끈기 있고 체계적으로 밀고 나간 사람은 러셀과 화이트헤드였다. 그들은 방금 말한 생각대로 논리학의 기본 법칙에서 수론과 산수를 도출하려는 아주 두껍고 읽기 힘든 책 세 권을 썼다. 『수학 원리(Principia Mathematica)』라는 제목의 1천 쪽이 넘는 대저작이 탄생했다. 그러나 '1+1=2'가 참이라는 걸 확신하기 위해 이 거대한 책을 읽으려는 사람은 물론 없었고, 수학자들도 이처럼 방대하고 번거로운 작업을 통해 수학의 기초를 다지려는 생각에 그다지 호의를 갖진 않았던 것 같다. 그래서인지 전 세계에서 이 책을 읽은 사람은 두 저자인 러셀과 화이트헤드, 그리고 괴델 세 사람뿐이라는, 농반진반(弄半眞半)인 말을 심심치 않게 들을 수 있다.

사실상 두 사람의 저자조차도 이 책을 쓰고 나서는 그만 지쳐서 산수에 이어 기하학을 그렇게 정리하겠다는 기획을 스스로 포기했고, 급기야 수학 자체를 떠나 철학으로 옮겨갔다. 여러분도 혹시 수학을 계속 공부하고 싶은 생각이 있다면 그 책은 절대 읽지 않는 게 좋다. 저자들처럼 진이 빠져서 수학을 떠나게 될지도 모르는 일이니까. 게다가 그 책에서 그들이 사용한 공리(환원공리)가 논리학의 법칙에서 유도되는 것이 아니라는 점이 나중에 밝혀져서 집합론과 논리학만으로 수학의 기초를 다지겠다는 그들의 시도는 결국 실패가 되어버렸다.

배중률과 귀류법을 포기하자!

직관주의는 수학에서 직관적 내용을 제거하려는 태도를 거부한다. 수학은 어떤 직관적이고 원초적인 경험을 그 기원으로 하는 것이며, 이 직관적인 내용을 제거하는 순간 그것은 수학이 아닌 것이 된다는 주장이다. 따라서 수학을 논리학으로 환원할 수 있다는 생각을 철저하게 거부한다. 예컨대 1+1=2라는 수학적 계산은 논리학에 의존하지 않으며, 논리학과 아무 상관도 없다는 것이다. 그것은 수와 관련된 어떤 원초적인 직관에 기원한다. 따라서 그들은 수나 수학을 논리학으로 환원하려는 시도나, 논리학을 통해 수학의 기초를 마련하겠다는 생각은 터무니없는 것이라고 본다. 이 점에서 그들은 논리주의자와 출발부터 아예 다르다.

또 하나 중요하게 다른 것은 그들은 칸토어의 집합론을 부정한다는 점이다. 그들은 무한이란 '수많은 대상이 이미 존재하고 있어서 얼마든지 새로운 것을 창조해갈 수 있는 가능성'('가능한 무한', '가무한'이라 한다)을 뜻하는 것이지, 칸토어의 생각처럼 '세고 계산할 수 있는 어떤 현실적인 수나 존재'('현실적 무한', '실무한'이라 한다)가 아니라는 것이다. 그렇기 때문에 그들은 무한을 전제하는 증명의 방법도 받아들이지 않는다. 수학자는 신이 아니라 인간이기에 '무한히 반복하면' 언젠가 나올 것이라는 식의 판단을 해선 안 된다는 것이다.

이 문제는 논리학의 법칙인 배중률을 둘러싸고 매우 중요한 논점을 제기한다. 즉, 직관주의자들은 무한한 것에 대해 배중률을 사용하면 안 된다고 주장한다. 바로 그것이 집합론에서 역설들이 나타나는 원인이라는 것이다. 이는 수학적 증명에서 매우 자주 사용되는 귀류법에 대한 비판으로 이어진다. 무슨 말이냐고?

먼저 배중률(排中律)이란 '모든 것은 A이거나 A가 아니거나 둘 중의 하나'이지 중간은 없다는 것이다. 즉, 중간(中間)을 배제(排除)하는 규칙이 바로 배중률이다. 79는 소수거나 합성수(소수가 아닌 수)거나 둘 중의 하나이지, 그 어느 것도 아닌 다른 것일 수는 없다는 것이다. 남자면 남자, 여자면 여자지 중간은 없다는 것이다. $\sqrt{2}$는 유리수이거나 그렇지 않거나(즉, 무리수거나) 둘 중의 하나이지, 유리수도 아니고 무리수도 아닌 수가 될 수는 없다는 것이다.

귀류법은 'A가 아니라면'이라는 가정에서 시작해서 모순이 나타남을 보여주고, 따라서 A가 아니라는 가정이 잘못되었다는 식으로 A임을 증명하는 방법이다. 예를 들어 $\sqrt{2}$가 무리수임을 증명할 때 귀류법을 사용한다. 즉, $\sqrt{2}$가 유리수라고 가정할 때 모순이 나타남을 보여주고, 따라서 $\sqrt{2}$가 유리수라는 가정이 틀렸음을 들어 무리수라고 말하는 것이다. 그런데 유리수도 아니고 유리수가 아닌 것도 아닌 또 다른 경우가 있다면, $\sqrt{2}$가 유리수라는 가정이 잘못되었다고 해도, 그것이 그 수가 유리수가 아니라는(무리수라는) 말을 할 수 없다. 유리수도 아니고 무리수도 아닌 어떤 것일 수 있기 때문이다.

따라서 귀류법은 "모든 것은 그렇거나 아니거나 둘 중의 하나이지, 중간은 없다"라는 배중률이 없으면 사용할 수 없다. 그런데 무한집합에서는 수학에서도 '그런지 아닌지' 분명하게 말할 수 없는 일이 있다. 예를 들어 원주율인 π가 그렇다. 알다시피 이 수는 무리수다. 순환하지 않는 무한소수다. 즉,

$\pi = 3.141592653589793238\cdots\cdots$

그런데 이 숫자의 소수점 762자리부터 999999라는 숫자 배열이 나타난다. 물론 그 뒤에는 규칙 없이 배열되는 수로 다시 이어진다. 그렇다면 이런 의문이 들 수 있다. 그 이후에 또다시 9나 다른 수가 6번 이상 연속해서 나타나는 일이 있을까? 확률적으로는 사실상 불가능하다. 그렇다고 그런 일이 없다고 과연 말할 수 있을까? 아무도 말할 수 없다. 왜냐하면 무한히 진행되는 일이기 때문에 없다고 말할 수 없는 것이다. 따라서 'π의 768자리 이후에 9가 6번 이상 연속해서 나타난다'에 대해서 '맞다'와 '틀리다', '그렇다'와 '아니다' 가운데 어느 하나로 정할 수 없다. 여기서 '그러면 그렇고, 아니면 아니지 중간은 없다'는 배중률은 전혀 통하지 않는 것이다. 따라서 직관주의자는 적어도 무한에 대해 배중률이나 귀류법을 사용하는 것을 잘못으로 본다.

결국 직관주의자는 가장 직관적으로 자명한 수인 자연수에 기초해 수학 전체를 다시 세워야 한다고 주장한다. 여기에 무한을 배제하는 '유한의 입장'이 더해지고, 무한에 대해 배중률을 사용해서는 안 된다는 규칙이 또 더해진다. 이러한 입장은 예전에 칸토어를 비난했던 크로네커의 입장과 매우 가깝다. 그런 만큼 이 입장에 따르면 수학의 많은 부분을 포기해야 한다. 집합론은 물론 귀류법을 사용해 증명된 모든 것을 포기해야 하고, 해석학처럼 무한 또는 연속 개념을 피할 수 없는 것도 포기해야 한다. 그래서 직관주의는 많은 수학자의 지지를 받지 못했다. 아무리 논리적으로 타당하고 수학적으로 설득력이 있다 해도, 포기해야 할 것이 너무 많다면 수학자들 또한 받아들이기 쉽지 않았던 것이다. 그렇다면 이로써 직관주의는 수학자들의 지지나 반대 역시 '논리적인 것' 또는 '형식적인 것'이라기보다는 '현실적이고 직관적인 것'임을 보여주는 데 성공한 것이 아닐까?

공리계의 완전성과 무모순성

형식주의는 형식적 공리주의에서 출발한다. 즉, 공리주의에 따라 수학의 내용을 형식체계로 정돈하는 것이다. 그리고 그러한 형식체계에 대해 무모순성과 완전성(결정가능성), 그리고 공리의 독립성을 충족한다는 것을 증명할 수 있다면 수학적 진리를 확보할 수 있다는 생각에 기초하고 있다. 이 점에서 형식주의는 논리주의와 가까이 있다. 실제로 힐베르트는 러셀과 하이트헤드가 발전시킨 기호적 형식화의 방법을 적극 받아들였다. 직관적 내용을 제거하여 형식화하려는 시도 역시 이들이 공유하고 있는 것이기도 하다.

그러나 형식주의자들은 수학이 논리학으로 환원될 수 있다는 논리주의의 생각은 받아들이지 않는다. 즉, 논리학의 법칙으로부터 수학의 모든 내용이 도출되어 나올 것이라고 생각하지 않는다는 것이다. 그들이 보기에 수학은 수학이지 논리학의 일종이 아니다. 다만 직관적으로 당연시된 관념이 침투하는 것을 막고, 모순 없는 공리적 체계를 위해 논리학을 이용할 뿐이다. 이는 형식주의가 논리주의와 근본적으로 다른 점이고, 형식적 공리화를 추구한다는 매우 유사한 특징을 가졌는데도 '논리주의'라는 말로 결코 불릴 수 없는 이유다.

한편 형식주의는 직관주의와 달리 칸토어의 집합론을 지지하며, 배중률을 배제하려는 직관주의의 입장을 격렬하게 반대한다. "누구도 칸토어가 만들어준 이 낙원에서 우리를 쫓아낼 수 없을 것이다"라고 선언했던 힐베르트는, 수학자에게서 귀류법(배중률)을 빼앗는 것은 권투선수에게서 주먹을 빼앗는 것과 마찬가지라며 직관주의자들을 비난했다.

하지만 이러한 입장은 직관주의의 공세에 대한 반대일 수는 있었지만, 그것에 대항할 어떤 적극적 프로그램이라고는 할 수 없었다. 이러한 프로그램을 마련하기 위해서 힐베르트가 나중에 제시한 것은 수학적 진리의 엄밀한 기초를 위해 증명 자체가 옳은지를 검토하는 '초증명'이라는 방법이었다. 더불어 이러한 방법의 사용에서 형식주의자는 '유한의 입장'이라는 직관주의자들의 주장을 받아들인다. 요컨대 유한의 입장에서 증명 자체의 무모순성에 대한 형식적 검토를 하는 것이 수학적 진리를 확보하는 방법이라는 것이다.

이러한 입장은 방금 보았듯이 한편으로는 논리주의자들의 방법을 수용한 것이고, 다른 한편으로는 직관주의자들의 주장을 수용한 것이기도 하다. 양자를 수용함으로써 일종의 변증법적인 종합을 수행하려는 것일까? 어쨌건 공리주의적 형식화와 그것의 증명에 대한 초증명에서 핵심적인 것은 공리계의 '완전성'과 '무모순성'을 입증하는 것인데, 이는 1931년 괴델이 증명한 유명한 정리에 의해 애당초 불가능한 것임이 증명된다. 그것은 형식주의적 프로그램의 파산 선고였던 셈이다.

수학적 엄밀성의 진혼곡

수학의 엄밀한 기초를 확보하려는 19세기 이래의 노력은 20세기 들어와 '수학기초론'이라는 새로운 분과 학문을 만들어내기까지 했지만, 그 결과는 어느 것도 성공하지 못했다. '엄밀성, 엄밀성'을 주문처럼 외면서 천국의 열쇠를 찾으려는 19세기 이래의 편집증적인 시도는 그렇게 끝이 났다.

그 마지막 장은 모차르트의 〈레퀘엠〉만큼이나 아름다운 진혼곡 '괴델의 정리'일 것이다. 하나의 단일한 기초로 이 많은 수학들을 환원하거나 통일하려던 시도가 실패로 끝난 것이다. 이제 정관사를 붙인 수학, 대문자로 쓰인 수학 'the Mathematics'는 존재하지 않는다. 다만 이런 수학, 저런 수학, 수많은 수학들이 존재할 뿐이다.

수많은 수학들. 어차피 수학은 그런 게임들이었다. 게임들, 그것에 어떤 하나의 공통된 본질, 공통된 정의를 어떻게 찾을 수 있을까? 하나를 찾는 순간 어차피 그것을 벗어난 많은 게임들이 이미 있다는 것만을 반복해서 발견할 뿐이다. 그 많은 게임들을 하나의 단일한 본질로 환원하거나 확고한 기초 위에 세워야 한다는 생각 자체가 우스운 것이 아니었을까? 그것은 우리가 생각하듯이 수학의 전 역사에 공통된 어떤 것이 아니다. 그것은 그저 19세기로 넘어올 무렵 서구에서 나타나 20세기에 이르면서 파산한 어떤 태도, 수학에 대한 하나의 특정한 관념에 불과할 뿐이다. 수많은 게임들로서, 새로운 추상과 사유의 다양한 가지들로서 수학들은 그런 시도들 이전에도 존재했고, 그런 시도가 실패로 끝난 이후에도 마찬가지로 존재한다.

그렇기에 수학의 기초를 확보하려는 시도가 실패로 끝났다는 것이 수학의 종말을 의미한다고 생각한다면 정말 우스운 일일 것이다. 그것은 다만 수학을 하나의 틀, 하나의 기초에 가두려는 시도가 종말에 이른 것을 뜻할 뿐이다. 따라서 그 실패는 새로운 자유, 사실은 언제나 수학에 있었고 언제나 수학과 함께했던 오래된 자유를 뜻할 뿐이다. '수학의 본질은 자유'라는 칸토어의 말은 혹시 이런 의미의 예언이 아니었을까?

제10장

불완전성의 정리

수학의 심연, 혹은 열린 경계

1931년 괴델, 「『수학 원리』 및 관련 체계에서 형식적으로 결정될 수 없는 명제에 관하여」
자연수론을 포함한 모든 형식적 공리계에는 공리만으로 참/거짓을 결정할 수 없는 명제가 있으며('불완전성'), 그러한 공리계는 자신의 무모순성을 증명할 수 없다는 명제를 증명했다. '불완전성의 정리'라고 하는 이 명제는 논리학이나 형식화를 통해 수학의 기초를 확립하려던 모든 시도가 불가능함을 증명했고, 나아가 무모순성을 근거로 삼는 수학적 체계가 불완전함을 증명했다.

1936년 튜링, 「결정 문제를 응용한, 계산 가능한 수에 대하여」
후일 컴퓨터의 기본 아이디어 중 하나가 된 튜링 기계가 계산을 마치고 정지할 수 있는지 여부('정지 문제'라고 한다)가 결정 불가능함을 증명했다. 계산가능성에 근본적 한계가 있음을 증명한 것인데, 이는 괴델의 불완전성의 정리의 변형된 버전이다. 거의 비슷한 시기에 알론조 처치 역시 판정 불가능한 문제가 존재함을 증명했는데, 결정 문제와 동일한 것이다.

1938년 괴델, 「선택공리 및 일반 연속체 가설의 무모순성」
자연수 집합의 '개수' 다음의 무한이 실수의 '개수'라는 칸토어의 가설(연속체 가설)이 ZFC 공리계에서 반증될 수 없음을 증명했다.

1963~1964년 코헨, 「연속체 가설의 독립성」(1, 2)
연속체 가설이 ZFC 공리계에서 증명도 반증도 불가능한 명제(결정 불가능한 명제)임을 증명. 다음 해에 코헨은 선택공리 역시 결정 불가능한 명제임을 증명했다.

수학과 원초적 본능

지금은 기억도 아득한 인물이 되었지만, 네덜란드인으로 할리우드에 진출하면서 '폴 버호벤'이라 불린 파울 베르후번(Paul Verhoeven)은 한때 가장 잘나가던 영화감독이다. 〈로보캅〉이란 영화로 크게 성공했고, 이후 〈토탈리콜〉, 〈원초적 본능〉이란 영화로 세계적 명성을 얻었는데, 사실 이 사람, 수학 전공으로 박사학위까지 받은 사람이다. 그래서일까, 수학에서 배운 것을 영화에서, 그것도 두 번이나 탁월하게 써먹어 성공했으나, 능란했기 때문인지 수학을 몰랐기 때문인지 알아보는 사람은 거의 없었다. 그가 써먹은 수학은 그 유명한 '괴델의 정리'였고, 그걸 써먹은 영화는 〈토탈 리콜〉과 〈원초적 본능〉이다. 〈원초적 본능〉은 스토리를 요약하기 간단하고 제목부터 자극적이니까(내용도 명실상부하게 자극적이다), 이 영화를 갖고 말하는 게 좋을 듯하다.

침대에서 얼음송곳으로 사람을 죽인 살인사건이 거듭해서 발생한다. 때마침 같은 방식으로 사람을 죽이는 추리소설이 출판되어 잘 팔리고 있었다. 경찰은 그 소설의 작가 캐서린(샤론 스톤 분)을 소환한다. 형사 닉은 아주 짧은 미니스커트를 입고 다리를 바꾸어 꼬는 장면에 현혹되기도 하지만, 중요한 건 놓치지 않고 물어본다. "당신이 죽였지?" 질문의 근거는 캐서린이 자기 소설에서 같은 살인 장면을 이미 쓴 바 있기 때문이다. 여러분 생각은?

닉의 의심과 추궁에는 분명히 이유가 있다. 캐서린은 대답한다. "내가 죽이지 않았다. 왜냐하면 나는 그런 살인 장면을 이미 소설에 썼기 때문이다." 다시 말해 자신이 소설로 쓴 방식으로 실제 살인을 한다면 그건 '나 잡아가쇼' 하는 것과 마찬가지라는 것이다. 여러분 생각은?

주목할 것은, 동일한 사실이 정반대되는 주장의 이유가 된다는 점이다. 실제 살인 사건과 동일한 이야기를 캐서린이 소설로 썼다는 것. 그런데 둘 다 말이 된다. 둘 다 부정하기 힘들다는 뜻이기도 하다. "네가 소설로 쓴 것과 동일하게 특이한 살인사건이 일어났으니, 네게 살인의 혐의가 있다." "내가 살인을 하려면 미쳤다고 그걸 소설로 다 까놓겠나?" 일단 이것만으론 작가가 좀 더 유리해 보인다. 누군가가 내 소설을 보고 모방범죄를 저지른 것이라고 할 수 있기에. 더구나 작가는 가능성을 부정하면 충분하지만, 경찰은 현실적인 증거가 없으면 불충분하다. 하여 작가는 일단 추궁에서 벗어난다.

그런데 이런 일이 여기서 그치지 않는다. 소설은 계속 출간되고, 소설이 출간되는 것과 맞물려 계속해서 살인사건이 일어난다. 작가는 다시 발생한 사건을 다시 소설로 끌어들여서 쓴다. 현실의 사건이 소설화되고, 소설화된 사건이 다시 현실화된다. 소설은 현실이 되고, 현실은 소설이 된다. 혐의자로 떠오르는 사람은 여럿이지만 그들도 하나씩 차례로 죽어간다. 소설 속에서도, 현실 속에서도. 물론 소설의 내용이 현실과 전적으로 동일한 건 아니다. 다만 유사한 사건이 맞물려 진행되는 것뿐이다.

누가 진범일까? 경찰은 의심의 대상을 이리저리 옮겨가지만, 그러면 그가 죽어버리니 난감하다. 작가를 의심하지만 어떠한 증거도 없다. 오히려 경찰도 그 소설 같은 현실 속에, 아니 현실 같은 소설 속에 끌려들어가 버린다. 소설이 암시한 결정적인 사건에서도 진범은 끝내 모호하다. 알아먹지 못할 관객을 위하여 감독은 답을 경찰 몰래 알려주는 동정심을 발휘하지만, 필경 제작진의 요구와 타협한 것으로 보이는 이 장면은, 수학적으로나 영화적으로나 없었으면 좋았을 것이다.

　이 영화에서 진범은 누구일까? 이 영화 안에서는 명확하게 드러나지 않는다. 경찰은 거듭해서 작가를 의심하지만, 그것을 뒷받침하는 정황만큼이나 그것을 부정하는 정황이 충분하다. 즉 '그 작가가 살인범이다'라는 명제나, '그 작가는 살인범이 아니다'라는 명제 어느 것도 현실 속에서 증명되지 않는다. 그 결과 경찰은 그 여자가 범인이라고 말하지 못한 채 영화는 끝이 난다. 이처럼 어떤 명제가 참인지, 그것의 부정이 참인지(=그 명제가 거짓인지)를 주어진 공리들만으로 결정할 수 없을 때, 이를 두고 '결정 불가능한 명제'라고 한다. 살인범인지 아닌지는 사건이 벌어지고 경찰이 수사하는 영화 속 세계에서는 결정 불가능한 것이다. '불완전성의 정리'라고도 불리는 괴델의 정리가 "어떤 공리계에도 공리들만으로 참과 거짓을 결정할 수 없는 명제('결정 불가능한 명제')가 있다"는 것임을 안다면, 이 영화가 괴델의 정리를 이용했다는 말을 충분히 이해할 수 있을 것이다.

　영화 이야기를 좀 더 하자면, 영화 속 인물은 살인범에 대한 상반되는 두 명제의 진위를 증명할 수 없지만, 영화 바깥의 우리는, 다시 말해 현실과 소설이 서로 섞이는 것 전체를 영화로 보는 우리는 범인이 누군지 결정할 수 있다. 그건 현실과 소설이라는 두 세계에 모두 속하면서 그것을 짜나가는 인물, 즉 그 작가다. 그러나 이는 영화 속의 현실과 소설 모두를 볼 수 있는 위치이기에 그런 것이다. 사건이 펼쳐지는 영화 속 세계에 속한 경찰은 그것의 참과 거짓을 결정할 수 없다. 따라서 이렇게 말해야 정확하다. 영화 속 세계 안에서 그 작가가 범인인지 아닌지는 결정 불가능하다고.

　같은 감독이 만든 영화 〈토탈 리콜〉에서도 동일한 상황이 벌어진다. 주인공 크웨이드(아널드 슈워제네거 분)는 지구에 살지만 가짜 기억을 주입해서 투사가 되어 싸우는 시뮬레이션 여행을 떠난다. 거기서 그는 공기를 두고 지배자와 저항군이 투쟁하는 화성에 가게 된다. 하지만 시뮬레이션 주입이 실패하고 크웨이드는 비밀이 드러났다고 외치며 일어선다. 그때부터 쫓기기 시작하는 크웨이드. 결국 화성으로 가게 되고, 거기서 지배자와 저항군의 투쟁에 말려든다. 그런데 이는 애초에 기억여행을 파는 토탈 리콜사에서 알려준 설정과 정확히 일치한다. 그렇다면 그가 화성에 있다는 것은 정말로 현실에서 벌어진 일일까, 아니면 토탈 리콜사의 시뮬레이션 게임일까? 시뮬레이션 주입이 실패하는 장면이 현실인지 아니면 시뮬레이션의 일부인지에 따라 정반대의 판단이 가능하다. 그런데 이 영화 안에서는 시뮬레이션 주입 실패 장면이 현실인지 아닌지는 '결정 불가능'하다. 그러므로 크웨이드가 화성에 있는 게 현실인지 시뮬레이션인지도 결정 불가능하다.

이는 영화를 보는 우리도 판단하기 쉽지 않다. 〈원초적 본능〉에서는 두 세계의 접점에 소설의 세계를 만들어가는 '작가'라는 인물이 있어서 판단하기 쉬웠지만, 이번에는 두 접점에 '실패'에 떠밀려가는 인물, 사건에 휘말려드는 인물이 있기에 판단하기 어렵다. 이를 잘 아는 감독은 영화의 여러 장면에서 작중 인물의 입을 통해 반복해 묻는다. 크웨이드는 과연 현실 속에 있는 걸까, 아니면 토탈 리콜사의 시뮬레이션 여행 안에 있는 걸까? 혹시 안 봤다면, 얼른 영화를 보고 여러분 자신이 대답해보시라.

서로 그리는 손의 역설

다음은 〈원초적 본능〉을 그림으로 그린 것이다. 베르후번처럼 네덜란드 태생인 화가 에셔(M. C. Escher)의 그림이다. 물론 영화보다 그림이 훨씬 먼저 그려졌지만, 시간적 선후야 타임머신 이야기에 익숙한 우리에게는 쉽게 웃어넘길 수 있는 거 아닌가? 오히려 아쉬운 건 섹시한 소설가도 없고 얼음송곳도 없다는 사실인데, 그림의 한쪽 손에다 '소설'이라고 쓰고, 다른 한쪽 손에다 '현실'이라고 쓰는 만행을 통해 그림을 영화에 포개어보자. 이제 이 그림은 소설에 따라 현실이 그려지고, 현실에 따라 다시 소설이 그려지는 상황의 아이러니를 정확하게 보여주고 있다.

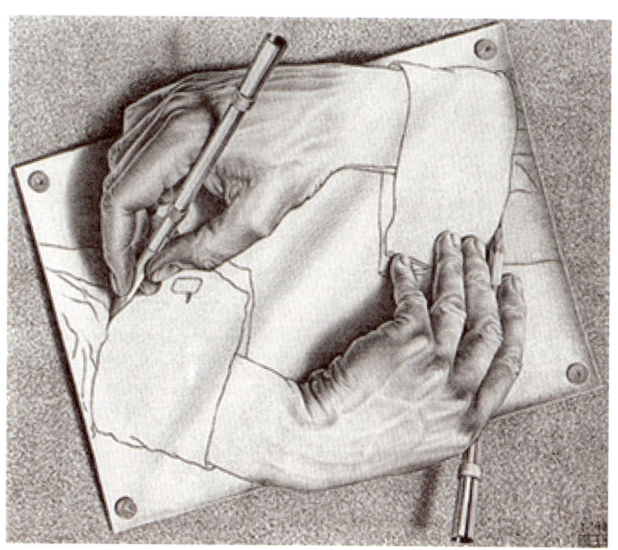

[그림 10.1] 에셔, 〈서로 그리는 손〉(1948)
이 그림을 보면서 내가 하는 질문에 대답해보시길…….

이번에는 그림의 한쪽 손에 (가)라고 쓰고, 다른 한쪽 손에 (나)라고 쓰자. 그림 (가)는 그림을 그리는 손일까, 아니면 반대로 그려지는 손일까? (가)의 손가락이 잡고 있는 연필의 끝을 보자. 무언가를 그리고 있다. 그리는 손이다. 맞다. 그런데 (가)의 손목과 소맷부리를 보자. (나)의 손이 쥔 연필이 (가)의 손을 그리고 있다. 그려지는 손이다. 맞다. 따라서 답은 그리는 손인 동시에 그려지는 손이다. 즉 '(가) = 그리는 손, (가) = 그려지는 손'이다. 하지만 이는 명백히 모순이다. '그리는 손이다'와 그것의 반대를 동시에 옳다고 말하는 셈이기 때문이다. 여기서 (가)가 그리는 손인지 그려지는 손인지는 따라서 결정 불가능하다. 이번에는 결정 불가능한 명제를 그림으로 본 셈이다.

확실히 하나의 동일한 손이 그리는 손이면서 그려지는 손이라는 건 모순이다. 그러나 이는 그림 전체를 보고 있는 나나 여러분 생각이다. 잠시 (가) 손의 입장이 되어보자. 분명히 무언가를 그리고 있다. 그러면 그려지는 무언가가 연필 밑에 있어야 한다. 다행히 무언가가 그려지고 있다. 여기까지 아무런 문제가 없다. 그러면 그려지는 선들을 쫓아가보자. 그것은 손목, 손가락, 연필 등으로 이어진다. 그래, 손을, 그림 그리는 화가의 손을 그리고 있다. 여기까지도 아무런 모순이 없다. 그런데 그림을 그리는 손을 그리고 있는 것이니, 그 손끝에서 다른 그림이 그려진다고 해도 아무 이상할 것이 없다. 그림을 그리는 자기 자화상을 그린 화가들이 얼마나 많은가! 따라서 그 손이 무언가를 그리고 있다는 사실 역시 아무런 문제가 없다. 그 손을 쫓아가보면……. 언제까지 이렇게 빙빙 돌며 쫓아가보지만, 각각의 부분들이 이어지는 데는 아무런 모순이 없다. 즉, (가)의 손 입장에서는 이 모순이 보이지 않는 것이다.

여기서 그림을 그리는 (가) 손의 입장에서 볼 때, 그리는 손의 경계는 어디까지일까? 그래, 없다. 아니 명확하게 말할 수 없고, 경계선이 어디인지를 명확하게 결정할 수 없다. 〈원초적 본능〉에서 대체 어디까지가 소설이고, 어디까지가 현실일까? 소설에는 현실의 이것저것이 모두 들어간다. 반대로 현실 속에는 소설 속의 일들이 이것저것 모두 들어간다. 경계가 어딜까? 대체 누가 말할 수 있을까? 하지만 우리는 안다. 현실은 현실이고, 소설은 소설이다. 그건 영화 안에서도 구분이 된다. 구분이 안 되면 살인사건이니 소설가니 추적이니 하는 것은 있을 수 없다. 경계는 있지만 그것이 어디인지 명확히 확정할 수 없다는 것이다. 이는 경계가 열려버린 상황을 보여준다. 이는 그림에서도 마찬가지다. 그리는 손과 그려지는 손은 다르다. 어찌 거기에 경계가 없을 수 있을까. 그렇지만 저렇게 서로 맞물려 있을 때는 그 경계가 모호해져 버린다. 그림의 경계선이 열려버렸기 때문이다.

내재하는 외부

투시법(perspective)이 무언지 혹시 아시는지? 맞다, 5장에서 이야기했던 그림 그리는 방법이다. 다시 환기하자면, 흔히 '원근법'이라고도 흔히 부르는데, 2차원의 평면에 3차원의 형태를 입체감이 나도록 그리는 방법이다. 1425년 이탈리아 피렌체에서 발명되어 19세기 말까지 서양 미술 전체에 커다란 영향력을 미친 방법이다. 지금의 우리도 그것이 사물을 그리거나 보는 과학적인 방법이라고 생각하는 경우가 대부분이다. 그러나 피카소와 브라크, 마티스 이후에는 이것이 '과학적' 지각 방법이라는 그런 순진한 생

[그림 10.2]

각을 하지 않는다는 것만을 추가해두자.

    자, 이제 위 그림을 보자. 보다시피 투시법을 이용해서 그린 그림이다. (a)의 별은 음각이다. 즉, 파여 있다. 반면 (b)의 별은 양각이다. 즉, 튀어나와 있다. 자, 다시 한번 잘 보라. 그리고 내 말이 맞는지 한번 다시 생각해 보라.

    이제 이 책을 들어 위가 아래가 되도록 빙 돌려 뒤집어보라. 그럼 이젠 (b)가 왼쪽에 있을 것이다. 아직도 왜 뒤집어보라고 했는지 모르겠다면 어지간히 둔한 사람이다. 아까와 반대로 이번에는 (b)의 별이 음각으로 패여 있고, (a)는 양각으로 돋아 있다. 그림에 손댄 사람은 아무도 없다. 왜 그랬을까? 투시법 때문이라고? 투시법의 뭐가 어때서?

    투시법으로 그린 그림이 입체감을 갖게 되는 것은 눈의 착각을 유도하는 기하학적 구성 때문이다. 그러나 그것만으로는 이처럼 튀어나온 것인지, 들어간 것인지를 결정할 수 없다. 우리가 흔히 보는 정육면체 그림을 다시 보자.

[그림 10.3]
이 육면체는 밖으로 돋아 나온 걸까, 안으로 파인 걸까?

위 그림의 왼쪽 창문을 가려보자. 그럼 창문 아래 턱이 보이고 그 위에는 천장이 보이는 실내가 된다. 즉, 육면체는 안으로 파여 있다. 반대로 오른쪽 창문을 가려보자. 그러면 이젠 창틀 위에 화분이 놓여 있는 실외가 된다. 창문 위에 있는 면은 간단한 사각형이지만, '천장'과 대비해 말하자면 '지붕'이라 해야 할 것이다. 즉, 육면체는 밖으로 튀어나온 것이다. 그래도 잘 모르겠다면 [그림 10.4]를 보자. (a)는 패인 육면체의 공간에 커피 잔을 올려놓은 모습이다. 반면 (b)는 선물 상자다. 즉, 밖으로 돋아난 육면체로 보인다.

이처럼 투시법을 써서 육면체를 그리면 그것만으로는 튀어나온 것인지 파인 것인지를 결정할 수 없다. 이것을 결정하려면, 그 그림 안에는 없는 어떤 것이 있어야 한다. 그림에서 커피 잔이나 리본이 상자가 파인 건

[그림 10.4]

지 튀어나온 건지, 내용을 말해주고 있다. 사실 이는 투시법 때문이 아니라 파인 공간을 묶을 수 없고, 튀어나온 육면체에는 커피 잔을 놓을 수 없다는 우리의 '지식'이 만든 것이다. 그러면 [그림 10.2]의 별들의 입체감을 만들어주는 제3의 요인은 무엇일까? 이는 그림을 뒤집어보면 반대로 보인다는 점에서 알 수 있다. 그렇다. 그건 빛, 아니 광원(光源)이다. 우리는 생각도 못 한 사이에 광원이 위에 있다고 이미 가정하고 있는 것이다. 해도, 전등도 거의 대부분 위에 있으니까 그렇게 가정하는 게 어쩌면 '자연스러운' 것일 테고(광원을 얼굴 아래 놓으면 실제 사람 얼굴도 귀신처럼 보이지 않는가!), 그래서 그런 가정하에 그림을 보면서 그림자가 생긴 방향을 가지고 패었니 튀어나왔니 하고 판단하는 것이다. 그러니 위아래를 바꾸어 뒤집으면 파인 게 튀어나온 게 되는 것은 당연하다.

이처럼 우리는 그림을 보거나 사진을 볼 때, 있다고 생각하지 않지만 실제로는 있는 어떤 것을 암묵적으로 가정하고 있다. 광원의 위치, 그것은 그림 안에 없다. 따라서 광원의 위치를 모호하게 하면 패였는지 튀어나왔는지가 모호해진다(마치 [그림 10.3]에서 창문 그림을 모호하게 그리면 패였는지 아닌지가 모호해지듯이). 여기서 광원은 그림 안에 없고 그림의 외부에 있는 것이다. 하지만 광원이 없으면 그림자를 그려도 입체감은 살아나지 않는다. 그림 안에서는 그것이 어떠한지가 그려져 있지 않지만, 그림에 생기를 불어넣는 이 외부, 이는 어떤 체계 안에서 어떤 상태인지, 참인지 거짓인지를 판단할 수는 없지만, 그것이 있어야 체계가 제대로 작동할 수 있다는 점에서 그 체계 안에 이미 들어와 있는 그런 외부다. 즉, 그 체계에 '내재하는 외부'다.

〈원초적 본능〉에서 소설이 없다면 '현실계'는 흥미를 유발하며 작동할 수 없다. 반대로 그 영화에서 소설은 현실 속의 사건을 자기 내부로 끌어들였기에 새로운 종류의 긴장과 흥미를 유발하며 작동한다. 이 두 개의 세계는 서로에 대해서 외부다. 하지만 각각의 세계는 그 외부를 자기 안에 끌어들이고 있다. 내재하는 외부.

모든 공리계가 공리만으로 결정 불가능한 명제를 포함한다는 말은, 공리들로 얻어지지 않는 '외부'가 공리계 내부에 있다는 말이다. 즉, 공리만으로는 얻어지지 않는 어떤 명제를 '자기도 모르게' 공리계 안에 끌어들이고 있다는 말이다. 자기도 모르게 끌어들인 것을 보면, 그것이 공리계의 구성에 필수적이었던 게 아닐까? 그것 없이는 공리계가 제대로 작동하지 않는 어떤 외부가 공리계의 한 구석에, 어두운 그늘 속에 숨어 있는 게 아닐까?

수학적 사고법을 안다면, 이렇게 반문할 수도 있을 것이다. 공리계(이를 A_0라고 하자)의 어둠 속에 있는 명제를 찾아내어 명시적인 공리로 채택하면 되지 않을까? 맞다, 기존의 공리들만으로 참/거짓을 결정할 수 없는 건 공리로 채택하면 된다. 그러면 그 공리까지 포함된, 좀 더 제한된 공리계가 만들어진다. 이를 공리계 A_1이라고 하자. 그러나 괴델의 정리는 그렇게 만들어진 새로운 공리계 A_1에도 또다시 결정 불가능한 명제가 포함되어 있음을 함축한다. 여전히 그늘 속에 숨은 명제가 있는 것이다. 그걸 다시 끄집어내어 공리로 더하면? A_2가 만들어질 것이다. 그러나 여기에도 또다시 결정 불가능한 명제가 포함되어 있다는 게 괴델의 정리의 가르침이다. 이런 과정을 아무리 반복해서 A_n까지 가도 결정 불가능한 명제는 언제까지나 사라지지 않고 남아 있다는 말이다. 결국 그늘 속의 어둠은 제거될 수 없으며, 어둠 없는 세계는 있을 수 없다는 말이다. 그렇게 끄집어낼 수 있는 공리들이 이처럼 한이 없다면, 공리보다 더 많은 결정 불가능한 명제가 어둠 속의 어둠에 숨어 있다면, 실은 하나의 공리계란 이 거대한 어둠이 낳은 하나의 작은 자식에 불과하다 해야 하지 않을까?

CAP(Computer Aided Prison), 완전한 감옥

CAP 프렌지오(prensio), 컴퓨터로 통제되는 완벽한 감옥이다. 첨단 컴퓨터와 전자장비로 움직이고 통제되는 이 거대한 감옥에 이런 고풍스러운 라틴어 이름을 붙인 게 어울리지 않는 과시욕 때문이었는지, 아니면 시간에 관한 묘한 균형감각 때문이었는지는 알 수 없다. 이 감옥에서는 사람의 이름을 포함해서 모든 것이 수로 표시되고, 모든 것이 수로 계산된다. 이 감옥에서는 '아킬레스'라는 이름의 거대한 컴퓨터가 이 폐쇄된 세계를 통제하고 있다.

명색이 감옥이라지만 사실 말처럼 끔찍하지는 않다. 사람들을 피부와 인종, 계급에 따라 분류하는 몇 개의 거대한 벽이 있고, 각 구역마다 접근하려면 목숨을 대가로 지불해야 하는 구역이 있지만, 각 영역 안에서 사람들은 자유롭게 방을 드나들 수 있으며, 사람들을 만나고 헤어지는 것도 자유로웠다. 두 사람이 사랑을 하는 것도, 같이 사는 것도 가능했다. 다만 불편한 것은 다른 종족, 다른 피부, 다른 계급의 사람을 만나는 것이 금지되고 아이를 낳는 것도 불가하다는 것이다. 사랑이나 섹스는 자유롭지만, 지정된 인공수정이 아닌 방법으로 아이를 만들면 그 두 사람만의 방에 갇히고 만다. 출산 이전에는 완전히 갇혀 사는 것은 아니어서 아직은 출입이나 활동이 가능하다. 그러나 아이를 낳고 나면, 그때부터 출입은 금지되고, 사방의 벽이 매일 2cm씩 줄어들며 조여든다. 아이는 감옥에 갇힐 이유가 없으니 감옥 바깥으로 내보내 별도의 수용 시설에서 키운다고 한다.

아이를 낳고 갇히게 되는 방은 처음에는 사방 4m, 즉 $16m^2$이니 충분히 넓다 하겠지만, 50일이면 1m가 줄기에 사방 1m, 즉 $1m^2$로 줄어드는 데는 150일밖에 걸리지 않는다. 이때가 지나면 이제 앉아 있기도 힘들고, 조금만 움직여도 살을 맞대고 부벼야 하는 지경에 이른다. 그 고통스러운 인내의 끝은 죽음이다. 그러니 그 징벌은 사실 매일 조금씩 진행되는 사형이었던 셈이다. 하지만 통상의 사형보다 그 처형은 더 끔찍한 것이었다. 왜냐하면 그들은 자신들이 사랑을 나눈 결과, 그 사랑한 사람의 살에 눌려 죽는 것이기 때문이다. 사람의 목숨이란 모진 것이어서, 그렇게 좁혀들어도 어떻게든 살을 부비며 최대한 견뎌내게 마련이다. 비록 서로를 증오하며 죽게 될 게 분명한데도.

그래서 임신한 연인들은 애를 낳기 전에 프렌지오에서 탈옥을 시도한다. 그들뿐 아니라 수많은 사람이 이런저런 이유로 탈옥을 시도한다. 하지만 탈옥하려면 여러 개의 '관문'을 통과해야 했기에 많은 사람이 관문 앞에서 죽었다. 하지만 모두 다 죽은 것은 아니다. 어떤 식으로든 많은 사람이 빠져나갔을 것이다. 하지만 남은 사람들은 누가 죽었는지, 누가 빠져나갔는지 알지 못한다.

이제 마지막 관문 앨리게이터 앞에서 세 사람이 만나게 된다. 유능한 컴퓨터 외판 사원이었던 8077333과 배우 지망생이었던 5066266, 느리고 고지식한 아마추어 수학자 2088308이 그들이다. 8077333과 5066266은 감옥에서 만나 커플이 된 사이였다. 하지만 이들은 감옥에 들어온 사연이나 여기까지 흘러온 사연은, 대개 그렇듯이 서로 묻지 않았다. 그것은 막강한 컴퓨터의 '시선'이 모든 곳을 보고 있는 이 감옥에서는 기본적인 예의에 속하는 일이다. 온 곳은 모른다. 다만 갈 곳만이 문제일 뿐이다. 그들은 조심스레 앨리게이터의 문을 열고 그 안으로 들어선다.

아킬레스와 괴델

여러 관문 중에서도 마지막 관문 앨리게이터는 기묘한 면이 있었다. 악마적인 수학자의 작품이라는 그것은 탈옥자들의 존재를 미리 염두에 두고, 그들이 자신의 운명을 결정하게 했다. 그 관문에 들어서면 모니터에 환영

인사가 영어로 뜬다. "Welcome my family! Welcome to the Prensio!" 그러면 얼른 키보드의 아무 키나 건드려야 한다.

만약 그게 무슨 말인지 몰라서 어리벙벙하다간 환영받기를 거부했기 때문에 그 자리에서 죽는다. 키보드를 건드리면 그때부터 타이머가 작동하기 시작한다. 주어진 시간은 다섯 시간이다. 그리고 모니터에 다시 다음과 같은 문장이 뜬다.

"이 방에는 2천 개의 창이 여러분을 겨누고 있다. 그 창은 여러분의 손으로 통제된다. 즉, 그 창의 발사 여부는 여러분이 입력하는 프로그램의 알고리즘에 따른다. 그러나 그것은 또한 메인 컴퓨터 아킬레스의 통제에도 따른다. 만약 여러분이 입력한 것이 아킬레스의 뜻과 다르면, 2천 개의 창은 즉시 여러분의 목숨을 회수하게 될 것이다. 여러분 앞길에 부디 행운이 있기를……."

8077333 이런 젠장, 이게 무슨 귀신 씻나락 까먹는 소리야?
5066266 지들이 어쩌려는지 알아맞히란 소리지 뭐.
8077333 그야 뻔하지. 우리처럼 탈옥하려는 자들을 죽이려는 거겠지.
5066266 그런데 그럼 이건 너무 쉽잖아? 마지막 관문이 이렇게 쉽다는 게 믿기 어려운걸.
8077333 아니, 쉽지 않아. 그 문장을 입력하면 아마 즉시 창들이 우리의 몸 안으로 밀고 들어올 거야. 아킬레스의 프로그램은 틀림없이 우리 몸을 창으로 쑤시는 거겠지. 아킬레스의 뜻을 맞추면 저 기계는 아킬레스의 뜻대로 창을 발사할 거야. 반대로 그것과 다른 내용을 입력하면, 저 화면에

떠 있는 말처럼 우린 즉시 죽을 거고.

5066266 이래도 죽이고 저래도 죽인다는 거지? 마치 심술궂은 악어 입안에 있는 셈이네.

8077333 말 그대로 앨리게이터지. 하지만 더 악질적인 건 '맞추면 살려준다'가 아니라 '틀리면 죽인다'고 말하고 있다는 거야. 행운이란 말로 저주를 퍼붓고 있는 거지. 젠장, 다섯 시간이나 여유를 주는 게 다 이유가 있구먼. 어어, 야, 2088308이라고 했지? 너 지금 뭐 하려는 거야? 어떤 걸 써 넣어도 우린 죽는다고! 우리 목숨을 다섯 시간에서 5초로 줄일 생각이야?

2088308 내가 해볼게유.

8077333 야야, 큰일 날 소리 하지 마. 이건 함정이라고. 어떤 걸 써 넣어도 우린 죽게 돼 있다고.

2088308 두 줄짜리 프로그램이면 해결될 것 같은데…….

5066266 2088308은 아마추어 수학자라고 했죠? 좋아요. 당신을 믿고 싶어요. 하지만 그건 당신 답을 믿는 거하곤 달라요. 정말 답을 안다면 우리를 설득해야 해요. 이유도 모르는 채 악어 이빨에 몸을 내주긴 싫으니까요.

8077333 야야, 웃기지 마. 저 어벙한 친구가 뭘 알겠어? 다른 통로가 있는지나 찾아보자고.

2088308 좋아유. 시간이 좀 있으니까. 혹시 '괴델의 정리'라고 아세유?

'이 명제는 증명할 수 없다'를 증명할 수 있다면

2088308 괴델의 정리는 수학자가 아니어도 많은 사람이 알고 있는 건데,

제10장. 불완전성의 정리

보통 '불완전성의 정리'라고 하지유. 오스트리아의 수학자 괴델이 1931년에 증명한 것인데유, 그래서 그의 이름을 따서 '괴델의 불완전성의 정리'라고도 불러유.

8077333 많은 사람이 알고 있다고? 난 생전 처음 듣는데?

5066266 오죽 하겠어?

8077333 허, 이거 장사 잘 안 되네. 뭐 '수학은 불완전하다'는 걸 증명하기라도 했나 보지?

2088308 그렇게 말할 수도 있겠어유.

8077333 거봐! 그렇대잖아.

2088308 하지만 그 정리는 그런 포괄적이고 막연한 내용을 다루는 건 아니예유. 알지 모르지만, 수학자 힐베르트는 수학을 문자와 기호를 이용해 형식화하려 했어유. 그런데 그렇게 형식화했을 때, 명제들 사이에 모순이 있으면 안 되겠지유? 이걸 '무모순성'이라고 해유. 또 어떤 명제가 참인지 거짓인지는 공리들만으로 완전히 결정할 수 있어야 하겠지유? 이걸 '완전성'이라 해유. 즉, 어떤 형식적 공리계도 '무모순성'과 '완전성'이라는 요건을 만족시켜야 돼유.

8077333 이런 제길. 우리가 얼마나 알아들어야 하는 거야? 어쨌든 불완전성의 정리는 방금 말한 '완전성'에 관한 거지?

2088308 그래유, 8077333은 참 눈치가 빠르시네유.

5066266 눈치만 빠르지, 뭐.

2088308 그것도 중요한 능력이지유. 공리계의 불완전성을 증명하려면 참인지 거짓인지를 증명할 수 없는 명제가 있다는 걸 보여주면 되유. 어떻게 하면 좋겠어유?

8077333 증명할 수 없는 명제를 찾으면 되잖아?

2088308 글쎄, 그걸 대체 어디서 어떻게 찾으면 될까유? 더구나 수학의 여러 이론에 모두 적용이 되어야 하는데. 잘 생각해봐유. 가령 '이 명제는 증명할 수 없다'는 명제라면 어떨까유? 그걸 증명할 수 있다면 증명할 수 없음이 증명되는 거고, 그걸 증명할 수 없다면 증명할 수 없는 게 있음이 증명되는 거니까 말예유.

5066266 그건 많은 역설들에서도 흔히 보이는 말장난 아닌가요?

8077333 그래, 내 말이 그 말이라고. 예전에 들은 적 있어. '자기 연구'인가 뭔가라고…….

2088308 '자기 언급'이유? 그래유. 그래두 일단 좀 더 들어봐유. 어떤 공리계 A가 있다고 해유. 이 공리계 안에 있는 어떤 명제를 a라고 할 때, '공리계 A안에서 명제 a의 참/거짓은 증명할 수 없다'는 명제 p를 생각할 수 있겠지유? 그런데 이제 이 증명에 대한 증명도 생각할 수 있지 않겠어유? 증명의 증명(초증명)을 하려던 힐베르트처럼 말이에유. 그럼 이런 명제를 만들 수 있어유. '명제 p의 참/거짓은 증명할 수 없다.' 이걸 명제 q라고 해유. 이 명제 q를 이용하면 참도 거짓도 증명할 수 없는 그런 명제를 찾아낼 수 있지 않겠어유?

5066266 참 재미있네. 만약 명제 q를 증명할 수 있다면, '명제 p의 참/거짓은 증명할 수 없다'는 게 증명되네요. 반대로 명제 q의 부정명제를 증명하면, '명제 p의 참/거짓은 증명할 수 있다'가 되는데, 명제 p는 '명제 a의 참/거짓은 증명할 수 없다'는 거니까, 어떻게 해도 참/거짓을 증명할 수 없는 명제가 있다는 게 되네요.

8077333 야, 이건 나보다 더한 뻥빨인데……. 이거 수학 맞아? 사기 아냐,

사기?

2088308 이건 8077333도 이해하라고 대략 거칠게 말한 거예유.

8077333 어, 그래, 이해했어, 이해했다고. 이해하면 될 거 아냐. 이런…….

2088308 그렇지만 사실 엄밀히 말하면 이건 불충분해유. 러셀 말을 빌리면 a나 p, q는 서로 다른 '유형(type)'에 속하기 때문에 같은 줄에 놓고 비교하면 안 되지유. 그런 점에서 이건 불완전성의 정리의 아이디어를 이해하는 데 도움은 되지만, 이걸로 그걸 증명할 수는 없어유. 사실은 좀 더 복잡하고 좀 더 중요한 절차가 필요하지유.

문장을 수로 바꾸는 방법

2088308 괴델의 정리에서 가장 중요한 아이디어는 문장을 수로 바꾸는 거예유.

5066266 문장을 수로 바꾼다고?

2088308 그래유. 또다시 수로 환원하려는 거예유. 해석학이나 기하학을 수로 환원하려 했던 것처럼. 그런 점에서 수학의 여러 영역을 수로 바꾸어 온 근대 수학의 역사적 전통에 충실한 셈이지유. 특히나 괴델은 증명하려는 문장을 수로, 그것도 모든 수학자가 가장 확실하고 자명하다고 인정하는 자연수로 바꾸는 방법을 찾아냈어유.

8077333 그 괴델이란 사람, 그걸로 유명해졌다는 거야? 수학에서 출세하는 방법이란 게 간단하구먼. 숫자가 아닌 걸 숫자로 바꾸기만 하면 되니 말이야.

2088308 뜻밖이겠지만 맞는 말이에유. 수 아닌 것을 수로 바꾸는 것, 그게 수학이고, 그래서 수학이지유.

5066266 그런데 문장을 어떻게 숫자로 바꾼다는 거죠?

8077333 간단하지. 문장마다 숫자를 하나씩 매기면 되잖아.

2088308 그건 아니지유. 그렇게 한 뒤에 숫자를 보고 원래 문장을 다시 만들어낼 수 있겠어유?

8077333 그거야 번호를 보고 그 문장을 찾으면…….

5066266 자꾸 헛소리하지 마. 다섯 시간은 그리 긴 시간이 아니야.

2088308 방법은 간단해유. 문장이나 기호를 숫자에 대응시키는 방법을 찾아내면 되는 거예유. 형식적 공리주의에 따르면 수학의 모든 문장은 문자와 기호를 사용한 기호열(記號列)로 만들 수 있다고 했지유. 8077333도 알 만한 예를 들어보면, '$x+a$와 $y+a$는 같다'는 문장은 $x+a=y+a$로 바꿀 수 있어유. 이런 식으로 단어를 x, y, z나 a, b, c 같은 기호, 쉼표나 괄호, $\land$(와)나 $\lor$(혹은), $\sim$(아니다), $\to$($\sim$이면 $\sim$다) 같은 논리식 기호, $\in$(원소), $\forall$(모든), $\exists$(어떤 $\sim$가 있다) 등을 이용해 바꾸는 거예유. 그다음에 이 기호 하나하나에 어떤 숫자를 대응시키는 거예유. 가령 이렇게 말이에유.

$$\begin{array}{cccccccccccccc} \land, & \lor, & \sim, & =, & +, & \times, & \exists, & x, & y, & p, & q, & a, & (\ ,\ ), & \cdots\cdots \\ \downarrow & \downarrow & \downarrow & \downarrow & \downarrow & \downarrow & \downarrow & \downarrow & \downarrow & \downarrow & \downarrow & \downarrow & \downarrow & \\ 1, & 2, & 3, & 4, & 5, & 6, & 7, & 8, & 9, & 10, & 11, & 12, & 13,\ 14, & \cdots\cdots \end{array}$$

8077333 그게 어디 문장에 숫자를 대응시키는 거야? 기호에 숫자를 대응

시키는 거지.

2088308 그래유. 그러려면 한 걸음 더 나가야 해유. 그런데 8077333, 혹시 '소인수분해(素因數分解)'가 뭔지 아세유?

8077333 어, 그거? 알지, 안다고. 그게 뭐냐면, 음, 그게, 한마디로 말해, 음, 한마디로 말할 수는 없겠는데.

5066266 말할 수 없는 것에 대해서는 침묵하라고 어떤 철학자가 그랬대. 조용히 해. 소인수분해도 모르다니. 중학교나 제대로 나온 거야?

8077333 모르긴? 안다니까. 아는데, 한마디로 말하긴 좀 어렵다 이거지. 근데 넌 대체 알기나 하고 하는 소리야?

5066266 당근이지. 소인수분해란 어떤 수를 2, 3, 5, 7과 같은 소수(素數)들의 곱으로 표시하는 거야.

2088308 맞아유. 예를 들면 $360 = 2^3 \times 3^2 \times 5$지유. 그런데 중요한 건 어떤 수를 소인수분해하는 방법은 오직 하나만 있을 뿐이라는 거예유. 가령 360을 소인수분해하는 방법은 방금 말한 것 한 가지뿐이지유. 이런 걸 '소인수분해의 일의성(一意性)'이라고 해유. 다시 말하면 자연수와 그것을 소인수분해한 식 사이에는 일대일 대응이 존재한다고 할 수 있지유.

8077333 근데, 왜 갑자기 그런 어려운 이야기를 꺼낸 거야?

2088308 소인수분해를 이용해 문장을 하나의 수로 바꾸려는 거예유. 간단한 예를 들어보지유. 가령 수학적 문장 $\sim p \vee q$를 하나의 숫자로 바꿔보기로 해유. 위에서 약속한 대로 하면 이 문장에서 기호들은 각각 $3(\sim)$, $10(p)$, $2(\vee)$, $11(q)$에 대응하지유. 다음에, 일단 소수를 작은 수부터 나열해보면 2, 3, 5, 7, 11, 13, 17, 19……지유? 그럼 조금 전의 네 수를 앞에서부터 차례로 이 소수들의 어깨에 (지수로) 얹어서 곱해보는 거예유. 그럼 2^3

$\times 3^{10} \times 5^2 \times 7^{11}$가 되지유?

5066266 바로 그 수가 $\sim p \vee q$라는 문장에 대응하는 숫자라는 거죠?

2088308 그래유. 또 아까 나왔던 $x+a=y+a$를 바꾸어보면, x는 8, +는 5, a는 12, =는 4, y는 9라고 했으니까, 그 순서대로 소수들의 어깨에 차례로 얹으면 $2^8 \times 3^5 \times 5^{12} \times 7^4 \times 11^9 \times 13^5 \times 17^{12}$이 되지유.

5066266 기호에 대응하는 숫자를 그런 식으로 소인수분해의 지수로 바꿔 쓰면, 전체 문장에 대응하는 숫자가 하나로 정해질 거라는 거죠?

2088308 그래유. 그러면 이젠 반대로 어떤 소인수분해된 수를 보면 그에 해당되는 기호들을 찾을 수 있고, 그 기호들을 순서대로 배열하면 원래의 식도 다시 찾아낼 수 있지유. 가령 $2^{10} \times 3^2 \times 5^3 \times 7^{10}$이라면 어떤 문장이 될까요?

5066266 아까 약속한 데 따르면, 10은 p고, 2는 $\vee$, 3은 $\sim$니까, $p \vee \sim p$가 되네요.

8077333 어쭈, 이거 뭐 좀 하는 거 같은데.

2088308 훌륭해유. 이런 식으로 기호나 문장에 대응하는 수를 괴델의 이름을 따서 '괴델수'라고 불러유. 각 문장에 대해 괴델수는 오직 하나씩만 대응하지유. 그러면 이제 모든 논리식의 문장은 하나의 수로 바꿔놓을 수가 있지 않겠어유?

괴델수와 괴델의 정리

8077333 아니, 그런데 그 얘기가 '불완전성의 정리'와 무슨 상관이 있다는

거지?

2088308 아까는 명제 a나 명제 p의 참/거짓을 증명할 수 없다는 식의 문장을 이용했지유? 이젠 그걸 이렇게 바꿔봐유. '괴델수 x를 갖는 명제는 증명할 수 없다.' 그럼 이 문장도 방금 말한 방법에 따라 어떤 또 하나의 괴델수 g_0에 대응시킬 수 있을 거예유. 그런데 $x=g_0$일 때, 그 문장의 괴델수가 역시 g_0가 되도록 하는 어떤 수 g_0가 있을 수 있지 않겠어유? 마치 어떤 함수에서 $x=g_0$일 때 함수값이 g_0가 되게 하는 수 g_0가 있을 수 있는 것처럼 말이에유.

5066266 $f(g_0) = g_0$가 되는 g_0를 찾는단 말이죠?

8077333 어, 이거 장난이 아닌 것 같은데? 혹시 짜고 하는 거 아냐?

2088308 아주 좋아유. 저는 '미모와 지능은 반비례한다'고 생각하고 있었는데, '예외 없는 법칙은 없다'는 말이 맞는 말인 듯 하네유.

5066266 호호호, 법칙에서 벗어나는 것을 법칙으로 하는 법칙에 속하게 되는 거네요?

2088308 맞아유, 맞아.

8077333 어이 뭣들 하는 거야, 진도 나가자고, 진도!

2088308 아, 그래유. 다시 돌아가면, $x = g_0$일 때, '괴델수 x를 갖는 명제는 증명할 수 없다'는 문장 역시 g_0가 되도록 하자고 한 셈이지유? 그럼 $x = g_0$이니 x 대신에 g_0를 대입하면 이 문장은 '괴델수 g_0를 갖는 명제는 증명할 수 없다'가 되지유? 이 문장을 G_0라고 하자고요. 그런데 이 문장(G_0)에 대응하는 괴델수는 얼마지유?

5066266 g_0를 대입했을 때 문장 전체의 괴델수가 g_0가 되도록 한 거니 당연히 g_0지요.

8077333 그거야 아까 한 말이잖아.

2088308 좋아유, 훌륭해유. 그렇다면 문장 G_0는 '괴델수 g_0를 갖는 명제' 겠네유?

8077333 당근이지, 당근. 당근이라고.

2088308 그럼 전체 명제 G_0(괴델수 g_0를 갖는 문장은 증명할 수 없다)에서 '괴델수 g_0를 갖는 명제'라는 말을 'G_0'라고 바꿔 써도 되지유?

8077333 옛서-르.

5066266 그럼 G_0는 '명제 G_0는 증명할 수 없다'가 되네요?

2088308 반대로 G_0의 부정($\sim G_0$)은 '명제 G_0는 증명할 수 있다'가 되지유.

8077333 그런데 G_0는 '괴델수 g_0를 갖는 문장은 증명할 수 없다'니까, 명제 G_0를 증명할 수 있다는 말은 '괴델수 g_0를 갖는 문장은 증명할 수 없다'를 증명할 수 있다는 게 되잖아!

5066266 눈치 하나는 죽이는군. 동작 빠른 것도 말이야.

2088308 결국 명제 G_0를 증명할 수 있어도 '괴델수 g_0를 갖는 명제(명제 G_0)는 증명할 수 없다'가 되고, 반대로 그 명제의 부정인 $\sim G_0$를 증명해도 '괴델수 g_0를 갖는 문장은 증명할 수 없다'를 증명할 수 있다는 게 되니, 어떻게 해도 '괴델수 g_0를 갖는 문장은 증명할 수 없다'가 되는 거지유.

5066266 그럴 수가!! 마치 마술에 홀린 느낌이에요.

8077333 기가 막히는군. 뭔가 속임수가 있는 거 아냐?

2088308 정말 기가 막혔던 것은 두 분이 아니라 수학자들, 특히 힐베르트였지유. 그건 G_0와 그것의 부정이 동시에 성립된다는 것을 뜻하는데[명제 G_0를 증명하면 G_0는 증명할 수 없다($\sim G_0$)가 되고, $\sim G_0$을 증명하면 G_0는 증명할 수 있다가 된다], 말을 바꾸면 참인지 거짓인지를 결정할 수 없는 명제가 있

다는 말이니까유. 즉, 공리만으로 맞는다고 긍정할 수도 없고, 틀리다고 부정할 수도 없는 명제, 참/거짓을 완전히 결정할 수 없는 명제가 있다는 게 멋지게 증명된 거예유. 이런 명제를 '결정 불가능한 명제'라고 하고, 이런 명제가 있기 때문에 어떤 공리계도 '완전성'이라는 요건을 만족시킬 수 없게 되었어유.

> **괴델의 첫째 정리** 자연수론을 포함하는 무모순인 모든 공리계 A에 대하여, A에는 결정 불가능한 명제들이 존재한다. 즉, A 안에는 G 또는 $\sim G$를 A 안에서 증명할 수 없는 명제 G가 존재한다.

5066266 그럼 '무모순성'이란 요건도 또 문제가 되겠네유.

2088308 물론이에유. 같은 논문에서 괴델은 이 신기한 정리를 이용해서, '자연수론을 포함하는 이러한 공리계도 자신의 무모순성을 증명할 수 없다'는 것을 증명했어유. 이걸 '괴델의 둘째 정리'라고 부르지유.

자연수, 너마저도!

8077333 야, 거 괴델이란 양반, 사고를 쳐도 아주 크게 쳤구먼. 완전성과 무모순성이 모두 불가능하다면, 수학적 진리가 아예 불가능하다는 말 아니야?

2088308 그래유. 힐베르트의 기획은 완전히 파산지경에 이르게 됐지유.

그뿐만 아니라 지금까지 수학에서 '진리'라는 말을 사용할 수 있게 해준 가장 중요한 요건이 원천적으로 충족될 수 없다는 걸 보여준 셈이에유.

8077333 그래, 내가 수학에 거리를 둔 게 다 이유가 있었던 거야. 나는 옛날부터 수학이 싫었거든. 수학 선생도 싫었고 말이야.

5066266 결국 수학의 확고한 기초를 찾으려 했던, 1세기를 넘는 노력이 모두 물거품이 되어버린 셈이네요.

2088308 맞아유. 확실히 괴델의 정리는 거듭되는 위기에 대처하여 엄밀한 근거를 찾아내고, 기초공사를 다시 하려던 19세기 초부터의 노력에 허무한 종지부를 찍을 수 있는 충격적인 결론을 포함하고 있었지유. 하지만 그러한 결론으로 모든 것을 쉽게 포기하는 일은 그다지 쉽게 일어나지 않는 법이지유.

8077333 혹시 이번엔 또 누가 괴델을 쓰러뜨렸나 보지?

2088308 아니유. 그건 너무도 깔끔하고 완벽하며 아름다운 정리였지유. 하지만 수학 전체의 명운이 걸린 일이었으니, 그걸 곧이곧대로 믿고는 기초공사를 포기하는 식의 일은 일어나지 않았다는 말이지유.

5066266 가던 길을 계속 갔단 말이겠죠. 언제나 그러기 마련이듯이.

2088308 그래유. 사실 괴델의 정리는 수학을 '형식화'하고, 무모순성과 완전성이란 원칙 아래 증명론을 발전시키려던 힐베르트의 구상을 충실하게 따르고 있었던 거예유. 그런데 바로 그게 힐베르트의 기획을 완전히 폭파시킬 도화선이 되어버렸던 거지유. 그러나 힐베르트는 끝까지 그것을 인정하지 않았어유. 힐베르트가 제자인 베르나이스(P. Bernays)와 함께 쓴 형식주의의 고전 『수학의 기초』 1권은 괴델의 정리가 나오고 3년 후 1934년에 출판되었고, 2권은 1939년에 출판되었지유. 다른 수학자들도 그것이 직접 자신의 수학적 영역을 침범하지 않고 단지 초수학적 증명에 머물러 있는 한, 대부분 묵시적으로 외면하려 했던 셈이에유. 정리 하나로 진리에 대한 확신을 포기하는 일은 일어나기 힘든 일이지유.

5066266 저, 궁금한 게 하나 있어요. 괴델의 정리에서 '자연수론을 포함하는 모든 공리계에 대해서'라는 말로 시작하는데, 그게 무슨 말이죠?

2088308 역시 5066266, 대단해유. 그건 중요한 질문인데유, 일단 그건

자연수론처럼 자명하고 단순한 공리계에 대해서도 괴델의 정리가 적용된다는 걸 뜻해유. 그 이유를 설명하는 건 좀 어려운데, 음, 쉽게 이해할 수 있게 대략만 말하면, 아까 보았듯이 괴델은 증명론에 사용되는 초수학적 문장을 괴델수라는 자연수에 대응시켰잖아유? 그리고 그걸 페아노가 만든 자연수에 관한 공리계로 바꾸는 작업을 해서 정리를 증명했어유. 그래서 페아노가 만든 자연수의 공리계에도 결정 불가능한 명제가 있다는 걸 증명한 거지유. 무모순성을 증명할 수 없다는 명제도 마찬가지예유.

5066266 그럼 '신이 만든 수'라던 자연수도 확실한 기초가 될 수 없다는 말이잖아요?

2088308 그래유. 그래서 수, 특히 자연수나 정수로 환원해서 기초를 확고히 다지려던 시도들까지도 함께 타격을 받게 된 셈이지유. 그것도 자연수로 환원하는 방법을 통해 말이에유. 거대한 수학의 함선이 침몰하게 된 거지유. 타이타닉호처럼 말이에유.

연속체 가설로 아킬레스를……

8077333 근데, 그게 지금 우리랑 무슨 상관이 있다는 거지?

5066266 앞으로 두 시간 남았어요.

2088308 저 컴퓨터의 사고와 판단은 수리논리학에 따르고 있지유. 따라서 그 판단은 형식적 공리계 안에서 이루어지고 있을 거예유. 화면의 저 질문이 거꾸로 그걸 보여주고 있어유. 저 질문은 그저 악어의 역설을 말만 바꿔 써놓은 건 아니에유. 이 감옥이나 이 기계를 만든 게 악마적인 수학

자라는 건 다 아시지유? 수학자답게 그는 논리적인 게임을 하고 있는 거예유. 그건 답이 없지 않다는 걸 뜻해유. 그리고 이런 형식적 논리 게임을 하려고 한다는 것은 그가 형식적 논리학의 난점을 잘 알고 있음을 뜻하지유. 동시에 그런 형식적 논리학을 이용하고 있다는 걸 뜻해유. 따라서 이 컴퓨터 역시 형식논리학의 공리계를 따르고 있음이 분명해유.

8077333 그러니까, 그러니까 말이야…… 그게, 아, 젠장, 말이 잘 안 나오네. 어쨌든 느낌은 왔어. 무슨 말을 하려는 건지 말이야.

5066266 괴델의 정리를 이용한다는 거잖아요. 결정 불가능한 명제 말이에요.

2088308 그래유. 어쨌든 답은 창을 발사하는 스위치를 온(on)하거나 오프(off)하는 두 경로를 설정하고, 각각으로 이어지는 조건을 달아주면 되지유. 그런데 저 문제는 참인 명제를 스위치-온에 연결시킬 것을 요구하고 있어유. 그게 아킬레스의 뜻이니까유. 하지만 그러면 즉, 스위치가 켜지면서 창들이 발사될 거예유. 반대로 거짓인 명제를 스위치-온에 연결시키면, 아킬레스의 뜻에 반하기 때문에 창이 발사되어 우리는 죽게 되지유. 하지만 결정 불가능한 명제를 스위치-온에 연결시킨다면, 그건 아킬레스의 뜻에 반하는 건 아니면서, 스위치-온을 명령하는 건 아니기 때문에 창은 발사되지 않을 거예유.

8077333 이야호! 우린 살았다! 멋있어. 아주 훌륭해! 그거야말로 '아킬레스의 건'이군.

5066266 그럼 결정 불가능한 명제를 찾아야 하잖아요.

2088308 그래유. 여러 가지가 있을 수 있지만, 가령 이런 식으로 프로그램을 하면 될 거예유.

> $\aleph_n = 2^{\aleph_{n-1}}$이면, 스위치-온
>
> $\aleph_n \neq 2^{\aleph_{n-1}}$이면, 스위치-오프

5066266 이게 무슨 뜻인데요?

2088308 예전에 집합론을 창시한 칸토어는 가산집합의 농도와 연속체 농도 사이에 어떤 다른 농도가 없을 거라는 가설을 세운 적이 있어유. 가산집합의 농도는 자연수의 농도인데 $\aleph_0$라 쓰고, 연속체란 실수를 뜻하는데, 칸토어는 실수의 농도가 $2^{\aleph_0}$임을 증명했어요. 그는 자연수 농도와 실수 농도 사이에 다른 수가 없을 거라고 생각했어요. 즉, 자연수 농도($\aleph_0$) 다음 수를 $\aleph_1$라 쓰면, 이게 바로 실수 농도와 같을 거라는 말이죠. 식으로 쓰면 $\aleph_1 = 2^{\aleph_0}$인데, 이를 '연속체 가설'이라고 해유. 그럼 그다음 수도 비슷하게 쓸 수 있지 않겠어요?

8077333 $\aleph_2 = 2^{\aleph_1}$이란 말이지?

2088308 맞아요. 이를 일반화하면 $\aleph_n = 2^{\aleph_{n-1}}$이 되겠지유. 이를 '일반 연속체 가설'이라고 해유.

8077333 그게 결정 불가능한 명제인가 보지?

2088308 그래유. 1963년에 폴 코언이 집합론의 형식적 공리계에서 일반 연속체 가설이 결정 불가능한 명제란 걸 증명했지유.

5066266 그런데 집합론의 공리계에서 결정 불가능한 명제가 여기서도 유용한가요? 이 컴퓨터가 집합론의 공리계를 이용한다고 말하지는 않았잖아요.

2088308 놀라운 질문이네유. 그래유. 확실히 모험적 요소가 있다는 건 분명해유. 논리학의 형식체계를 이용하는 게 집합론의 형식체계를 이용하는 건 아니니까 말이에유. 그런데 형식적 공리계를 사용하는 걸로 봐서 이 프로그램을 만든 수학자는 집합론을 부정하는 사람은 아니에유. 그렇다면 집합론의 형식적 공리계를 이용하거나, 적어도 집합론 공리계의 코드를 포함하고 있을 거예유.

기나긴 설명을 마치고 2088308은 자신이 말한 프로그램을 입력했다. 설명을 이해해도 손에 땀이 나는 건 어쩔 수 없었다. 자, 과연 어떻게 될 것인가?

감금의 연속체, 탈출의 연속체

크르릉! 다행히 창은 날아오지 않았다. 문이, 문이 열린 것이다! 성공이다! 저 끔찍한 감옥에서 불가능해 보이던 탈옥에 성공한 것이다!

문 너머엔 정말 다른 세계가 펼쳐져 있었다. 아마존은 아니어도 우거진 숲이 있었고, 강이 흐르고 있었고, 산과 계곡이 있었다. 숲속에는 뱀이나 악어처럼 익숙한 동물들도, 물소처럼 뿔이 있으나 코끼리처럼 코가 긴 엘리카우, 아름다운 줄무늬가 있는 코뿔소도 있었다. 사자처럼 갈기가 멋지게 달린 침팬지 라이멍키도 있었다. 셋은 계속 걸었다. 숲이 끝나는 곳에 이르자 로봇들이 타원구 모양의 건물을 짓고 있는 공사장이 나타났다.

먹을 것과 물을 얻으러 들어간 작은 슈퍼마켓에서 그들은 숫자로 표시되는 전자화폐 계정이 없으면 아무것도 구할 수 없음을 알게 되었다. 무언가를 먹고 마시기 위해서는 노동을 해야 했고, 그 대가가 신체에 기록되어야 했다. 지갑도 입력도 필요 없었다. 물건을 가져가면 공간에 설치된 센서가 그들의 신체를 스캐닝해서 계정의 숫자를 바꾸었기에, 생존을 위해서는 각자의 신체를 숫자로 채워야 했다. 숲으로 돌아가 먹을 걸 구하려 했지만, 반대 방향으로 가는 것은 금지되어 있었다. 앞으로, 아니면 옆으로만 가게 되어 있었다. 로봇들이 일하고 있었기에, 그 공사장에서 일자리를 구할 수도 없었다.

배고픔과 갈증에 쫓기던 그들은 결국 상점의 물건을 훔치는 수밖에 없었다. 그들을 기다리고 있는 곳은 인공지능으로 작동되는 새로운 감옥이었다. AIAP(Artificial Intelligence Aided Prison)였다.

"이런 젠장!"

욕 잘하는 8077333만의 생각은 아니었을 것이다. 그래도 거기는 먹고 마실 수 있는 곳이었다. '다시 갇혔다'는 절망감을 '살았다'는 안도감이 재빠르게 앞질렀다.

"갈증이 사라지고 배가 부르니 여기가 천국이구먼."

8077333은 허탈하게 웃었다. 그래, 천국이 어디 따로 있겠어? 그리고 또 시간이 좀 흘렀다. 생존에 쫓기던 일이 기억에서 멀어지자, 5066266과 8077333은 다시 새로운 감옥이 답답해졌다. 다시 아이를 만든 것도 아니고, 감옥 안의 감옥에 갇힌 것도 아니었지만, 멀리 있는 벽들이 조여드는 느낌을 피할 수 없었다. 탈출의 쾌감과 해방의 공기를 마셨던 경험 때문일까? 그리하여 두 사람은 2088308을 설득하여 다시 탈옥을 시도했다. 2088308이 탈옥을 포기하고 거기에 그냥 주저앉자고 했던 건 단지 먹고 마실 수 있는 곳이 천국이라는 어리석은 생각 때문은 아니었다.

"이건 맴돌고 있는 거예유. 원환의 구조 아니면 뫼비우스 띠 같은 연속체를 맴돌도록 되어 있음이 틀림없어유."

반복은 쉽게 사람들을 조여들며 맴돌고 있다는 생각을 하게 한다. 탈옥 뒤에 다시 갇힌 이들로서는 다시 탈옥한다 해도 밖에서 기다리는 것이 감옥일 거라는 생각으로부터 벗어나기 힘들다. 그런 종류의 반복을 수학적 상상력과 연결하게 하는 것 역시 그런 경험일 것이다. 확실히 2088308 말대로 닫힌 원환 안을 맴돌거나 뫼비우스의 띠 같은 계 안을 반복하여 통과하는 구조가 이들을 둘러싸고 있는 것인지도 모른다. 그러나 성공한 탈출의 경험도 만만하진 않았다. 어렵게 2088308을 설득해 셋은 다시 탈옥을 한다. 경험은 모든 것을 쉽게 해준다. 탈옥도 그랬다. 어느새 그들은 마지막 관문에 이르렀다.

"Welcome my family! Welcome to the Prensio!"

아, 이런! 황급히 키보드를 치고 입장했다. 뭐지, 이건? 정말 2088308 말대로 원환의 구조나 뫼비우스의 띠 같은 연속체 속을 맴돌고 있는 것일까? 눈치 빠른 8077333이 2088308의 눈치를 보며 중얼거렸다.

"젠장, 이거 열고 나가면 정말 예전의 감옥 CAP가 다시 나타나는 거 아니야?"

어쨌건 되돌아갈 길은 없었다. 어떻게든 다시 한번 앨리게이터 같은 게이트를 통과해야 했다. 다행일까? 문 뒤에서 나타난 게 CAP는 아니었으니 '뫼비우스의 띠'나 '나쁜 원환'이라 하기는 어려웠다. 그러나 이제까지의 경험으로 보면, 이 세계는 자신의 규칙으로 그들을 다시 가둘 것이고, 그들은 다시 탈옥을 반복하게 될 가능성을 부정할 수 없었다. 아니나 다를까,

그들은 다시 생존을 위해 규칙을 위반했고, 다시 감옥에 갇혔다. 2088308이 다시 말했다.

"우리는 새로운 유형의 감옥 속에 있는 거 같아요. 단지 가두는 감옥이 아니라 갇히고 탈출하고 다시 갇히는 걸 반복하도록 하는 감옥 말이에요. 이건 탈옥마저 처벌의 일부이기에 탈옥이 불가능한 그런 감옥이에요. 바위를 지고 산을 오르지만 필경 바위가 굴러 떨어져 원위치에서 다시 시작해야 하는 시지프스처럼 말이에요. 결정 불가능한 명제를 찾아내봐야 다시 공리로 포섭하는 확장된 공리계의 연속체, 그게 바로 이 프렌지오 연속체의 본성인 거죠. 악마적 수학자가 괴델의 정리를 이용한 것은 마지막 관문 앨리게이터에서만은 아니었던 거예요."

결국 2088308은 탈옥을 포기하고 주저앉았다.

"우리가 탈옥을 반복하는 것이야말로 이 연속체가 기능하도록 하는 것이에유."

그에게 들은 마지막 말이었다. 그러나 8077333과 5066266은 감옥에 주저앉고 싶지 않았다. 서로의 몸을 증오하게 해서 죽게 만드는 처벌의 경험이 죽더라도 그렇게만은 죽고 싶지 않다는 악다구니를 만들어낸 것일까? 악마적 수학자를 사로잡았던 반복의 환영 때문인지, 감옥은 반복되었지만 탈출을 가로막는 관문 또한 비슷한 양상으로 반복되었다. 괴델적 감금의 연속체에 어울리는 것은 괴델의 정리라고 생각해서인지, 아니면 그처럼 반복해서 탈출할 가능성에 대해 쉽게 생각해서인지, 마지막 관문에서는 언제나 유사한 문제로 괴델의 정리를 반복하여 사용하게 했다. 어렵게 어렵게 배워 이전 감옥을 벗어난 덕에, 2088308이 없어도 두 사람은 약간 다르게 반복되는 악어의 질문을 괴델의 정리를 써서 다시 빠져나갈 수 있었다.

그러나 탈출해 진입한 어떤 세계에서도 그들은 세상의 규칙과 다시 충돌했다. 하긴, 규칙 없는 세상이 어디 있을 것이며, 규칙을 어기는 일이 어찌 없을 것인가. 어디서나 규칙의 위반은 놀랍도록 빠르게 첨단의 기계에 의해 포착되었고, 어느새 그들은 다시 감옥에 들어가기를 반복했다. 그만큼 쉬워지고 빈번해진 탈옥을 반복하고 있다.

"맞아요, 저와 8077333은 투옥과 탈옥을 반복하고 있어요. 아마도 영원히 계속되겠죠. 그런데 이 반복 속에서 우리는 이 프렌지오 연속체에 대해 2088308과 다른 생각을 하게 되었어요. 그는 결정 불가능한 명제를 공리로 포섭하여 다시 공리계 안에 가두는 감옥의 괴델적 연속체라고 했지만, 어쩌면 이건 탈출을 반복하기 위해 투옥하는 놀라운 탈출의 연속체가 아닐까 싶어요. 탈출을 반복하면서 우리는 마지막 관문이 열릴 때마다 '이번에는 어떤 세계일까?' 궁금해하게 되었어요. 새로 대면하게 된 세계를 살아내고 헤쳐가며 그들의 규칙 사이를 비집고 다니는 방법을 찾아내는 것을 일종의 게임처럼 즐기게 되었던 거예요. 수학자들은 문제를 푸는 걸 좋아한다죠? 그런 이들에게 풀어야 할 문제가 없다면 얼마나 세상이 지루하겠어요? 우리도 그래요. 우리를 포위하며 헤쳐나가 보라고 하는 문제들이 없다면, 탈출할 감옥이 없다면 얼마나 삶이 지루할까 싶은 거예요. 호호호, 변태라고요? 맞아요, 탈옥을 반복하다 변태가 된 건지도 모르겠어요."

결정 불가능한 명제와 열린 경계

19세기 이래 수학자들은 수학적 진리의 낙원을 찾으려고 했다. 그러나 거기에 한 걸음 다가서는가 싶으면 또 다른 강이 나타나고, 그걸 넘어 또 한 걸음 다가섰는가 싶으면 또 다른 심연이 나타나는 식으로 해결은 계속해서 연기되고 유예되었다. 그러한 노력은 다양한 수학 이론들을 수론이나 산수로 환원하면 아담과 이브가 평화롭게 살던 태초의 낙원을 찾을 수 있으리라는 생각으로 수렴되었다. 거기서 수론의 기초로서 집합론이 탄생했다. 그것은 처음에는 견디기 힘든 스캔들이었지만, 점차 사람들은 그것이 새로운 낙원의 대지가 되리라는 믿음을 갖게 되었다. 하지만 거기서 역설이라는 또 다른 '악마'가 튀어나왔다. 마지막으로, 수학을 형식화하고 그것을 자연수로 환원시킨다면, 태초의 낙원은 찾을 수 없다 하더라도 수학자의 손으로 만든 인공낙원을 만들 수 있으리라는 생각이 한동안 많은 사람들을 사로잡았다.

그러나 괴델은 그 인공낙원조차 결정 불가능한 명제로 금이 가고 균열되어 있음을 증명한 것이다. 그것도 인공낙원을 만드는 규칙에 따라서 행한 것이었기에 그 파장은 더욱 거대했다. 그래도 수학자들은 이제 말한다. 괴델의 정리는 '수학 역사상 가장 아름다운 증명'에 속한다고. 그렇다면 그건 아름다움으로, 죽은 이를 위로하며 떠나보내는 일종의 레퀴엠(진혼곡)이었던 셈이다. 수학적 진리란 잃어버린 낙원의 이름, 혹은 죽어버린 신의 이름이 된 것이다.

이제 수학적 정합성, 무모순성이 수학의 진리를 보증할 것이라는 생각은 헛된 호언(豪言)이 되고 말았다. 그것은 수학이 진리를 잃어버린 것을 뜻한다. 그렇다면 수학은 이제 끝난 것인가? 그러나 아무도 그걸로 수학이 끝났다고 생각하는 사람은 없었다.

1963년 미국의 수학자 폴 코언(Paul Cohen)은 칸토어의 '연속체 가설'과 '선택공리(axiom of choice)'라는 잘 알려진 공리가 집합론의 공리계[체르멜로(E. Zermelo)와 프랭켈(A. Fraenkel)이 선택공리를 채택해 만든 공리계라서 이니셜을 모아 'ZFC 공리계'라고 부른다]에 대해서 결정 불가능한 명제라는 것을 증명했다. 이로써 괴델의 정리는 수학의 가장 기초적인 영역인 집합론 안에서 수학적 확증을 얻은 셈이 되었다. 그러나 그것은 집합론의 붕괴로 이끌지 않았다. 마치 평행선 공리의 부정이 유클리드기하학을 붕괴시키지는 않았던 것처럼. 반대로 그것은 새로운 기하학의 탄생과 부흥을 가져오지 않았던가. 그렇다면 공리계의 불완전성은 수학자의 작업이 결코 종결될 수 없다는 것을 뜻한다. 결정 불가능한 명제, 진리가 끝나기에 수학이 끝나는 지점이 아니라 반대로 기존의 체계를 벗어나서 새로운 수학이 시작되는 지점인 셈이다.

이 결정 불가능한 명제는 주어진 공리계 안에서 참임을 증명할 수 없는 명제이지만, 반대로 거짓임을 증명할 수도 없는 명제다. 다시 말해 그 공리계 안에서 모순을 일으키지는 않는 명제다. 따라서 이런 명제는 공리로 채택한다면, 그 공리계 안으로 포섭할 수 있다. 모순을 일으키지 않으니 차라리 쉬운 셈이다. 유클리드의 평행선 공리를 앞의 네 공리로 증명하는 데 실패했지만, 그렇다고 거짓으로 증명된 것도 아니기에 공리로 채택하면 되었던 것처럼. 이런 의미에서 평행선 공리는 앞의 네 공리로 이루어진 기하학 공리계에 대해 결정 불가능한 명제였던 셈이다. 반면 그 명제를 부정한 다른 명제를 공리로 채택해도 된다. 거기서 비유클리드기하학의 새로운 공리계가 만들어졌다는 것은 앞서 보았다.

이미 언급했지만 이처럼 결정 불가능한 명제를 공리로 추가해도 그 공리계는 완전한 것이 되지 않는다. 그 새로운 공리계에서도 또다시 결정 불가능한 명제가 있다는 것이 괴델의 정리의 또 다른 의미이기 때문이다. 괴델의 정리는 그런 과정이 무한히 계속될 수 있음을 의미한다. 결정 불가능한 명제를 찾아내어 또다시 공리로 추가해도 언제나 또 다른 결정 불가능한 명제가 있다는 것을. 다행일까, 불행일까?

이는 어떠한 공리계도 완전히 닫히고 완결될 수 없다는 것을 뜻한다. 그런 점에서 어떠한 공리계도 불완전하다. 이는 공리계의 경계가 닫혀 있지 않고 열려 있다는 것을 뜻한다. 불완전성, 그것은 열린 경계를 뜻하는 것이고, 새로운 명제가 공리로 들어와 앉을 수 있는 여백을 뜻하는 것이다. 그것은 어쩌면 불완전함의 미덕이기도 하다.

제11장

두 개의 수학 삼각형

19세기 수학의 풍경

제11장. 두 개의 수학 삼각형

'계산'의 시대에서 '기초'의 시대로

17~18세기 수학 전반을 한마디 말로 특징짓는다면 그것은 '계산'이라는 말이 적절할 것이다. 모든 것을 계산하고자 했고, 그럼으로써 과학의 세계로 끌어들일 수 있다는 생각이 그 밑에 깔려 있는 핵심적인 발상이었다. 앞서 우리는 이 시기 수학의 배치를 네 개의 서로 다른 축이 만드는 사변형의 공간으로 묘사한 바 있다. 근원의 자리를 차지하는 기하학, 서로 다른 것을 수로 환원하여 등가화함으로써 계산할 수 있게 해주는 대수학, 수로 환원된 것을 분류·배열하여 체계화하는 보편수학, 그리고 수학적 관계로 포착된 모든 관계를 다른 것으로 변환하고 파생시키는 해석학이 바로 그 네 개의 축이었다.

그 시기 수학자들은 한편으로는 계산 가능한 영역을 넓히기 위해 다양한 변환의 기술을 개발했고, 다른 한편으로는 계산 가능한 수와 능력에 의해 분류되고 배열되며 체계화된 보편수학적 질서를 꿈꾸었다. 다시 말해 그 시기 수학의 흐름을 주도한 가장 중요한 힘들은 크게 두 개의 방향을 그리고 있었다. 그 하나는 수학의 근원적 자리를 차지하고 있는 기하학에서 계산의 공간인 대수학을 통해 파생과 변환의 기술로서 해석학으로 이어지는 궤적이었다면, 다른 하나는 역시 수학의 근원인 기하학에서 시작해 계산공간을 제공하는 대수학을 거쳐 보편수학으로 이어지는 궤적이었다.

반면 19세기에 이르면 이러한 배치에 커다란 변화가 나타난다. 무엇보다 먼저 배치의 틀을 짜주던 네 개의 축이 동요하고 분열하여 새로운 위상을 획득한다. 먼저 비유클리드기하학이 나타나고, 그것이 유클리드기하학만큼이나 모순이 없다는 것이 분명해지면서 수학의 근원일 뿐만 아니라 진리의 모델이기도 했던 기하학은 그 절대성을 상실하고 상대화된다. 그런 만큼 그것은 다수의 기하학들로 분할되면서, 단일한 체계로서 기하학은 수학의 근원이라는 영토에서 벗어난다. 하지만 상대화한 복수(複數)의 기하학에서 수학적 진리의 모델을 따로 분리해 남겨둘 수는 없는 것일까? 이러한 발상은 '기하학의 기초'를 다시 뒤져서 '공리주의'를 진리의 중요한 모델로 다시 되살려낸다. 하지만 이 경우에도 그것은 더 이상 수학의 근원, 고향임을 주장하지는 못한다. 그것은 다만 수학적 명제를 등가성의 기호 아래 결합하고 체계화하는 원리일 뿐이다.

대수학도 커다란 변화를 겪는다. 먼저 그것은 수나 방정식에 관한 명제들의 소박한 결집체에서 벗어나, 수의 성질을 연구하는 '수론'과, 수와 무관하게 관계를 다루는 '추상대수학'으로 나뉜다. 한편으로 '정수론'이라는 주제가 가우스뿐만 아니라 19세기 초 이래 수학자들의 중요한 주제가 되었으며, 그것이 수학의 엄밀하고 확고한 기초를 제공할 것이라는 생각이 점점 더 강화되고 확산된다. 모든 수학을 '수'라는 수학적 실체로 환원하는 과정은 이러한 맥락에서 이해할 수 있을 것이다. 다른 한편 추상대수학은 아벨과 갈루아의 군론(群論, theory of groups)과, 불변식에 대한 연구나 불 대수 등 영국학파의 대수학을 두 초점으로 하여 형성되는데, 이는 구조적 불변성을 통해 수학적 관계의 기초를 마련할 수 있으리라는 생각으로 이어진다. 이런 점에서 수론이나 추상대수학으로 발전한 대수학은 비교·계산할 수 있도록 등가화해주던 자리에서 벗어나, '수'라는 수학적 실체나 불변적인 관계를 다루는 이론의 자리로 옮겨간다.

일종의 이념적 수학으로서, 엄격한 의미의 수학이라기보다는 17세기 수학화의 이념을 대변하던 보편수학은 엄밀함이란 증명서가 있어야만 들어갈 수 있는 수학의 영역에서 밀려난다. 사실 천문학은 물론 음악이나 미술까지 수학 안으로 끌어들이려는 17세기의 제국적인 기획은 수학적 엄밀성의 훼손이라는 엄청난 대가를 요구했다. 이것은 수학이 새로운 영역으로 자신의 계산능력을 맘껏 펼쳐가던 상승기라면 용납될 수 있었을지 모른다. 그러나 그 같은 무분별한 확장의 결과 수학의 기초를 흔드는 많은 역설과 난점이 드러나던 시기에, 그래서 신중함과 엄격함이 미덕이 된 시기에 그런 태도가 지속될 수는 없었다. 그 결과 보편수학이라는 이념적 수학은 수학의 공간 안에서 소멸된다. 물론 보편수학의 이념에 잇닿아 있는 기호논리학이나 불 대수 등이 있지만, 이전과 같이 영토 확장을 꿈꾸는 '보편수학'이 아니라, 수학의 엄밀성을 다지고 검사하는 일종의 '방법'으로서 나타난다. 그것은 공리주의가 새로 차지한 축과 불변성을 추구하는 새로운 축 사이를 오가며 그것을 연결한다.

이런 맥락에서 17세기 수학과 대비하여 19세기 수학 전반을 한마디로 특징지으라고 한다면, '엄밀성' 내지 '기초'라는 말일 것이다. 엄밀하고 확고한 기초, 수학적 진리의 건축물이 강력한 지진에도 끄떡없이 버틸 수 있는 확고부동한 기초, 그것이 19세기 수학자들의 꿈이었고, 그들의 활동을 끌어당기던 인력의 중심이었다. 이는 19세기 수학들의 새로운 위치는 그러한 기초를 발견하기 위한 수학자들의 사유와 노력이 지향하게 될 세 개의 새로운 축을 형성한다.

첫째, 유클리드기하학의 절대성이 붕괴된 이후 새로이 수학의 근원 자리를 차지하게 된 '수'였다. 여기서 19세기 초부터 수학의 새로운 중심으로 떠오른 수론 및 산수를 떠올리는 것은 자연스러운 일이다.

둘째로, 이전에 계산 가능한 조건을 만들던 대수적 등가는 엄밀하고 정합적인 수학적 관계의 등가로 대체된다. '이다'를 뜻하는 동사가 수학적 등호와 동형적임을 안다면, 모순율과 배중률을 보충물로 갖는 논리학의 첫째 법칙인 동일률은 그 등가의 한 형식임이 또한 이해하기 어렵지 않을 것이다. 유클리드기하학의 공리적 모델에서 출발한 공리주의나 논리적 관계의 정합성을 주목했던 논리주의적 흐름들은 이 점에서 하나의 축으로 수렴한다. 대략적으로 말하면 관계의 정합성(무모순성)이 수학적 진리의 확고한 기초를 제공하리라는 것이 그들의 생각이었다. 기호논리학이나 형식적 공리주의 등을 이와 연관시키는 것은 쉬운 일이다.

셋째, 관계라는 말보다는 '구조'라는 말이 더 적절한 것으로, 다양한 수학 체계 안에 존재하는 '불변적인 구조'나 '구조적 불변성'을 주목하는 것이다. 여기서 가장 중요한 사람은 아마도 군론이라는 대수학의 새 영역을 열어준 아벨과 갈루아일 것이다.

두 개의 수학 삼각형

수학의 엄밀하고 확고한 기초를 확보하려는 19세기 수학자들의 노력은 아마도 이 세 개의 축을 꼭짓점으로 하는 삼각형 안에서, 그 세 요소들의 상호작용 안에서 이루어졌다고 말해도 좋을 것이다. 그렇다면 약간의 도식적 간략화를 위해 이 세 점으로 만들어지는 삼각형을, 그것이 주로 수학적 '기초'를 확보하려는 시도를 틀 지우고 있다는 점에서 '기초 삼각형'이라고 부르자.

제11장. 두 개의 수학 삼각형

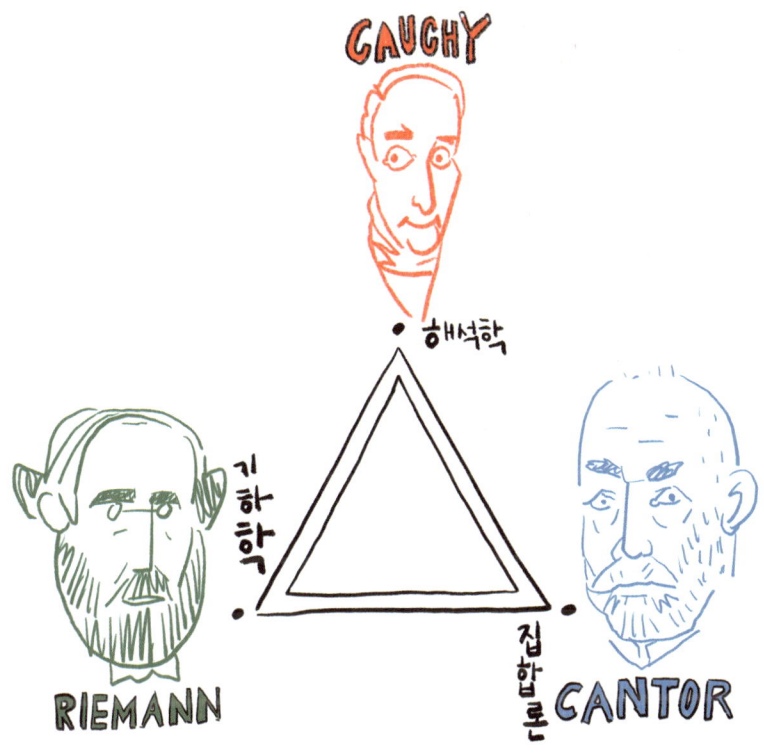

이 삼각형을 형성하거나, 그 공간 안에서 이루어졌던 시도들은 아마도 19세기 수학의 지배적인 흐름이었고, 그런 의미에서 주된(major, 다수적인) 흐름이었다고도 할 수 있을 것이다. 그것은 19세기에 훌륭한 수학자로 인정받기 위해 의당 수용해야 했던 규범이었고, 수학이라는 이름 아래 당연시되었던 가치이며 지향이었다. 그렇지만 지배적이고 다수적인 흐름만이 존재하는 것은 아니다.

반대로 그것이 지배적이고 다수적인 것으로 떠오른 데에는 불확실하지만 강력한 힘을 갖는 수학, 혹은 난감하게 하기에 더욱더 신경이 쓰이는 수학이 있었기 때문이다. 강력한 힘을 갖지만 말썽 많은 역설을 잔뜩 안고 있는 해석학으로 인해 기초에 대한 추구, 엄밀함에 대한 강박증이 나타났다는 것은 앞서 충분히 살펴본 바 있다. 이는 비유클리드기하학이나 집합론의 경우도 마찬가지다. 이런 의미에서 보여이처럼 완전히 무시되고 억압당하거나 로바체프스키처럼 간신히 살아남았지만 당시에는 그다지 크게 주목받지 못했던 비유클리드기하학, 오직 극소수의 지지자만을 갖고 있었으며 핍박에 쫓겨 정신병원까지 밀려 들어간 칸토어의 무한집합론은, 지배적이고 다수적인 수학에 대비해 '소수적인(minor) 수학'이라고 부를 수 있을 것이다.

이 소수적인 수학들은 기존의 수학적인 통념과 불변성에 대한 관념을 깨고 변환시킨다는 점에서, 그리고 기존 이론들 간의 수학적 관계를 변환시킨다는 점에서 변환적인 수학이었다고 말할 수 있다. 해석학은 이전부터 이 변환적인 자리를 지키고 있었다. 비록 다수적인 수학에 의해 기초를 다지는 수술을 거듭해서 받았지만, 그것은 결코 공리계로 포섭되는 것을 허용하지 않았으며, 공리주의의 거대한 칼날 역시 그것을 재단하지 못했다. 한편, 그것이 갖는 변환능력과 확장능력은 그러한 수술에도 불구하고 전혀 줄어들지 않았으며, 계속해서 다른 영토로 확장해나갔다. 미분기하학은 그러한 사례 중 대표적인 것이라고 하겠다.

또 비유클리드기하학으로 인해 기하학은 수학의 근원이라는 영광스러운 자리를 잃었지만, 대신 다양한 종류의 공간에 관한 연구라는 새로운 위치를 얻을 수 있었다. 그것은 이제 단일한 질서에 대한 연구에서 벗어나 오히려 새로운 종류의 공간을 연구하고, 새로운 종류의 공간을 만들어내는 변환-파생의 위치를 새로 획득했다. '범기하학'을 만들어 기하학들을 하나로 통일하려는 클라인의 에를랑겐 프로그램은 군의 대수학을 이용해 기하학을 다양한 변환 속에서 불변성을 찾는 이론으로 확장했지만, 새로이 범람하듯 나타나는 기하학들을 모두 담아낼 수는 없었다. 그와 달리 모든 지점에서 달라지는 곡률을 다루고자 했던 리만의 기하학적 혁신은 가변적인 곡률 개념을 통해 '모든' 기하학을 다룰 다른 가능성의 장을 열었다. 리만은 곡률을 통해 공간 자체를 다양체로 다루고자 했는데, 이는 불변성을 통해 서로 다른 기하학을 하나의 포괄적인 틀 안에 포섭하는 대신, 새로운 공간이나 다양체를 창안하는 파생의 방향으로 변환능력을 밀고 가게 된다. 이로써 기하학은 공간에 관한 새로운 사유를 촉발했고, 공간에 관한 수학적 사유 자체를 변환시켰다. 그 결과 20세기에 이르면 새로운 수학적 공간이 폭발적으로 늘어난다. 또한 그것은 공리나 진리에 대한 전통적 관념을 뒤집는 거대한 역할을 하기도 했다.

칸토어의 집합론은 자연수와 실수, 무리수 등에 관한 모든 수학적 상식을 깨고 바꾸어놓았으며, 그것들 사이에 새로운 관계를 수립했다. 그것은 무한에 대한 관념에서 일대 혁신을 이루었으며, 수를 비롯한 모든 수학적 개념 전체를 다시 생각하게 하는 계기를 마련했다. 좀 더 근본적으로 말하면, 그것은 수학에 대한 관념 자체를 바꾸어놓았다고 해도 과언이 아닐 것이다.

이런 점에서 우리는 이전에 해석학이 차지하고 있던 변환-파생의 영역을 이제는 적어도 해석학과 기하학, 집합론으로 만들어지는 삼각형이 대신하게 되었다고 말해도 좋을 것이다. 이 삼각형을 '변환 삼각형'이라고 부르자.

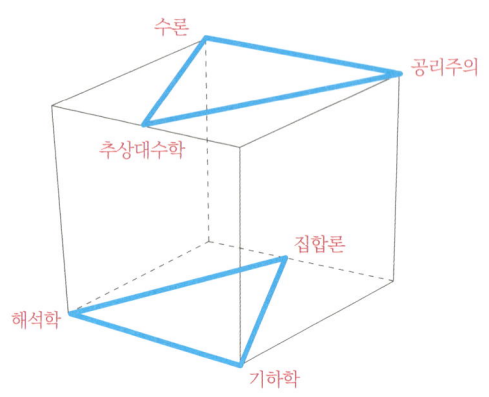

[그림 11.1] 19세기 수학적 사유의 공간

따라서 하나의 사변형을 이루던 이전 시기의 수학적 공간은 두 개의 삼각형으로 나뉘었다고 해도 좋을 것이다. 그러한 분할의 한편은 앞서 말했던 '다수적 수학의 삼각형', '기초 삼각형'이 차지하고 있으며, 다른 한편은 방금 말한 '소수적 수학의 삼각형', '변환과 파생의 삼각형'이 차지하고 있다. 상관성은 있으나 대응성도 대칭성도 갖지 않는 이 삼각형은 두 삼각형의 성격만큼이나 어긋난 채 병존하는데, 그 상관성의 선들을 고려하면 대략 [그림 11.1]과 같이 그릴 수 있을 것이다.

19세기 수학적 기획의 선들

두 삼각형을 이용해 우리는 지금까지 대략적으로 살펴보았던 19세기 수학의 중요한 기획들의 위상을 그려볼 수 있을 것이다. 이는 두 삼각형과 그것이 만드는 공간에서 각각의 기획들이 그리는 선을 통해 표시할 수 있을 것이다.

첫째, 해석학의 기초를 다지려는 19세기 초부터의 시도는 코시를 거쳐 바이어슈트라스의 기획으로 귀결점에 이르게 되었다. 그는 무한과 관련된 개념들을 모두 없애고, 극한에 관한 개념을 부등식이라는 산술 문제로 환원시켰다. 이로써 '표준'해석학을 이루게 된 바이어슈트라스의 이 기획은 클라인이 요약한 것처럼 해석학을 새로이 수학의 근원적 위치를 차지한 산술과 수론으로 환원하는 것이다. 그가 무리수의 개념을 명확하게 정의하는 문제에 큰 관심을 갖고 있었으며, 실제로 그러기 위한 하나의 방법을 보여주었다는 것은 이런 맥락에서 자연스러운 것이라고 하겠다. 따라서 이 기획의 위상은 해석학에서 수론으로 이어지는 화살표로 표시할 수 있다.

둘째, 비유클리드기하학을 기초 삼각형 안으로 끌어들이려는 노력은 세 가지 방향 모두와 관련해서 이루어졌다. 우선 클라인의 시도를 들 수 있을 것이다. 그는 기하학을 어떤 변환군에서 불변성에 대한 연구로 재정의함으로써 유클리드기하학과 비유클리드기하학들을 모두 그러한 기하학의 특수한 형식으로 환원시켰다. 즉, 그 상이한 기하학들은 곡면의 곡률에 따라 달라지는 기하학적 성질에 관한 연구라는 것이다. 그것은 기하학을 구조와 불변성에 관한 추상대수학 이론으로 환원하려는 시도였다는 점에서 그 양자를 연결하는 화살표로 표시할 수 있다.

한편 기하학에서 내용을 제거하여 순수기하학을 만들려던 페아노의 시도는, 예컨대 정리의 유도를 특정한 기호들을 사용한 대수적인 과정으로 변환시키는 방식을 취하고 있었다. 이는 기하학의 문제를 변수 사이의 대수적이고 형식적인 연산으로 환원하려는 것이라는 점에서, 굳이 말하자면 '기하학을 대수화'하려는 시도라고 말할 수 있을 것이다. 물론 여기서 말하는 대수화란 굳이 구별하자면 불변적 구조에 대한 연구로서, 앞서 말한 추상대수학보다는 산술에 가까운 것이었다는 점에서, 차라리 산술로 환원하려는 것이었다고 하는 게 더 정확할 것이다. 또한 동시에 그것은 기호논리학을 이용해 수학적 관계를 형식화하려는 것이었다는 점에서 공리주의의 선을 동시에 지향하는 것이기도 했다.

이는 힐베르트의 경우에도 마찬가지였다. 공리주의를 전체 수학계로 확산시킨 그의 책은 직접적으로는 기하학의 기초를 형식적인 공리계를 통해 확보하려는 것이었다. 동시에 그는 유클리드기하학의 공리를 '결합', '순서', '합동', '평행', '연속'이라는 이름의 다섯 가지 공준으로 다루고 있는데, 이는 기하학을 실수론의 개념으로 대응시키려는 의도와 결코 무관하지 않다고 하겠다. 실제로 이 공준을 대수적인 정리로 바꾸는 것은 그리 어려운 일이 아니다. 이런 점에서 그 역시 기하학을 근원으로서 수론 또는 산술과 공리주의를 각각 연결하는 두 선을 통해 기초 삼각형 안으로 환원하려 하고 있는 셈이다.

셋째는 집합론과 연관된 것이다. 집합론은 통념을 깨는 당혹스러운 주장으로 인해 확고하고 안정된 기초를 원하던 수학자들의 비난을 샀지만, 시간이 지나면서 오히려 수학 전반에 걸쳐 기초적인 개념을 제공해줄 수 있는 것으로 인정받게 된다. 하지만 그와 나란히 처치하기 곤란한 역설이 튀어나옴으로써 수학자들을 다시 한번 당황하게 한다. 역설의 시대, 그것은 수학이나 논리학 안에 있는 부정합성을 드러냄으로써 다시 한번 엄밀성과 안정된 기초에 대한 수학적 염원을 자극하게 된다. 수학의 기초에 관한 이론들이 나타나는 것은 이러한 자극에 의해서였다.

　이와 동일한 맥락에서 직관적이고 엄밀하지 않은 칸토어의 집합론을 공리주의적 원칙에 따라 엄격한 공리계로 재구성하려는 시도가 행해진다. 그중 가장 대표적인 것은 체르멜로가 만들었고, 이후 프랭켈이 보완한 'ZF 공리계'다(나중에 선택공리를 추가해 'ZFC 공리계'가 된다). 또 힐베르트학파의 중요한 수학자인 폰 노이만(J. von Neumann)과 베르나이스, 그리고 괴델이 재구성한 집합론의 공리계가 있는데, 이는 세 사람의 이름을 따서 'NBG 공리계'라고 불린다. 이러한 시도들은 직관과 상상력의 창조적 생성물인 집합론에 엄격하고 엄밀한 형식을 부여하는 것으로서, 집합론을 변환 삼각형에서 끄집어내어 기초 삼각형 안으로 끌어들이려는 것이었다.

　수학자들이 보기에 이는 집합론을 수학의 기초 개념으로 사용하기 위해선 필수적인 것이었다. 기초를 제공할 개념이 안정되고 엄밀한 지반을 갖고 있지 않으면, 모든 것을 허물어버릴 수 있는 위험을 초래할 것이 분명하기 때문이다. 사실 칸토어는 그 자신의 행로 자체가 대단히 역설적이었다. 공집합만으로 순서수를 정의하고자 했던 멋진 시도가 보여주듯, 그에게 집합론은 수란 무엇인지를 확고하게 재정의하려는 시도이기도 했다. 자연수와 정수, 유리수와 무리수, 그리고 실수가 무엇이며, 어떻게 다른지를 뚜렷하게 규정하려던 시도가 무한의 계산으로 이어졌다는 점도 이를 잘 보여준다. 수를 '집합론'을 통해 기초 지으려던 이 시도는, 집합론 자체가 갖는 역설로 실패했다고들 하지만, 실은 무한이라는, 계산 불가능하다고 생각했던 것을 계산하려는 새로운 창안이 지불해야 했던 대가를 치렀던 거라고 해야 한다. 엄밀한 기초가 지배하던 시대에 기초 삼각형에서 벗어나려는 탈주선은 언제나 이처럼 위험을 각오하고 감수해야 한다. 그것은 위험이지만, 위험한 만큼 새로운 수학적 사유의 장을 여는 기회임이 분명하다.

　기하학의 기초에 있는 가설을 재검토하면서 기하학을 일반화하는 데 해석학을 이용했던 리만의 시도는, 조금 전에 지적했듯이 기하학을 기초 삼각형으로 끌어들이려는 클라인의 기획과 전혀 다른 방향성을 갖는다. 불변성과 통일성을 향한 기획과 반대로 가변성과 다양성으로 열린 길이 거기서 시작된다. 동시에 그것은 기하학에서 해석학으로 이어지는 선을 그리며, 이런 점에서 기하학의 기초를 검토하면서도 그것을 공리화하는 방향을 취하지 않는다는 점에서 '확고함'과 '안전성'을 추구하는 19세기의 '시대정신'에 반하는 반시대성을 갖는 것이었다. 이는 산수화를 통해 창안 대신 정당화의 길을 가던 해석학과 반대로, 공리화할 수 없는 미분적 창안 능력과 손을 잡는 길을 간다. 이로써 미분기하학이라는 해석적 기하학이 탄생한다. 이는 아마도 엄밀성의 이념을 대표하던 '순수' 수학보다는 물리학과의 관련 속에서 수학을 연구하려던 그의 전반적 태도와 무관하지 않은 것일 터이다. 이는 기하학과 해석학은 물론 물리학의 발전과 확장에 중요하게 기여한다. 아인슈타인의 일반 상대성 원리나, 그것을 위한 수학적 분석 수단을 제공한 텐서해석학이 모두 리만의 이 새로운 기하학적 사유가 있었기에 가능했다는 것은 잘 알려진 사실이다.

　한편 수학기초론을 이루는 세 가지 기획은 이 기초 삼각형의 내부에 자리 잡고 있다. 논리주의는 러셀과 화이트헤드의 『수학 원리』가 보여주듯이 수론과 산술을 논리학의 법칙으로 환원하려던 시도였다는 점에서, 수론, 산술에서 형식적 공리학 또는 공리주의로 향해 있다. 그런 반면 직관주의는 유한이라는 조건 아래 수론과 산술이 자리 잡고 있는 수학의 근원적이고 실체적인 위치를 고수하면서, 다른 모든 것을 이리로 되돌릴 것을 요구한다.

형식주의는 공리계 전체와 증명까지 형식화함으로써 완전성과 무모순성이라는 요건을 충족하는 체계를 구성하려 하지만, 그것이 논리로 수학을 환원하는 문제라고 보지는 않는다. 공리화된 집합론(ZFC 공리계)과 공리화된 자연수론(페아노의 공리계)이 그들의 입지를 사실상 유지하고 있는 두 개의 현수선인 셈인데, 이런 점에서 형식주의의 기획은 공리주의와 수론·산술을 잇는 선분상에 있다고 할 수 있을 것이다.

기초 없는 수학을 위하여

이런 점에서 본다면 이 기초 삼각형에서도 공리주의가 자리 잡고 있는 점과 수론 및 산술이 자리 잡고 있는 점을 연결하는 변은 19세기 및 20세기 초반의 수학에서 가장 강하고 지배적인 변이었다고 해도 좋을 것이다. 19세기 이후 수학의 주요 흐름은 엄밀한 기초의 요구에 대해, 가능한 모든 수학적 이론을 이 두 점을 잇는 변으로 귀착시킴으로써 해결하려고 했다고 말할 수 있을 것이다. 그것은 엄밀한 기초를 확보하기 위해 시도된 대부분의 기획이 진행되고 있는 흐름이 모이는 곳이다.

수학기초론은 거의 모든 흐름을 끌어당기는 이 두 점과 그 사이의 변을 새삼 확고하게 다지려는 시도였다. 형식주의가 가장 폭넓은 지지자를 확보할 수 있었던 것은 무엇보다 그것이 19세기 후반 수학사의 시대정신을 표상하는 것이었다는 점에 기인한다. 물론 구체적으로 보자면 힐베르트학파의 직접적인 영향력이 있었지만, 그것과는 다른 차원에서 논리주의와 직관주의가 점하고 있는 두 극을 잇고 소통할 수 있게 하는 기획이었다는 점, 즉 두 점을 연결하는 변 위에 있었다는 점 또한 추가되어야 하겠지만, 그런 영향력이나 소통 가능성 자체가 이미 그 하나의 시대정신을 직조하는 것이었다고 해야 한다. 즉, 그것은 기초를 확보하려는 기획의 핵심을 정확하게 포착하고 있었다는 것이다.

하지만 바로 이 점 때문에 형식주의의 실패는 단지 형식주의만의 실패에 머물지 않는다. 그것은 수학기초론이라는 발상, 엄밀성이라는 이념 자체의 붕괴를 뜻한다. 괴델의 정리가 야기한 결정적 효과와 극적 성격은 바로 이러한 맥락에서 이해할 수 있을 것이다. 그것은 형식주의의 기획을 충실히 따르면서, 그 기획을 극한으로 밀고 간다. 그리고 거기서 형식주의적 기획, 아니 수학기초론의 기획 자체를 와해시키는 결정적인 폭발점을 찾아낸다. 그것은 19세기 이후 수학의 배치를 표시한 도식 위에서 말한다면, 한마디로 기초 삼각형의 한 변, 특히 가장 결정적인 위치를 차지했으며, 수학기초론이 자리 잡고 있던 핵심적인 변을 끊어버린다.

이로써 기초 삼각형 자체가 해체되고, 거기로 모든 수학을 환원하려던 기획들 자체가 무효화된다. 그것은 아마 다른 수학자들은 물론, 괴델 자신도, 그가 수학자인 한 받아들이기 힘든 결론이었을 것이다. 그러나 우리가 어떤 일의 의미를 충분히 이해하고서 하는 일은 또 얼마나 적은 것인지! 반면 20세기 후반에 엄밀성의 이념을 고수한 채, 기초를 다지는 일을 새로이 시작하려던 사람들(예를 들면 부르바키학파)이 불변적 구조를 주목하는 추상대수학에 주목하는 것은 이런 맥락에서 보면 충분히 이해할 수 있는 일이다. 하지만 그것이 이미 기울어진 대세를 바꿀 수는 없었다.

제11장. 두 개의 수학 삼각형

　오히려 중요한 것은 이제 그 허물어진 19세기적인 배치의 터에서, 엄밀성과 기초라는 단어에 짓눌려 있던 수학적 흐름이 자유롭게 흐를 수 있는 새로운 선들을 만들어내는 게 아닐까? '순수'라는 결코 엄밀하지도 않으며, 현실 속으로 들어오자마자 오염될 운명을 갖는 그 단어 없이도 수학적 진리를 사유할 수 있어야 하지 않을까? 어느 하나의 중심이나 근원으로 환원될 수 없는, 다양한 사유의 흐름으로서 수학에 더욱 새로운 창안과 극한적 사유의 기회를 허용할 수 있어야 하지 않을까?

에필로그

수학의 외부를 상상하는 즐거움

추상과 횡단

지금까지 우리는 수학사를 통해 수학의 여러 기본적인 발상법을 따라가 보고, 동시에 그에 대해 비판적 긴장을 유지하려고 했다. 결과가 얼마나 성공적이었는지는 모르겠다. 다만 수학의 권위에 노예가 되기보다는 차라리 엄숙한 수학을 가볍게 웃어넘길 수 있는 여유가 수학에 다가가는 데, 또한 수학의 사유를 배우고 수학을 통해 철학하는 데 소중하다는 생각에서 의문과 비판을 아끼지 않았는데, 어설프지나 않았는지 모르겠다.

엄격한 사제의 얼굴을 하고 스스로 사고하게 하기보다는 이미 옳은 것으로 '결정된' 결론만을 받아들일 것을 강요하는, 권위적이고 독재적인 수학자의 얼굴을 내질러버리는 것은 확실히 좋은 일이다. 만약 이 책에서 수학사에 대해 던진 의문과 비판이 그렇게 내질러버리는 데 도움이 되었다면 참으로 기쁜 일이다. 그러나 수학에 대한 냉소와 허무주의적 태도를 갖기 위해 수학의 역사를 공부한다는 것은 너무도 허망하고 무익하다. 그런 만큼 그러한 비판과 내지름조차 수학에 좀 더 애정을 갖고, 거기서 좀 더 많은 것을 배우기 위한 방편이 아니라면 부질없는 짓인 셈이다.

여러분은 수학사에서 대체 무엇을 배웠는지? 아니, 차라리 바꿔 질문하는 게 낫겠다. 나는 수학사를 공부하면서 무엇을 배웠던가? 수학자도 아닌 사람이 수학사를 공부해서 배운 것은 대체 무엇인가? 그건 한마디로 '추상'과 추상능력이 얼마나 중요한 것인가 하는 점이었다. 수학의 요체는 추상능력이다. 추상이란 흔히 공통성을 분리해내는 것, 공통 형식을 찾아내는 것이라고들 한다. 이 사람을 보아도, 저 사람을 보아도 모두 눈이 둘이라는 공통성을 찾아 '모든 사람은 눈이 둘이다'라고 일반화하는 것. 혹은 해도 동그랗고, 달도 동그랗고, 바퀴도 동그랗고, 사람 얼굴도 동그랗고…… 그렇게 하여 원이라는 공통의 형식을 찾아내는 것. 물론 이런 추상도 있다. 불변성을 찾아내려는 시도는 아마도 이런 추상능력의 작용일 것이다.

그러나 이런 추상만 있는 것은 아니다. 데카르트가 기하학을 수로 바꾸었을 때, 그것은 공통성의 추상이나 공통 형식의 추상과는 거리가 멀었다. 그것은 기하학적 성분을 대수적 성분으로 바꾸어놓는 것, 다시 말해 변환하는 것이었다. 칸토어가 무한을 계산하여 초한수를 찾아냈을 때, 그는 무한의 농도를 수로 변환하는 방법을 사용한 것이었다. 데자르그의 사영기하학의 경우, 원, 타원, 포물선, 직선, 쌍곡선을 하나의 원추곡선으로 다룰 수 있었던 것은, 그것을 하나로 묶어주는 것은, 기하학적 형식의 공통성을 포착해서가 아니라, 사영이라는 변환에 의해 곡선의 형태가 연속적으로 변환된다는 점을 간취함으로써 가능했다.

그리고 보면 추상에는 아주 다른 두 가지 종류가 있는 셈이다. 공통성의 추상과 변환으로서의 추상. 화가들이 기하학에 기댈 때 그들은 대개 공통성의 추상을 한다. 그러나 그것은 어쩌면 가장 단순하고 초보적인 추상이라 해야 할 것이다. 그것은 단지 눈이 제공하는 직관적 자명성의 범위를 넘어서지 못한다. 추상의 진정한 힘은 눈이 제공하지 않는 어떤 연속성이나 연관성을 제공할 때 드러난다. 변환의 추상이야말로 보지 못하고 생각지 못한 어떤 관계를 찾아내는 힘이다.

이제까지 이 책을 따라왔다면, 수학의 혁신적 능력이 주로 이 변환의 추상과 관련된 것임을 쉽게 이해할 수 있을 것이다. 그런 점에서 수학자의 능력은 숨은 공통성을 찾아내는 것이 아니라 어떤 것을 뜻하지 않은 것으로 변환하는 능력에 있다. 이 점에서 수학자의 추상적 상상력은 예술가 이상이라 해야 할 것 같다.

수학의 가장 기본적인 대상인 수나 형태부터 추상능력의 산물이다. 기하학을 대수화하는 것 역시 문자에서 기하학적 내용을 추상하는 것을 통해 비로소 가능했다. 모든 것을 계산할 수 있는 세계, 계산공간 속으로 밀어 넣는 것도 마찬가지였고, 미적분학이 해석학으로 급속하게 발전할 수 있었던 것도 그 기하학적 내용을 제거해서 수학적 변환의 방법으로 추상할 수 있을 때였다. 이러한 변환능력을 이용해 오일러는 e와 i, π 같은 놀라운 관계를 찾아냈고, 테일러와 푸리에는 어떤 함수를 다른 종류의 함수로 변환하는 방법을 찾아냈다. 정말 마술적이라고, 아니 마술사 이상이라고 할 이러한 변환능력이 근대 이후 수학의 풍요로운 세계를 만들어낸 것이다.

에필로그

　그 변환은 유연성을 제공하는 어떤 틈새로 인해 가능한 것이었는데, 이른바 '수학의 기초'에 관한 문제가 나타난 것은 그러한 추상 때문이라 할 수도 있을 것이다. 특히나 빈틈을 드러내는 걸 두려워하고, 빈틈의 존재를 제거해야 할 '악'이라 비난하는 것을 막을 길도 없다. 그러나 심지어 '엄밀성'이라는 슬로건을 내걸고 수학의 확실한 기초를 찾기 위한 노력들 역시 추상의 힘이 얼마나 대단한가를 보여준다. 해석학을 산수화하는 것은 그 복잡하고 모호한 미적분학의 개념들을 수와 산수로 변환할 수 있었을 때 가능했다. 기하학을 대수화하거나 수론으로 환원하는 작업 역시 마찬가지였고, 클라인의 프로그램 역시 기하학을 변환으로 추상하고, 변환을 다시 연산으로 추상하는 복합적인 추상이 이루어졌을 때 가능했다. 칸토어의 스캔들은 무한집합을 계산 가능한 수로 추상하여 수처럼 다루려는 발상에서 시작한 것이다. 괴델의 흥미로운 정리 역시 문장(논리식)을 수로 추상할 수 있었기에 가능했다.

　이런 점에서 수학의 역사는 어쩌면 추상화의 역사라고 할 수도 있겠다. 수학의 힘은 바로 그 추상의 힘에 있다고 할 수 있다. 추상은 서로 다른 것을 넘나들면서 비교하고 검토하며 하나에서 다른 것을 배우는 게 가능하게 해준다. 이처럼 경계를 넘나드는 것을 '횡단'이라고 한다. 위아래로 넘나들고 옆에 쳐진 경계선을 가로지르는 것, 그것이 바로 횡단이다. 횡단할 수 있다는 것은 다양한 영역을 넘나들 수 있다는 것이다. 그것은 다양한 세계에서 공통된 것을 찾을 수 있는 능력이고, 그것을 축으로 서로 다른 것들을 서로 결합하거나 변형시켜 새로운 것을 창조하고 생성하는 능력이다. 위대한 사상은 어느 것도 이처럼 여러 경계와 영역을 넘나들며 횡단하는 능력을 갖고 있으며, 또한 그런 능력의 산물이다.

그렇지만 이러한 횡단은 결코 쉽지 않다. 모든 경계선은 넘지 못하게 만드는 조건들을 가지고 있다. 마치 국경을 넘기 위해서는 한 번 넘을 때마다 여권과 비자로 넘을 수 있는 자와 없는 자를 가르듯이, 하나의 경계를 넘으려는 순간 그 심사 절차에 부닥친다. 예컨대, 나처럼 수학을 전공하지 않은 사람이 이런 책을 쓰면 대체 그럴 자격이 있는지, 그게 무슨 가치가 있는지 같은 비난은 물론, 그런 일에 정력을 낭비한다는 진심 어린 우려까지 무수히 듣게 된다. 바로 이런 것이 경계를 넘기 어렵게 만든다. 또한 경계를 넘어 활동하고 사유하려면 넘어간 경계의 용어와 어법들, 사고방식, 기존 연구의 성과 등을 알아야 한다. 이것도 넘기 어렵게 만드는 것이다.

하지만 넘나들고 횡단하는 데 가장 중요한 난점은 추상화하지 못하는 것이다. 반대로 추상화하는 자들은 쉽게 넘나들 수 있다. 이 영역의 것과 저 담 너머에 있는 것 사이에 공통된 어떤 것이 보이고, 그 이질적인 것들 사이에 일정한 연관이 보일 때 비로소 우리는 횡단할 수 있는 것이다. 그것은 꼭 서로 다른 것들 속에서 동일한 것 또는 동형적인 것을 발견하는 것만을 뜻하지는 않는다. 이질적인 것이 접속되어 새로운 것이 만들어질 수 있는 고리들이 보이면 넘나들 수 있는 것이다. 이런 점에서 수학의 역사에서 추상의 중요성을 배울 수 있었다면, 그리고 추상하는 방법을 조금이나마 배울 수 있었다면 여행은 그리 헛되지 않았다고 해도 좋지 않을까?

수학의 외부

1.

어느 날 멀리 떨어져 살던 아들을 찾아 어머니가 상경했다. 오랜만에 만난 모자는 밤새 정다운 대화를 나누었다. 하지만 서로가 나름대로 바쁜 삶이라 이튿날 헤어져야 했다. 주인공은 힘들게 사시는 어머니를 생각해 월세를 내려고 찾아두었던 20만 원을 몰래 지갑에 넣어드렸다. 배웅을 하고 돌아와서는, 지갑에서 뜻하지 않은 돈을 발견하고 놀라는 어머니의 모습을 떠올리며 흐뭇해했다. 그런데 그는 책상에 펴놓았던 책 사이에서 돈 20만 원과 함께 서툰 글씨로 쓴 어머니의 편지를 발견했다. "요즘 힘들지? 방 값 내는 데라도 보태거라."

독일 작가 케스트너(E. Kästner)의 소설에 나오는 이야기다. 경제학적으로 보자면 주인공이나 어머니나 모두 20만 원을 주고 20만 원을 받았으니, 두 사람 모두 이득도 손해도 없는 교환이었던 셈이다. 가장 확실한 수학인 산수는 이를 정확하게 계산해준다.

어머니: 20만 원-20만 원=0원

아들: 20만 원-20만 원=0원

그러나 케스트너는 이런 '경제방정식'과 다른 '윤리방정식'을 보여준다. 주인공은 어머니를 위해 20만 원을 써서 그만큼의 기쁨을 얻었고, 어머니가 주고 가신 돈 20만 원을 얻어 그만큼의 기쁨을 얻었으니 40만 원만큼의 기쁨(이득)을 얻은 셈이다. 어머니 역시 아들을 위해 20만 원을 써서 그만큼의 기쁨을 얻었고, 아들이 준 20만 원을 얻어 그만큼의 기쁨이 생겼으니 40만 원의 이득을 얻은 셈이다. 그러니 두 사람은 돈을 사용해서 도합 80만 원의 순이득이 발생했다고 해야 한다. 이처럼 대가를 바라지 않으면서 타인을 위해 무언가를 할 때, 경제방정식으로 나타나지 않는 순이득이 발생한다. 그리고 이는 케스트너의 윤리방정식이 표시하는 숫자에다가 어머니와 아들이 함께 사는 데서 오는 기쁨, 서로의 존재로 인해 얻는 막대한 '이득'을 덤으로 준다. 여러분은 이런 계산법, 이런 수학을 생각해본 적이 있는지? 그렇다면 여러분은 이미 통상적인 수학의 외부에 있는 것이다. 비록 숫자를 피하지 못했다고 해도 말이다.

2.
조주 스님이 어느 암자를 방문하여 물었다. "안에 누가 계신가?" 암자의 주인은 말없이 머리를 내밀고 말없이 주먹을 들어 보였다. 조주 스님은 "물이 얕아서 배를 댈 수가 없구먼" 하고 가버렸다. 그 후 또 다른 암자를 방문하여 물었다. "안에 누가 계신가?" 그 암자의 주인도 그저 주먹을 들 뿐이었다. 그런데 조주 스님은 "들었다 놓으며 죽였다 살림이 자재(自在)로운 사람일세" 하면서 큰절을 올렸다.

『무문관(無門關)』에 나오는 이야기다. 이 이야기를 써놓고 무문(無門)은 묻는다. "주먹을 들기는 매일반인데, 어째서 하나는 인정하고 하나는 인정하지 않는가? 어디 말해보라." 여러분도 한번 말해보라.
여기서 보인 조주의 행동은 논리학이나 수학에서 말하는 동일률, 모순율에 어긋난다. 주먹을 들어 올리는 동일한 행동에 대해 그는 한번은 "물이 얕아서 배를 댈 수가 없다"라고 '무시'한 반면, 다른 한 번은 "자재로운 사람"이라며 큰절을 올렸다. 동일한 행동에 대해 한 번은 나쁘다, 한 번은 좋다고 말한 것이다. 왜 그랬을까?

수학이나 논리학의 규칙으로 볼 때 조주의 행동은 크게 잘못된 것이다. 그러나 조주는 고불(古佛) 소리를 듣던 선가의 유명한 고승이다. 그가 아무 이유도 없이 그렇게 했을 리 없다. 왜 그렇게 말했을까? 그건 아마도 그가 동일한 동작에서 다른 것을 보고 크게 다른 감응을 받았기 때문일 것이다. 즉, 동일한 행동이라고 해도 결코 동일한 것이 아닌 것이다. 흔히 눈에 보이는 것만 볼 줄 아는 사람은 정작 중요한 것을 보지 못한다. 선가에서 주먹을 치켜드는 것은 정말 자신이 깨달은 바를 표현하는 경우에도 가능하지만, 남이 하는 걸 보고 흉내 내는 것도 가능하다. 안목이 있다 함은 누구 눈에나 보이는 저 공통의 형상이 아니라 같은 모습에 가려서 보이지 않는 어떤 차이를 읽어내는 것이다. 마치 똑같은 회사에서 만든 똑같은 디자인의 옷이어도 사랑하는 연인이 사준 것이라면 결코 같은 것일 수 없는 것처럼. 여기서 여러분도 이미 동일률, 모순율의 외부에 있다.

3.
"세상에는 오직 두 가지 핸드폰이 있을 뿐이다. 아이폰 아니면 아이폰 아닌 핸드폰."

맞는 말인가? 물론 맞는 말이다. 아이폰이면서 아이폰 아닌 건 있을 리 없으니까. 이걸 배중률이라고 한다. 우리는 얼마든지 비슷한 말을 만들 수 있다. "세상에는 오직 두 가지 사람이 있을 뿐이다. 흡연자와 비흡연자." "세상에는 오직 두 가지 사람이 있을 뿐이다. 육식을 하는 사람과 육식을 하지 않는 사람." "세상에는 오직 두 가지 술이 있을 뿐이다. 중국술 아니면 중국술 아닌 술." 등등.

이 모든 문장은 논리학적으로 항상 참이다. 항상 진리라고 해서 '항진(恒眞)명제'라고 한다. '있어 보이게' 표기하면 이렇다. $p \vee \sim p$(혹은 $p \vee \sim \neg q$). 하지만 이런 문장들에서 그것만을 본다면 여러분은 아무것도 보지 못한 것이다. 더구나 이 문장 모두가 무조건(항상) 참이라고 믿는다면 순진하기 짝이 없는 바보다. 세상의 핸드폰이 아이폰 아니면 아이폰 아닌 것으로 나누는 사람은 누군가 들고 있는 핸드폰이 '아이폰이냐 아니냐'에만 관심이 가 있는 것이다. 아이폰에 대한 이 유별난 관심은 아이폰에 대한 애착 또는 선망을 표현한다. '아이폰 아니면 비아이폰'이라는 말은 논리학적으로 항진명제이지만, 이런 관심과 애착, 선망이 항진명제라고, 쉽게 말해 참이라고 말할 수는 없다. 그래서 항진명제이지만 우리는 저 말을 들으면서 웃는다. 관심사가 오직 저것밖에 없는 또라이라고 생각하는 사람도 있다. 수학적으로는 참이지만 현실적으로는 참이 아니라 웃음거리인 것이다.

세상 사람을 흡연자와 비흡연자로 나누는 것도, 육식주의자와 비육식주의자로 나누는 것도 마찬가지다. 논리학은 이 문장이 참인가 여부만 보라고 가르치지만, 우리는 그것만 보아서는 안 됨을 안다. 오히려 저 문장에서 보아야 할 것은, 말하는 사람이 세상을 나누는 방식이고, 그가 세상을 보는 방식이며, 그렇게 세상을 보게 만드는 관심과 욕망이다.

"세상에는 오직 두 가지 술이 있다. 중국술과 비중국술."

이 말은 내가 술에 대해 말할 때 자주 하는 말이다. 말하는 나도 말하며 웃고, 듣는 사람도 들으며 웃는다. 내가 다른 모든 술에 대해 중국술을 특권화하고 있음을 드러내며 웃고, 그런 식으로 중국술에 대한 애정을 표현하며 웃는 것이다. 또한 그런 식의 분류를 통해 세상을 둘로 나누는 논리학적 이분법을 나름 비웃으려는 셈인데, 생각만큼 '고급' 유머는 아닌 듯하다. 대부분 잘 알아듣고 같이 웃으니까 말이다. 이 배중률의 항진명제는 웃음을 유발하는 데 사용하기 좋다. 웃음거리가 되기 쉬운 진리란 말이다. 그러니 진리에도 두 가지가 있는 셈이다. 웃기는 진리와 웃기지 않는 진리. 진리라고 믿는 걸 사용할 때는 이를 유념하는 게 좋다.

아, 그런데 이런 식의 유머를 사용할 때는 약간의 주의가 필요하다. 가끔 정색하면서 넌 어떻게 술을 그런 식으로 분류하냐고, 세상을 어떻게 그런 식으로 보느냐고 비난하는 사람도 있기 때문이다. 실제로 가까운 친구가 그런 반응을 보여 약간 당황한 적이 있다. 어, 웃으라고 한 말인데⋯⋯ 웃음끼 어린 어조가 느껴지지 않는 것일까? 그러나 그건 조주 스님 이야기에서 보이듯, 능력에 관한 것이니 무능력을 탓할 수는 없다. 그 역시 귀에 들리는 문장만 듣고 있는 것이다. 물론 논리학의 가르침에 넘어갈 정도로 순진하지는 않기에, 그런 이분법을 정색하고 비판하는 것일 텐데, 웃으라고 한 말에 이처럼 똑똑하게 반응하면 '똑똑하다'는 생각을 하기보다는 '바보 같네'라고 생각하게 된다. 나름 한 농담 한다고 하는 친구였기에 농담하는 능력과 유머감각이 같지 않음을 덕분에 알게 되었다. 유머감각이란 농담으로 남을 웃기는 능력이라기보다는 눈앞의 상황에서 거리를 두고 웃을 수 있는 능력인 것이다.

이처럼 '항진명제'를 듣고도 그 말이 맞는가 이전에 그 말로 표현된 어떤 관심사와 욕망을 읽어낼 수 있고, 그런 말을 듣고 웃을 줄 안다면, 또한 남을 웃기기 위해 그걸 사용할 줄 알게 된다면, 그렇다면 여기서도 여러분은 논리학과 수학의 외부에 있는 것이다.

4.
비가 오고 있다. 바람도 분다. 창문에 빗방울이 와서 부딪치고, 부딪친 빗방울은 유리창의 일부가 되어 유리에 비친 세상을 구부러뜨리고 있다. 유리가 움직인다. 빗방울이 흘러내린다. 그러다가 두 개가 만나면서 하나로 합쳐진다. 1+1 = 1! 만약 이 빗방울이 세 개였다면 어땠을까? 쉬운 문제다. 1+1+1 = 1. 네 개였다면? 보나마나. 수학자들이 흔히 말하는 어법이지만, 이런 식으로 계속 반복해가면 $1+1+1+1\cdots n = 1$이다. 이런 식으로 무한히 반복한다면? $1+1+1+1\cdots = 1$이다. 우리는 칸토어의 알레프 제로($\aleph_0$) 대신에 1을 얻을 수 있다.

이 세상의 물은 어차피 그렇게 하나다. 유리창에서 합쳐진 것이 길바닥으로 합쳐지면서 또 하나가 되고, 하수구에서 또 다른 물과 만나 하나가 되며, 개천에서 강에서 계속해서 하나가 된다. 바다, 태평양, 지중해, 대서양, 인도양, 동해, 동중국 등등 수많은 이름을 붙이지만 사실은 하나가 아닌가? $1+1+1\cdots=1$. 물은 이렇듯 스스로가 하나임을 고집하고 집착하지 않는다. 그래서 그것은 다른 것과 만나면 함께 하나가 되고, 또 그것이 다른 물과 만나도 합쳐서 하나가 된다. 그것이 바로 물의 힘이다. 그렇다고 그것은 전체주의적 단일체를 만들지도 않는다. 언제나 하나지만, 결코 하나에 머물지 않기 때문이다. 자르면 잘라지고, 나누면 나누어지며, 고이기도 하고 흘러가기도 한다. 무위(無爲). 어떠한 집착도 없고, 어디에도 머물지 않으며, 하나가 되기를 거부하지도 않으며, 하나에서 분리되기를 거부하지도 않는다. 그래서 노자(老子)는 물을 보면서 도(道)를 떠올렸던 것일까?

그런 점에서 1+1+1+1……=1이라는 계산법은 새로운 도의 대수학을 상상하게 해준다. 자연수의 덧셈도 아니고, 칸토어의 덧셈도 아니며, 작위적인 어떤 덧셈도 아닌 새로운 종류의 덧셈. 그러나 내가 아는 한 수학이 아직은 도달하지 못한, 아니 인간이 아직은 도달하지 못한 경지다. 여러분이 한번 도전해볼 생각을 했다면, 여러분은 이미 수학에 매이고 부림을 받는 게 아니라 그것을 부릴 줄 아는 지혜를 깨친 것이다. 그것은 수학을 많이 아는 것과 전혀 다른 문제다. 그 경지, 상상하는 것만으로도 즐겁지 아니한가! 수학의 외부.

찾아보기

ㄱ

가산집합 244~246, 266, 320

가우스 98, 186, 188, 192, 196~198, 200, 204, 205, 208, 224, 229, 230, 237, 332

갈릴레오 42, 46~52, 59, 65, 112, 127, 129, 139, 228

결정 불가능한 명제 290, 293, 296, 301, 302, 315, 318~320, 324~328

결정가능성 279, 280, 286

결합법칙 189, 192, 219, 220

계산가능성 142, 143, 147, 158, 290, 331

계산공간 63, 74~78, 90, 93, 139, 143, 148, 150, 331, 348

공리주의 218, 223, 276, 277, 279, 281, 286, 287, 310, 332~334, 336, 338, 340~343

공집합 255, 256, 258, 341

괴델 27, 31, 228, 280, 282, 287, 288, 290, 291, 293, 302, 304, 306, 307, 309, 312, 314, 315, 317~319, 324~328, 341, 344, 349

괴델수 312~314, 318

괴델의 정리 27, 280, 288, 291, 293, 302, 306, 309, 312, 317~319, 324, 326~328, 344

교환법칙 189, 192, 219, 220

구슬공간 173, 175, 178~182, 186

그렐링의 역설 271, 273

극한값 184, 216

기하학 26, 38, 52, 56, 64, 65, 78~93, 96, 117, 140, 141, 143, 145~152, 154~160, 173~175, 180, 182, 183, 186~190, 192, 199~205, 207, 217, 219~221, 231~234, 239, 262, 264, 265, 276, 281, 282, 298, 309, 327, 331~332, 336~340, 342, 347~349

기하학의 대수화 78, 80, 93, 146, 155, 157, 233

기호 사용법 90

ㄴ

뉴턴 46, 47, 50, 52, 90, 96, 98, 133~135, 139, 148, 156, 183, 184, 263

NBG 공리계 228, 341

ㄷ

달랑베르 97, 183, 184, 214

닮음변환 220

대응성 338

데데킨트 238, 242, 262, 263, 265

데카르트 59, 60, 64, 79, 80, 83, 85~90, 92, 134, 139, 145~149, 151, 155, 156, 158, 217, 233, 347

도함수 116, 117

「두 가지 주요 세계관에 관한 대화」 228

등가관계 32~34

ㄹ

라그랑주 116, 117, 141, 154, 185, 229, 230

라이프니츠 90~92, 96, 133~135, 139, 147, 148, 156, 158, 164, 184, 263

러셀 31 262 269, 271~275, 281, 282, 286, 309, 342

로바체프스키 160, 186, 187, 189, 202, 204, 205, 221, 336

르장드르 160 201, 229, 230

리만 160, 186, 187, 204, 205, 207, 221, 337, 342

리샤르의 역설 269, 272

ㅁ

메피스토펠레스 97, 107~113, 118~134, 141, 212, 215~217, 224

멩거의 스펀지 37, 38,

무리수 19~21, 23~25, 64, 82, 83, 199, 219, 238, 239, 250, 259, 262, 265~267, 284, 337, 339, 341

무모순성 27, 223, 224, 233, 238, 262, 277~280, 286, 287, 290, 307, 315, 317, 318, 326, 334, 343

무한급수 117, 165, 167, 182~185, 198, 200, 201, 229

무한소 96, 98, 99, 110, 111, 113, 126, 127, 130~134, 140, 184, 185, 192, 199~201 211, 212, 214, 217, 229, 232, 245, 253, 263~265, 284

무한수열 165

미분법 96, 99, 111~114, 116~121, 127, 133~135

미분함수 116

미적분학 52, 78, 90, 95~99, 116, 127, 139~141, 152, 154, 156~158, 199, 348, 349

ㅂ

바이어슈트라스 192, 222, 232, 237, 238, 251, 264, 265, 339

배중률 262, 281, 283~286, 334, 353, 355

베르누이 형제 117

베리의 역설 272

벨트라미 207, 238

보여이 160, 186, 187, 189, 202, 229, 336

보편수학 145, 148, 151, 152, 155~158, 331, 333

불완전성의 정리 27, 289, 290, 293, 307, 309, 312

비유클리드기하학 26, 160, 187, 192, 207, 223, 229, 232, 233, 238, 327, 331, 336, 339

「비유클리드기하학 해석 시론」 207

ㅅ

사물의 수학화 71, 76

사영변환 220

사원수 189, 190

사인 84

사칙연산 81, 93, 141

산술적 대수학 189

상징적 대수학 189

선택공리 290, 327, 341

소수 24, 25, 192, 247, 253, 284, 311, 312

소인수분해 311, 312

소인수분해의 일의성 311

수론 230, 264, 281, 282, 326, 332, 333, 338~340, 342, 343, 349

수학기초론 261, 262, 268, 269, 287, 342~344

「수학 원리」 31, 262, 282, 290, 342

「수학의 기초」 30, 160, 182, 231, 262, 268, 269, 274, 276, 282, 283, 288, 290, 317, 333, 340, 341, 349

「신천문학」 42, 48, 58, 96

실수체계 238, 239, 262

ㅇ

아리스토텔레스 32, 42, 56

아벨 192, 220, 229, 231, 332, 334

알레프 244, 245, 255

「알베르투스 마그누스의 놀라운 비법들」 45

엄밀성 159, 183, 190, 198~200, 223, 224, 229, 230, 269, 276, 287, 333, 340, 342, 344, 345, 349

에를랑겐 프로그램 192, 232, 337

역설 37, 38, 133, 168, 183, 198, 201, 227, 228, 257, 259, 261~263, 267~269, 271~274, 276, 277, 281~283, 295, 308, 318, 326, 333, 336, 340, 341

연속체의 농도 250, 251, 255, 320

오일러 97, 117, 141, 154, 165, 183, 348

완전성 60, 262, 280, 286, 287, 307,

315, 317, 343

「우주의 조화」 56, 58

원시함수 118~120, 126

위상수학 45

유리수 19, 23, 24, 36, 83, 199, 215, 219, 239, 240, 243~245, 250, 251, 262, 265, 266, 284, 341

유클리드공간 180, 182, 187

유클리드기하학 26, 160, 174, 179, 181, 186, 187, 192, 202, 221, 233, 238, 276, 327, 331, 333, 334, 339, 340

음수 81~84

의구 205, 207, 221

일대일 대응 36, 37, 241, 242, 244, 248, 249, 253, 254, 311

일반 연속체 가설 251, 290, 320

엡실론-델타 방법 218, 232

ㅈ

자기 언급 273, 275, 308

자연수 35~37, 81, 82, 215, 228, 236, 237, 239~248, 250, 251, 253, 255, 256, 258, 259, 262, 264~267, 272, 285, 290, 309, 311, 315, 318, 320, 326, 337, 341, 357

자연의 수학화 50, 65, 71

「자연철학의 수학적 원리」 156

〈저주받은 자들〉 99, 100

적분법 52, 96, 125, 133

「정수론 연구」 199, 237

정합설 26

조건문 18~20, 23, 24

존재증명 172

좌표계 64, 92, 93, 150

집합론 28, 36, 37, 227, 228, 235, 237, 240, 257, 259, 262, 263, 267~269, 276, 281~283, 285, 286, 320, 321, 326, 327, 336~338, 340, 341, 343

ㅊ

ZF 공리계 228, 341

추상대수학 189, 192, 233, 332, 338~340, 344

ㅋ

칸토어 28, 36, 37, 39, 228, 234, 235, 247, 259, 262~269, 273, 281, 283, 285, 286, 288, 290, 320, 327, 336, 337, 341, 347, 349, 356

칸토어의 역설 259, 267, 273

케플러 42, 46, 48, 49, 52, 57, 58, 96, 139

코사인 84

코스모스 56, 57

코시 184, 185, 192, 201, 214, 229, 230, 339

코페르니쿠스 49, 52, 56, 57, 96

크로네커 236, 237, 239, 251, 257, 260, 263, 264, 267, 285

클라인 192, 232, 233, 337, 339, 342, 349

ㅌ

탄젠트 84

투시법 69, 146, 147, 297~300

ㅍ

파라켈수스 47, 49

페아노 233, 262, 264, 318, 339, 343

프랙털 기하학 38

피콕 189, 231

ㅎ

「함수해석강의」 185

합동변환 220, 221

해밀턴 189, 190, 192, 231

해석기하학 64, 65, 87~90, 134, 156

해석학 139~142, 152, 154~159, 164, 165, 182, 183, 185, 186, 189, 192, 201, 211, 215~217, 221~223, 229, 230, 232~234, 237, 239, 251, 264, 265, 285, 309, 331, 336~339, 342, 348, 349

해석학의 산술화 232, 233

「해석함수론」 185

허수 154

형식적 공리주의 279, 281, 286, 310, 334

형식체계 278~280, 286, 321

힐베르트 262, 264, 265, 267, 276, 281, 286, 287, 307, 308, 314, 315, 317, 340, 341, 343

수학의 모험

초판 1쇄 인쇄 2021년 3월 15일
초판 1쇄 발행 2021년 3월 20일

지은이.　이진경
펴낸이.　김홍중
펴낸곳.　생각을 말하다

등록.　2017년 7월 3일(제563-2017-000049호)
주소.　(17012) 경기도 용인시 기흥구 동백1로37번길 3(중동)
전화.　031) 713-7898
팩스.　070) 4325-1117
이메일.　skrgogo@naver.com

ISBN 979-11-962608-1-1 03410

ⓒ 이진경, 2021

* 이 책에 사용한 이미지는 정해진 절차에 따라 저작권자의 허락을 받아 사용했습니다. 게재 허락을 받지 못한 이미지에 대해서는 저작권자가 확인되는 대로 게재 허락을 받고 통상적인 기준의 사용료를 지불하겠습니다.